हिमाचल प्रदेश
का
लोक-जीवन

यह पुस्तक देवी अहिल्या विश्वविद्यालय, इंदौर (म०प्र०) से हिंदी विषय में एम०फिल० (सत्र 2002-03) उपाधि हेतु प्रस्तुत 'शान्ता कुमार के उपन्यासों में हिमाचल प्रदेश का लोक-जीवन' नामक लघु शोध-प्रबंध का आंशिक परिवर्धित रूप है। यह लघु शोध-प्रबंध वरिष्ठ आलोचक, कहानीकार, उपन्यासकार और कवि श्री राजेन्द्र मिश्र के निर्देशन में पूर्ण हुआ है।

परमेश्वरी प्रकाशन

परमेश्वरी प्रकाशन
प्रीत विहार, दिल्ली

हिमाचल प्रदेश का लोक-जीवन

कुलदीप सिंह

ISBN—978-81-88121-86-1

प्रकाशक
परमेश्वरी प्रकाशन
बी-109, प्रीत विहार
दिल्ली-110092

संस्करण
2017

आवरण
निर्दोष त्यागी

मूल्य
दो सौ नब्बे रुपये

मुद्रक
बी०के० ऑफसेट
नवीन शाहदरा, दिल्ली-110032

HIMACHAL PRADESH KA LOK-JEEVAN (*Hindi*)
by Kuldeep Singh
Price : ₹ 290

उस परम पूजनीय
वटतरु सरीखे विराट् तेजस्वी व्यक्तित्व को
जिनके सुयोग्य निर्देशन रूपी छाँह में
आश्रय मिला

भूमिका

हिमाचल प्रदेश का सौंदर्य सबको आकर्षित करता है। वहाँ की संस्कृति जीवन का जिस रूप में निर्माण करती है, उसकी अपनी एक मानवीय विशेषता है। शांता कुमार जी ने अपनी राजनीतिक व्यस्तताओं के बीच अद्‌भुत साहित्य की रचना कर हिमाचल विशेषकर काँगड़ा की संस्कृति और उसके परिवेश को साहित्य की विभिन्न विधाओं में व्यक्त किया है।

शांता कुमार जी की रचनाओं में साहित्य रूपों के अनुसार इस प्राकृतिक सौंदर्य की आँचलिकता अंकित हुई है। कविता, उपन्यास, कहानी, निबंध, संस्मरण और भाषणों में इस आँचलिक जीवन की विविधताओं, उसके विचार और संवेदनागत स्वरूप के दर्शन होते हैं।

मुझे प्रसन्नता है कि कुलदीप सिंह ने मास्टर्स ऑफ फिलॉसफी में मेरे निर्देशन में कार्य करते हुए 'हिमाचल प्रदेश का लोक-जीवन' विषय पर बहुत अच्छा कार्य किया है। वास्तव में यह जन-जीवन शांता कुमार जी के कथा-साहित्य में अपनी समस्त घटनाओं और पात्रों के माध्यम से चित्रित हुआ है।

मुझे विश्वास है कि इस पुस्तक के माध्यम से भारत का जनमानस हिमाचल प्रदेश के जन-जीवन की केवल झलक ही नहीं पा सकेगा बल्कि उसे वास्तविक रूप में निहार भी सकेगा, उसका अनुभव भी कर सकेगा। साहित्यकार किस प्रकार किसी भी संस्कृति और जन-जीवन को अंकित करता है, यह कृति उसका प्रमाण है।

यह पुस्तक हिमाचल प्रदेश के जन-जीवन में रुचि रखने वाले सभी रचनाकारों और पाठकों के लिए अत्यंत उपयोगी होगी और इस दिशा में शोध और रचना के क्षेत्र में आगे भी कार्य होगा—इसी कामना के साथ—

राजेन्द्र मिश्र
वरिष्ठ साहित्यकार एवं अध्यक्ष
एम॰फिल॰ हिन्दी पाठ्‌यक्रम
देवी अहिल्या वि॰वि॰, इंदौर

एक बात

गीत गाती नदियाँ, गुनगुनाते झरने, हरी-भरी हिमाच्छादित पर्वतशृंखलाएँ, शांत-शर्मीली झीलें, कलकल बहते स्वच्छ-निर्मल छोटे-छोटे नदी-नाले तथा खगों-विहगों का कलरव! प्रकृति के ये सारे उपादान मिलकर हिमाचल प्रदेश के वातावरण को सुरमई बना देते हैं। स्वर्गिक सौंदर्य की अनुभूति करवाने वाला हिमाचल प्रदेश सौभाग्य से मेरा गृह-राज्य है। जब से मैंने आँखें खोली हैं, प्रकृति की अनुपम छटा को निहारता आ रहा हूँ। जब से चलना सीखा है, ऊँची-नीची, पथरीली पगडंडियों ने अँगुली पकड़कर मातृत्वमयी व्यवहार किया है। जब से बोलने लगा हूँ, पहाड़ी (काँगड़ी) ही मुँह से झड़ी है। जब से गाँव में विचरने लगा हूँ, किसी न किसी 'लाजो', 'कांता' या 'बड़ी दादी' ने बाँह खींचकर पुकारा है, चाय के लिए आमंत्रित किया है। होश सँभालने से लेकर अब तक इसी लोक-समाज का अंग हूँ। अत: शांता कुमार के उपन्यासों में जब इस लोक-समाज के कार्य-व्यवहार और जीवन-पद्धति का अंकन देखा तो निजी लोक संबंधी उद्‌गार के मोह से स्वयं को मुक्त नहीं करा पाया। यही कारण है कि मैंने हिमाचल प्रदेश के, विशेषकर काँगड़ा जनपद के लोक-जीवन का अध्ययन करने का निर्णय किया।

वास्तव में लोकानुभूतियों से मेरा गहरा सरोकार है। इस लोक और लोकानुभूतियों से मेरा परिचय करवाने वाली उन दो महान् विभूतियों का मैं कृतज्ञ हूँ, जिनकी वजह से आज मेरा अस्तित्व है। उन्होंने मुझे अपने वात्सल्य, शुभ आशीर्वाद, संस्कारों और असंख्य अन्य दुर्लभ गुणों की पिटारी भेंट की है, जिसके सहारे मैं हर मुसीबत, निराशा और असफलता का सामना सशक्त रूप से करने में सक्षम हूँ। अत: मैं ऐसे माता-पिता के चरण-कमलों में शत-शत नमन करता हूँ। पूज्या दीदी जी, भैया-भाभी, राजेश भाई तथा अनुजतुल्य राजिन्द्र तथा अन्य

आत्मीय जनों तथा मित्रों का भी मैं आभारी हूँ, जिनके शुभ सहयोग के बिना सब कुछ इतना सहज न होता।

परम आदरणीय और सुयोग्य गुरुजनों को धन्यवाद प्रेषित करके मैं उनके तेज, ज्ञान तथा मार्गदर्शन की भावना को शब्दों की सीमा में बाँधकर कम नहीं करना चाहता।

आदरणीय शांता कुमार जी के प्रति हार्दिक धन्यवाद व्यक्त करना चाहता हूँ, जिन्होंने अत्यधिक व्यस्तता के बावजूद साक्षात्कार के लिए मुझे समय दिया। साथ ही शांता कुमार जी की धर्मपत्नी संतोष शैलजा जी का भी मैं आभारी हूँ, जिनसे साक्षात्कार के दौरान भेंट हुई और उनके स्नेह-आशीर्वाद का मैं भागीदार बना।

कुलदीप सिंह

एक अन्य बात

आधुनिकता की अंधी दौड़ में हमारी लोक-संस्कृति पिछड़ी तो नहीं है, परंतु आधुनिकता के लबादे ने इसको ढक अवश्य दिया है। एक तरफ पाश्चात्य संस्कृति की चकाचैंध से आम आदमी प्रभावित हुआ है, तो दूसरी तरफ आधुनिकता और परंपरा में सामंजस्य न बिठा पाने के कारण भी हमारी लोक-संस्कृति पतनोन्मुख हुई है। टी॰वी॰ के विदेशी चैनलों ने आम व्यक्ति के पहनावे, खान-पान, रहन-सहन तथा दिनचर्या को प्रभावित ही नहीं किया, बल्कि उसे परिवर्तित करके रख दिया है। फलतः मूल लोक-संस्कृति की जड़ें हिल गई हैं। आम व्यक्ति दोराहे पर आ गया है—न तो आम व्यक्ति स्वयं को आधुनिकता के अनुरूप ढाल पा रहा है और न ही पूर्ण रूप से अपनी लोक-संस्कृति को ही व्यवहार में ला रहा है। वस्तुस्थिति 'कौआ चला हंस की चाल, सो अपनी भी भूल गया' जैसी हो गई है।

गत दो-तीन दशकों में हिमाचल प्रदेश की ही नहीं, अपितु संपूर्ण भारत की लोक-संस्कृति में व्यापक उथल-पुथल देखने को मिली है। संस्कृति के ढाँचे में परिवर्तन भी हुए हैं। अनेक रीति-रिवाजों, परंपराओं, प्रथाओं का तथाकथित आधुनिकीकरण हुआ है। परंतु यह सब होने के बावजूद आधुनिकता और लोक-संस्कृति का आपसी सामंजस्य नहीं बैठ पाया है। यहाँ इस दृष्टि से एक बात उल्लेखनीय है कि 'लाजो' उपन्यास का सृजनकाल 1975-76 के आसपास का है तथा इसमें वातावरण 1970 के दशक की आरंभिक अवस्था का है। इस उपन्यास में जिस हिमाचली लोक-संस्कृति का चित्रण हुआ है, वह पिछले तीस वर्षों की यात्रा में विभिन्न पड़ावों से गुजरती हुई, आज व्यापक परिवर्तनों के पश्चात् अपने नवीन आधुनिक रूप में खड़ी है। अतः इस लघु शोध-प्रबंध में वर्णित या 'लाजो' तथा 'मृगतृष्णा' उपन्यासों में उभारी गई लोक-संस्कृति का ज्यों का त्यों रूप आज

के हिमाचली लोक-जीवन में मिल पाना अप्राप्य तो नहीं, परंतु दुर्लभ अवश्य हो गया है।

शांता कुमार के चार उपन्यासों में से 'लाजो' और 'मृगतृष्णा' को ही मैंने लघु शोध-प्रबंध के विषय *'शांता कुमार के उपन्यासों में हिमाचल प्रदेश का लोक-जीवन'* के लिए चुना है। चारों उपन्यासों को इस विषय के लिए न चुने जाने के पक्ष में मुझे इतना ही कहना है कि शेष उपन्यासों 'कैदी' व 'मन के मीत' में हिमाचल प्रदेश का लोक-जीवन नहीं के समान है।

संस्कृति विशेषकर लोक-संस्कृति इतना व्यापक और विस्तृत विषय है कि इस पर जितनी समीक्षा और अध्ययन किया जाए, उतना ही कम है। विशेषकर प्रस्तुत इस नन्हे से प्रयास में संस्कृति रूपी वृक्ष की मूल जड़ों, ऊर्ध्व चोटी पर फूटी किसलयों तथा नव विकसित पुष्पों तक पहुँच पाना अंबर के तारे तोड़ने जैसा ही असंभव है। मुख्यत: इस प्रयास में संस्कृति के उन्हीं पहलुओं पर प्रकाश डाला गया है जिनका संबंध विवेच्य साहित्यकार के उपन्यासों में चित्रित लोक-संस्कृति से है। लोक-संस्कृति की चर्चा चले और लोक-गीतों तथा लोक-नाट्यों का जिक्र न आए, तो चर्चा अधूरी लगती है। लेकिन परिस्थितिवश यहाँ संस्कृति की चर्चा में लोक-गीतों, लोक-नाट्यों, लोकोक्तियों आदि को शामिल नहीं किया जा सका है। कारण स्पष्ट कर चुका हूँ। संस्कृति के इन उपादानों का यहाँ वर्णन न कर पाने की अध्ययनात्मक विवशता है, न कि उपेक्षात्मक रवैया।

यह मेरा पहला प्रयास है।

कुलदीप सिंह

अनुक्रम

अध्याय 1

शांता कुमार : व्यक्तित्व एवं कृतित्व

किसी भी साहित्यकार की रचनाओं की जाँच-परख के लिए यह आवश्यक है कि सर्वप्रथम साहित्यकार के जीवन से भली प्रकार परिचित हुआ जाए। साहित्य-सृजन में साहित्यकार को प्रभावित करने वाली अनेक आंतरिक तथा बाह्य परिस्थितियाँ जिम्मेदार होती हैं। इन परिस्थितियों का अध्ययन साहित्यकार के जन्म, बचपन, शिक्षा-दीक्षा, पारिवारिक जीवन तथा समकालीन सामाजिक, राजनीतिक व आर्थिक परिवेश के अध्ययन द्वारा ही संभव हो सकता है। शांता कुमार के साहित्य-सृजन में भी विभिन्न परिस्थितियाँ सहायक रही हैं। अत: इनकी कृतियों के अध्ययन से पूर्व शांता कुमार के जीवन से जुड़े अनेक पहलुओं का अध्ययन आवश्यक हो जाता है। शांता कुमार बहुमुखी प्रतिभा के धनी हैं। साहित्यकार होने के साथ-साथ वे सफल राजनीतिज्ञ भी हैं। उनकी कुछ कृतियाँ पारिवारिक स्थितियों या आत्मीय संबंधों से प्रेरित हैं तो कुछ राजनीतिक व सामाजिक परिवेश से। अत: स्पष्ट है कि उन्हें पारिवारिक, सामाजिक, राजनीतिक आदि परिस्थितियों ने सर्वाधिक प्रभावित किया है। इस दृष्टि से शांता कुमार के जीवन के इन पहलुओं का अध्ययन सर्वप्रथम अनिवार्य है, क्योंकि व्यक्तिगत और राजनीतिक तथा अन्य अनेक परिस्थितियों के कारण ही शांता कुमार साहित्य-सृजन की स्थिति में पहुँचे हैं। अत: शांता कुमार का सामान्य जीवन-परिचय, राजनीतिज्ञ के रूप में परिचय तथा साहित्यकार के रूप में साहित्यिक परिचय यहाँ प्रस्तुत किया जा रहा है।

सामान्य जीवन-परिचय

जन्म—देवभूमि और वीरभूमि के नाम से जानी जाने वाली, प्रकृति की अति सुंदर रचना, तपोभूमि, पुण्य-स्थली के लेखक श्री शांता कुमार का जन्म हिमाचल प्रदेश के ऐतिहासिक जनपद काँगड़ा के अंतर्गत पालमपुर तहसील के एक छोटे-

से गाँव 'गढ़जमूला' में 13 सितंबर, 1934 को हुआ। शांता कुमार के पिता का नाम पंडित जगन्नाथ और माता का नाम श्रीमती कौशल्या देवी है। साधारण मध्यमवर्गीय परिवार में जन्मे शांता कुमार को माता-पिता तथा अन्य संबंधी 'शांति' नाम से पुकारते रहे हैं। स्वयं शांता कुमार के शब्दों में—"निर्धनता की छाया में एक साधारण परिवार में मैंने जन्म लिया, परंतु वहाँ संतोष व आनंद व्याप्त था।"[1]

शैशवावस्था—शांता कुमार का बचपन पहाड़ी गाँव में, पहाड़ी गाँव की कच्ची-पथरीली पगडण्डियों-सा, ऊँचा-नीचा, टेढ़ा-मेढ़ा तथा संघर्षरत गुजरा है। मात्र ग्यारह वर्ष की अल्पायु में ही शांता कुमार के सिर से पिताजी का साया जाता रहा, जो पास के गाँव में डाकखाने के पोस्टमास्टर थे। अतः शांता कुमार का बचपन घोर आर्थिक कठिनाइयों में गुजरा। अचानक चार पुत्रों व एक पुत्री के भरण-पोषण का भार इनकी विधवा माता पर आ पड़ा। शांता कुमार ने स्वयं लिखा है—"मैं जब ग्यारह वर्ष का ही था, तो पूज्य पिताजी स्वर्ग सिधार गए। उस समय वे भवारना नामक स्थान पर पोस्टमास्टर थे। मेरी माँ हम चार भाइयों व बहन को लेकर अपने गाँव गढ़जमूला चली आई।··· हमारा पालन करने में हमारी माँ ने क्या कुछ नहीं सहा! हमने भी उस संघर्ष में सब कुछ किया।"[2] पिता की मृत्यु के पश्चात् शांता कुमार का बचपन माँ व मामा के संरक्षण में गढ़जमूला गाँव में गुजरा। गाँव में बचपन व्यतीत होने के कारण 'शांति' ने वह सब भोगा, खेला और सीखा, जो गाँव की मिट्टी में होता है। जंगल के टेढ़े-मेढ़े सँकरे रास्ते पर चलते हुए सिर पर उठाकर ईंधन के लिए लकड़ी लाना, नदी (खड्ड) में नहाना, नदी-किनारे हरी-हरी घास पर लोटना, दौड़ना-उछलना, मिट्टी से खेलना, ग्वालों की टोली संग लुका-छुपी, गिल्ली-डंडा और पकड़म-पकड़ाई आदि कई तरह के खेलों में रमते हुए शांता कुमार का बचपन व्यतीत हुआ। शांता कुमार लिखते हैं—"पास में ही घना जंगल था। हर छुट्टी के दिन लकड़ियाँ लाने के लिए जंगल जाता था। उन्हीं लकड़ियों से घर का चूल्हा जलता था। जंगल में जाते समय, दराट से लकड़ियाँ काटते समय और फिर सिर पर लकड़ियों का गट्ठर उठाए, पहाड़ी रास्ते की ऊँचाई चढ़ते समय सोचता भी और सपने भी लेता रहता था।"[3]

शांता कुमार बचपन में बहुत शरारती तथा जिद्दी स्वभाव के थे। बहन-भाइयों से लड़-झगड़कर खूब आनंदित होते थे। शांता कुमार के अनुसार—"जब छोटा था तो महाजिद्दी था। बड़े भाई, छोटी बहन व भाई को पीटने की मेरी कहानियाँ आज भी परिवार में मेरी पत्नी व भाभियों को सुनाई जाती हैं।"[4] शांता कुमार ने अन्यत्र लिखा है—"माता जी बताती हैं कि मैं बहुत जिद्दी स्वभाव का था और

सबको पीटता था। मुझे याद है कि मैं और बड़े भाई खूब लड़ते-झगड़ते थे। माता जी ने इसी कारण कई बार मेरी पिटाई भी की थी।"[5]

शिक्षा—शांता कुमार की आरंभिक शिक्षा सनातन धर्म स्कूल, थुरल (गाँव) में हुई। स्कूल की फीस देने के पैसे नहीं होते थे। घर की आर्थिक स्थिति ठीक नहीं थी। उन्होंने मैट्रिक की परीक्षा प्रथम श्रेणी में उत्तीर्ण की। बाद में 'काँगड़ा' से साहित्य प्रभाकर व साहित्य-रत्न की परीक्षाएँ भी प्रथम श्रेणी में उत्तीर्ण कीं। लेकिन उसके बाद शिक्षा सुचारु रूप से जारी रखने में परिवार की आर्थिक स्थितियाँ बाधक थीं। फिर भी शांता कुमार ने दो साल बाद 1953 में अध्यापक प्रशिक्षण (जे॰बी॰टी॰) गुरदासपुर से प्राप्त किया। जूनियर बेसिक ट्रेनिंग पास करके शांता कुमार बैजनाथ के निकट कृष्णा नगर में अध्यापक हो गए। उन दिनों शांता कुमार राष्ट्रीय स्वयंसेवक संघ से बहुत प्रभावित थे, अतः जम्मू-कश्मीर आंदोलन में कूद पड़े और सत्याग्रह किया। इस कारण उन्हें आठ माह जेल में बिताने पड़े। "शांता कुमार जी ने हिसार जेल से लौट आने के बाद दिल्ली में अध्यापन-कार्य के साथ-साथ बी॰ए॰ उत्तीर्ण की। उन्हीं दिनों वे दिल्ली विश्वविद्यालय के सर्वश्रेष्ठ वक्ता के रूप में सुप्रसिद्ध हुए। एल॰एल॰बी॰ के पश्चात् दो वर्ष तक पंजाब में संघ प्रचारक के रूप में कार्य करते रहे। तत्पश्चात् पालमपुर में एडवोकेट के रूप में रहे।"[6]

आर्थिक स्थिति—शांता कुमार ने बचपन की आर्थिक स्थिति को स्पष्ट करते हुए लिखा है—"गाँव में कभी चीनी नहीं मिलती थी और कभी मिट्टी का तेल नहीं मिलता था। कभी-कभी ऐसा भी होता था कि स्कूल की फीस के लिए घर में पैसे न होते थे। मेरी फीस अधिकतर मुआफ रही। शायद तीन-चार रुपये देने होते थे, पर कभी-कभी इतने पैसे का भी प्रबंध नहीं होता था।"[7]

विपरीत आर्थिक परिस्थितियों से संघर्ष करते हुए शांता कुमार ने आरंभिक तथा माध्यमिक शिक्षा प्राप्त की। तदुपरांत वे स्कूल में अध्यापक हो गए। लेकिन तकदीर को कुछ और ही मंजूर था। राष्ट्रीय स्वयंसेवक संघ के संपर्क में आने पर 2 अप्रैल, 1953 को पठानकोट में सत्याग्रह किया और उन्हें जेल जाना पड़ा। "मुझे सर्विस पर लगे अभी केवल सत्रह दिन ही हुए थे कि पार्टी में यह तय हो गया कि मुझे सत्याग्रह करना है।...तब मेरी आयु साढ़े अठारह वर्ष की थी। घर आर्थिक संकट से परेशान था। एकमात्र बहन के विवाह की चिंता सबको थी। बड़े भाई सेना में थे...दो छोटे भाई तथा एक बहन घर पर थे। यह सारी स्थिति और जिम्मेदारी मेरे सामने थी।"[8] शांता कुमार का यह आर्थिक संघर्ष दो वर्ष एडवोकेट के रूप में काम करने के बाद भी समाप्त नहीं हुआ। "वकालत से होने वाली

अपर्याप्त आय, घर का बढ़ता हुआ खर्च, 1967 के चुनाव की हार और फिर प्रिंटिंग प्रेस लगाने में आर्थिक बोझ, उधार व कठिन परिश्रम...।"[9] आगे चलकर तो आर्थिक हालात इतने बदतर हो गए कि विधानसभा सदस्य होने के बावजूद खून-पसीना बहाकर लगाया गया प्रेस भी बेचना पड़ा। "मैंने वह प्रेस लगाने में बहुत पसीना लगाया था। हमारे परिवार की जो थोड़ी-सी भूमि थी, वह बेचकर मैंने इस प्रेस में लगाई थी।...यह प्रेस लगाकर मैं बहुत आश्वस्त हुआ था कि अब मेरी जीविका का कोई साधन बन गया है।...मुझे याद है,जब प्रेस बेचकर और उसे नए मालिक को सौंपकर मैं वहाँ से निकला था, तो मेरे हृदय पर मानो वज्र गिरा था।"[10]

मुख्यमंत्री बनने के बाद भी शांता कुमार की आर्थिक स्थिति में विशेष सुधार नहीं हो पाया। इसका कारण शांता कुमार की जनसेवा की भावना, ईमानदारी और पद का दुरुपयोग न करना ही है। प्रथम बार मुख्यमंत्री पद त्यागने के बाद जब वे अपने पालमपुर स्थित पुराने किराए के मकान में लौटे तो एक सुपरिचित मित्र बोले—"आप अढ़ाई साल मुख्यमंत्री रहे और आपके पास अपना कोई मकान नहीं। यह किराए का मकान है तो इस तक मुख्य सड़क से आने का रास्ता तक नहीं। थोड़ा-सा अँधेरा हो जाए तो आपके मकान तक पहुँचा नहीं जा सकता। मैं सोचता था—आप एक प्रदेश के मुख्यमंत्री रहे हैं तो यहाँ पर तो सब बदल गया होगा। वही पुरानी टूटी-सी कुर्सियाँ। गोबर से लिपे कमरों के फर्श। सोफा नहीं और ये चाय के गिलास भी वही पुराने हैं। मैं तो ऐसी कल्पना भी नहीं करता था।"[11] वास्तव में शांता कुमार का अधिकतर जीवन आर्थिक परेशानियों से जूझते हुए गुजरा है। किंतु ये स्थितियाँ शांता कुमार को कभी भी अपने कर्तव्य-मार्ग से विचलित नहीं कर पाई हैं।

दांपत्य एवं पारिवारिक जीवन—3 अगस्त, 1964 को तीस वर्ष की अवस्था में शांता कुमार का विवाह अमृतसर की संतोष कुमारी शैलजा से हुआ। संतोष कुमारी शैलजा पेशे से अध्यापिका हैं और हिमाचल प्रदेश की वरिष्ठ साहित्यकार भी हैं। शांता कुमार लिखते हैं—"मेरा सौभाग्य यह था कि मुझे संतोष के रूप में ऐसी जीवनसंगिनी मिली, जिसके बाद कुछ भी अप्राप्य नहीं रहा था।"[12] शांता कुमार ने अपने साहित्य की प्रेरणा भी संतोष को ही माना है। शांता-संतोष रूपी दंपती बगिया में चार सुमन पुष्पित हुए हैं—एक पुत्र विक्रम तथा तीन पुत्रियाँ इन्दु, रेणु और शालु। शांता कुमार के एक बड़े भाई सुदर्शन कुमार तथा दो छोटे भाई सुरेंद्र और विजय हैं। शांता कुमार की इकलौती बहन पुष्पा को काल के क्रूर हाथों ने सन् 1965 में छीन लिया था।

शांता कुमार आत्मीय संबंधों में माँ को सबसे ऊँचा मानते हैं। पिता की मृत्यु के बाद उन्हें माँ से सिर्फ माँ का वात्सल्य ही नहीं, अपितु पिता-सा अवलंब भी मिला है। उनका मानना है कि—"माँ तो सबके लिए ही एक दिव्य विभूति है। माँ तो माँ ही है। कोई भी शब्द उसकी महिमा व गौरव का वर्णन नहीं कर सकता।... भयंकर आर्थिक संकट में भी किस प्रकार धैर्य, साहस, परिश्रम व प्रभु-विश्वास से माँ ने हमारा पालन-पोषण किया, यह एक अलग कहानी है।"[13] शांता कुमार के इस कथन से उनके जीवन में माँ का महत्त्व बहुत ही स्पष्ट हो जाता है। शांता कुमार ने माँ को जीवन का प्रेरणा-स्रोत माना है।

राष्ट्र-प्रेम—सन् 1951 में मैट्रिक पास करने के बाद शांता कुमार राष्ट्रीय स्वयंसेवक संघ के संपर्क में आए और घर-बार छोड़कर संघ के प्रचारक बन गए। बाद में, 1953 में मात्र सत्रह दिन अध्यापन-कार्य करके परिवार की लड़खड़ाती आर्थिक अवस्था भूलकर जम्मू-कश्मीर आंदोलन में कूद पड़े। शांता कुमार के शब्दों में—"मैंने 1951 में मैट्रिक पास किया, तभी देशभक्ति का भूत सवार हो चुका था। मैं संघ के संपर्क में आ गया था। घर-बार छोड़कर देश-सेवा का व्रत लेकर प्रचारक बन गया।...मेरी जब स्कूल में सर्विस लगी तो सबको मुझसे बड़ी आशाएँ थीं, पर कुछ ही दिन बाद सर्विस छोड़कर मैंने सबकी आशाओं को बड़ी चोट पहुँचाई थी।... मैं दीन-हीन अवस्था में भी देशभक्ति के पंख लगाकर गर्व से छाती फुलाकर बहुत ऊँची उड़ानें ले रहा था।"[14] उन्हें आठ माह हिसार जेल में बिताने पड़े। इसी जेल-प्रवास के दौरान उन्होंने नारकीय यातनाएँ भोगीं और यहीं पर प्रथम बार शांता कुमार के हृदय में कविता के बीज अंकुरित हुए।

छोटी बहन की शादी की चिंता, दो छोटे भाइयों की शिक्षा, आर्थिक संकट से जूझता परिवार, सिर पर पिता का साया नहीं, छह-छह पेट रोटी के लिए हुँकारते—ये सब स्थितियाँ सामने होने के बावजूद जम्मू-कश्मीर को भारत का अभिन्न अंग बनाने के लिए सत्याग्रह आंदोलन में कूदना शांता कुमार की अटूट देशभक्ति का परिचायक है। स्वयं शांता कुमार के शब्दों में—"यह सारी स्थिति और जिम्मेदारी मेरे सामने थी, परंतु मेरा मन व मस्तिष्क देश-प्रेम की भावना से इतना ओतप्रोत था कि मुझे घर-गृहस्थी की चिंता बहुत गौण लगती थी। उस समय मेरे सामने कश्मीर को बचाना सबसे महत्त्वपूर्ण काम था।"[15]

1953 में पहली बार जम्मू-कश्मीर आंदोलन में, 1957 में दूसरी बार महापंजाब आंदोलन में, 1970 में तीसरी बार हिमाचल प्रदेश सरकार द्वारा बस-किराये में वृद्धि के विरोध में, दिल्ली में चौथी बार बाँग्लादेश संबंधित सत्याग्रह में तथा 1975 में

पाँचवीं बार इमरजेंसी के दौरान मीसा के अंतर्गत उन्होंने जेलयात्राएँ की हैं। ये जेलयात्राएँ शांता कुमार की देश-भक्ति, देश-प्रेम और देश-हित की भावना को दर्शाती हैं।

हिंदी-प्रेम—शांता कुमार का हिंदी भाषा से विशेष प्रेम और लगाव है। हालाँकि हिमाचल प्रदेश जैसे हिंदीभाषी प्रदेश में भाषा के संबंध में कभी किसी विवाद ने जन्म नहीं लिया है, तथापि 1978 तक हिमाचल प्रदेश में प्रशासनिक कामकाज अंग्रेजी भाषा में ही होता था। इस ओर सर्वप्रथम शांता कुमार ने ही अपने मुख्यमंत्री-कार्यकाल में ध्यान दिया और हिंदी भाषा को उसका दर्जा प्रदान किया। हिमाचल प्रदेश में प्रशासनिक स्तर पर हिंदी भाषा को स्थापित करने का श्रेय शांता कुमार को ही जाता है। "हमने निर्णय किया कि 26 जनवरी, 1978 से प्रशासन का सारा कामकाज अंग्रेजी के स्थान पर हिंदी में होगा। 26 जनवरी को शिमला में एक भव्य समारोह आयोजित किया गया। हिंदी के प्रसिद्ध साहित्यकार अज्ञेय जी के द्वारा हिंदी लागू करने का शुभारंभ किया गया।"[16]

धर्मवीर भारती, राजेंद्र अवस्थी, कुलदीप नैयर, प्रेम भाटिया, अज्ञेय, काका हाथरसी, भवानीप्रसाद मिश्र, प्रभाष जोशी, रामनाथ गोयनका और लाला जगतनारायण आदि जाने-माने साहित्यकारों व पत्रकारों से शांता कुमार के नजदीकी संबंध रहे हैं। प्रख्यात कहानीकार व क्रांतिकारी यशपाल हिमाचल प्रदेश के ही रहने वाले थे, लेकिन राजकीय स्तर पर उनको विशेष सम्मान प्राप्त नहीं हुआ था। सर्वप्रथम शांता कुमार ने ही इनके जन्मदिन को राज्य-स्तर पर मनाने का निर्णय किया। यशपाल जी के पैतृक गाँव में इनकी विधवा श्रीमती प्रकाशवती को बुलाकर एक भव्य स्मारक बनवाया। शांता कुमार का यशपाल जी के लिए यह आदरभाव उनके मातृभाषा-प्रेम व साहित्य-प्रेम का सूचक है।

महापुरुषों का प्रभाव—शांता कुमार का 1975 में मीसा कानून के अंतर्गत उन्नीस मास का जेल-प्रवास साहित्य-लेखन की दृष्टि से श्रेयस्कर ही साबित हुआ है। यदि शांता कुमार जेल में नजरबंद रहकर एकांत समय न बिताते तो राजनीतिक व्यस्तताओं के फलस्वरूप उनका साहित्यकार कहीं राजनीति में ही गुम हो जाता। नाहन जेल-प्रवास के दौरान ही शांता कुमार को बहुमूल्य कृतियों के अध्ययन और चिंतन-मनन का सुअवसर प्राप्त हुआ। शांता कुमार स्वयं स्वीकारते हैं—"कुछ दिन पढ़ने का खूब क्रम चला। मैंने कुछ ग्रंथों का अध्ययन भी किया। ब्रह्मसूत्र की दो टीकाएँ मँगवाईं और पढ़ीं। पाँच-छह उपनिषद भी पढ़े और विवेकानंद के साहित्य के ग्रंथ भी पढ़े। कई बार मैं सोचता और प्रभु को धन्यवाद करता था कि मुझे

जेल में आने का सौभाग्य मिला है और सोचता था कि यदि मैं जेल न आता तो सार्वजनिक जीवन की व्यस्तता में अपने देश के इन मूल्यवान ग्रंथों को पढ़ नहीं सकता था।''[17]

इस अध्ययन के दौरान शांता कुमार के मन पर स्वामी विवेकानंद के साहित्य और विचारों ने गहरा प्रभाव डाला। ''मैंने अपने जीवन में स्वामी विवेकानंद से विशेष प्रकाश प्राप्त किया है।''[18] के॰ एम॰ मुंशी के ऐतिहासिक उपन्यासों से भी शांता कुमार प्रभावित रहे हैं। शांता कुमार ने अपने स्वर्गीय पिताजी की भावनाओं को भी संस्कार के रूप में अपना मार्गदर्शक माना है।

समग्रत: शांता कुमार का व्यक्तिगत जीवन वास्तव में गहन विपरीत परिस्थित्रियों में तपकर कुंदन हुआ है। जीवन में अनेक संघर्षों का उन्होंने हँसकर सामना किया है और विपरीत परिस्थितियों पर भी विजय पाई है। प्रगतिशीलता और जागरूकता उनके व्यक्तित्व की प्रमुख विशेषताएँ हैं। डॉ॰ सुषमा विज का मानना है कि— ''शांता कुमार जी ने अपने जीवन में संघर्ष कम नहीं किया है। युग की आलोचनाओं, क्रूर प्रहारों, दबावों, पारिवारिक जीवन की उलझनों और आर्थिक दबावों में भी अपने विश्वासों के साथ समझौता नहीं किया है।''[19] डॉ॰ विज का यह कथन शांता कुमार के जीवन के विभिन्न पहलुओं के उपर्युक्त अध्ययन से स्वत: ही स्पष्ट हो जाता है। यह सत्य ही है कि शांता कुमार ने जन्म से लेकर शिक्षा, नौकरी, व्यवसाय तथा देश के हित के लिए संघर्ष किया है। शांता कुमार का व्यक्तित्व सचमुच ही असाधारण है।

राजनीतिज्ञ के रूप में

शांता कुमार साहित्यकार होने के साथ-साथ एक सफल राजनीतिज्ञ भी हैं। उनका राजनीतिक सफर ग्राम पंच से शुरू होकर मुख्यमंत्री तथा केंद्रीय मंत्रिमंडल में कैबिनेट मंत्री तक का है। व्यक्तिगत जीवन की तरह उनका राजनीतिक जीवन भी अनेक विरोधों, विपरीत परिस्थितियों और संघर्षों से परिपूर्ण है। शांता कुमार ने राजनीति के क्षेत्र में अपनी छवि एक कुशल प्रशासक और ईमानदार नेता के रूप में प्रतिष्ठित की है। हालाँकि राजनीति जैसे खेल में, मुख्यत: आज के दौर में, पाक-साफ दामन बचाकर निकलना बहुत ही टेढ़ी खीर है, लेकिन शांता कुमार ने व्यक्तिगत जीवन की तरह राजनीति के क्षेत्र में भी अपने आदर्शों और सिद्धांतों के साथ कभी समझौता नहीं किया है। भले ही बदले में मुख्यमंत्री या कैबिनेट मंत्री का पद ही क्यों न त्यागना पड़ा हो। एक अतिसाधारण बालक से मुख्यमंत्री

और बाद में कैबिनेट मंत्री तक की यात्रा का यहाँ संक्षिप्त वृत्तांत दिया जा रहा है।

आंदोलनों में सक्रियता—1951 में मैट्रिक की परीक्षा उत्तीर्ण करने के पश्चात् पहाड़ के इस भोले-भाले लड़के का घर-बार छोड़कर दो वर्ष तक राष्ट्रीय स्वयंसेवक संघ से जुड़ना, संभवतया वही ऐसी प्रारंभिक घटना थी, जो बाद में शांता कुमार को राजनीति से जोड़ती है। संघ से जुड़े होने के कारण शांता कुमार ने अनेक राष्ट्रीय आंदोलनों में सक्रिय भागीदारी दर्ज करवाई। सर्वप्रथम 1953 में शांता कुमार ने पठानकोट में जम्मू-कश्मीर आंदोलन में भाग लिया। यह सत्याग्रह आंदोलन कश्मीर के लिए अलग संविधान होने के विरोध में था। शांता कुमार के शब्दों में—"1953 के जम्मू तथा कश्मीर सत्याग्रह में काँगड़ा जिले से मैं, रामरतन तथा इन्द्रनाथ इकट्ठे पठानकोट पहुँचे।... हमें सत्याग्रह की योजना समझा दी गई। दूसरे दिन एक सिनेमा हॉल का शो समाप्त होते ही हम उस भीड़ में मिलकर नारे लगाने लगे।... नारे लगाते आगे बढ़ते गए... हम ये नारे लगा रहे थे—'भारत माँ की जय—एक देश में दो विधान, दो निशान, दो प्रधान नहीं चलेंगे—कश्मीर भारत का अभिन्न अंग है—कश्मीर भारत का है—सारे का सारा है।' थोड़ी देर में हमें पुलिस ने पकड़ लिया।"[20]

जम्मू-कश्मीर सत्याग्रह के अतिरिक्त महापंजाब आंदोलन, बाँग्लादेश संबंधी सत्याग्रह आंदोलन तथा अनेक अन्य अनुचित सरकारी नीतियों के विरोध में संघ द्वारा चलाए गए आंदोलनों में शांता कुमार ने भाग लिया है। साथ ही हिमाचल प्रदेश सरकार की जनहित-विरोधी नीतियों के विरुद्ध भी वे खुलकर सामने आए हैं। 1970 में हिमाचल प्रदेश सरकार द्वारा बसों के किराए में तीस से चालीस प्रतिशत वृद्धि के खिलाफ संघ द्वारा चलाए जा रहे आंदोलन में उनकी सक्रिय भागीदारी और योगदान रहा है।

जेल-यात्राएँ—शांता कुमार ने दो बार जेल-यात्राएँ की हैं—पहली बार 1953 में और दूसरी बार 1975 में। अपनी जेल-यात्राओं के दौरान शांता कुमार ने अनेक नारकीय कष्ट भोगे हैं तथा जेल के कटु अनुभवों से दो-चार हुए हैं। उनका प्रथम जेल-प्रवास 1953 के जम्मू-कश्मीर सत्याग्रह से जुड़ा है। इस आंदोलन में सक्रिय भागीदारी के कारण शांता कुमार ने गुरदासपुर और हिसार जेलों में नौ माह प्रवास किया। मात्र साढ़े अठारह वर्ष की नाजुक अवस्था में उन्होंने जेल के कर्मचारियों के अमानवीय व्यवहार-प्रहार का सामना किया। भूख-प्यास, लात-घूँसे, डाँट-डपट तथा नारकीय यातनाएँ—सब कुछ उन्होंने हँसते हुए सहा और अपने कर्तव्य-मार्ग पर डटे रहे। शांता कुमार लिखते हैं कि "मैं घर से देश-सेवा का व्रत लेकर

निकला था। अपने घर की लड़खड़ाती अर्थव्यवस्था व बीमार बहन तथा अपनी सत्रह दिन की नौकरी छोड़कर आया था तो यही सोचा था कि कश्मीर भारत का सिर है, उसका मुकुट है...इसे बचाने के लिए कोई भी बलिदान दिया जा सकता है...ये सारी ऊँची भावनाएँ उस हवालात की तंग कोठरी, उसकी दुर्गंध तथा पुलिस के अपमानजनक व्यवहार से एक बार लड़खड़ा-सी गईं।''[21] हिसार जेल में भोगे हुए नारकीय कष्टों को शांता कुमार ने अपने शब्दों में इस प्रकार व्यक्त किया है—''मैंने भी पड़ोस में कई बार गुरुड़-पुराण की रोमांचक कथा सुनी थी। उसमें कुछ नरकों का वर्णन आता है। ऐसे स्थान जहाँ पर गंदगी, मल-मूत्र या सड़ाँध होती है, पापी लोगों की आत्माओं को उन्हीं नरकों में जाना पड़ता है। उस रात उस घुटन के छोटे कमरे में इस मित्र ने दिन-भर के पेशाब से भरे डिब्बे में, चादर की ओट से, हमसे कुछ फुट की दूरी पर शौच की फड़फड़ाहट से एक वीभत्स दृश्य की रचना की, तो मुझे लगा, गरुड़-पुराण का नरक यहीं हिसार जेल में साकार हो गया है।''[22] हिसार जेल-प्रवास के दौरान झेले अन्य शारीरिक कष्टों को शांता कुमार ने इस प्रकार शब्द दिए हैं—''शरीर पर घाव आ चुके थे। कुछ से खून बह रहा था। खून बहते घावों पर जब गर्म लू के साथ तपती रेत आकर लगती, तो ऐसा लगता था, जैसे हम कोई भयंकर संकट भोग रहे हैं।... चार दिन की भूख हड़ताल, तीन घंटे की वह भाग-दौड़, संघर्ष और उस पर जलाने वाली रेतीली लू—वह सब हमारे शरीर को तोड़ने के लिए काफी थी। पसीने से तर शरीर के घाव पर पड़ी मिट्टी अब और भी बेचैन करने लगी।...भूख और प्यास की जो भयंकर वेदना उस रात मैंने अनुभव की, वह न पहले कभी की थी और न प्रभु भविष्य में कराए।''[23]

हिसार जेल की इस प्रथम यात्रा के बाद 1957 के महापंजाब आंदोलन के अंतर्गत दिल्ली में, 1970 में शिमला में हिमाचल प्रदेश सरकार द्वारा बसों के किराए में वृद्धि के विरोध में तथा बाँग्लादेश संबंधी सत्याग्रह के लिए भी इन्होंने अल्पकाल के लिए गिरफ्तारियाँ दी हैं।

25 जून, 1975 को तत्कालीन प्रधानमंत्री श्रीमती इंदिरा गाँधी ने देश में आपातकाल की घोषणा की। शांता कुमार (उस समय हिमाचल प्रदेश विधानसभा के सदस्य थे) को मीसा कानून के अंतर्गत गिरफ्तार करके नजरबंद किया गया और उन्होंने उन्नीस माह नाहन जेल में बिताए। नाहन जेल-प्रवास के दौरान शांता कुमार ने कैदी की जिंदगी को बहुत नजदीक से देखा तथा जेल-कर्मचारियों द्वारा कैदियों पर किए जाने वाले अमानुषिक अत्याचारों के गवाह बने। शांता कुमार

लिखते हैं—"जेल के अधिकतर अधिकारियों की मनोवृत्ति भी अपराधियों की तरह ही होती है। अपराधियों को मनुष्य समझना तो उनके लिए बहुत दूर की बात है। सहानुभूति का व्यवहार तो आकाशकुसुम पाने की दुराशा के समान है।"[24] नाहन जेल-प्रवास के दौरान शांता कुमार ने आत्मीय जनों से दूरी की वेदना भोगी है, क्योंकि मीसा कैदियों को अपने परिवार के सदस्यों से मिलने की भी इजाजत नहीं थी। "मैंने सोचा कि एक हत्यारे, गबन करने वाले तथा बलात्कार आदि करने वाले कैदी को तो उसके संबंधी और मित्र मिल सकते हैं, पर मुझसे मेरा सगा भाई भी नहीं मिल सकता था।"[25]

शांता कुमार जेल-प्रवास में भोगे कष्टों से कभी विचलित नहीं हुए, अपितु जेल के इस कष्ट, दुःख-दर्द से अपने अनुभव-क्षेत्र का व्यापक विस्तार करते गए। वास्तव में नाहन और हिसार जेल ही शांता कुमार के साहित्य की साधना-स्थलियाँ कही जा सकती हैं, क्योंकि यहीं पर उन्होंने अपने आत्मीय जनों से बिछोह का दंश सहा है, जिसकी अंतःप्रेरणा से शांता कुमार का साहित्यिक हृदय चीत्कार उठा है। इसके अतिरिक्त शासन की ज्यादतियों और सरकार की नीतियों का भी व्यापक अध्ययन-विश्लेषण उन्होंने जेल-प्रवास के दौरान किया, जो आगे चलकर उन्हें एक सफल राजनीतिज्ञ के रूप में स्थापित करने में सहायक सिद्ध हुआ है। इसी जेल-यात्रा का परिणाम था कि 1977 के विधानसभा चुनाव में शांता कुमार तथा इनका राजनीतिक दल भारी बहुमत से विजयी हुआ था।

मुख्यमंत्री—"मैंने अपने जीवन में सपने तो बहुत देखे थे। कई बार सपनों में बहुत ऊँची उड़ानें भी भरी थीं, पर उनमें कभी भी मुख्यमंत्री-पद की कल्पना न थी।"[26] शांता कुमार का यह कथन बहुत कुछ सत्य मालूम पड़ता है। आखिरकार एक मध्यमवर्गीय साधारण-से परिवार का साधारण-सा लड़का, जिसकी कोई राजनीतिक पृष्ठभूमि भी नहीं थी और जो कभी रोजी-रोटी और शिक्षा जैसी सुविधाओं के लिए भी संघर्षरत रहा हो, मुख्यमंत्री जैसे पद की कल्पना सपने में भी नहीं कर सकता था। लेकिन शांता कुमार की अथक मेहनत, देश-सेवा का जज्बा, ईमानदारी और लोकहित की भावना रंग लाई और वे मुख्यमंत्री-पद तक पहुँचे।

राजनीति के क्षेत्र में शांता कुमार का पदार्पण 1964 के ग्राम पंचायत चुनाव से हुआ। 1964 में वे पहली बार 'गढ़जमूला' ग्राम पंचायत के पंच (प्रधान) चुने गए। बाद में "वे जिला परिषद काँगड़ा के उपप्रधान, पंजाब प्रदेश जनसंघ कार्य-समिति के सदस्य एवं जिला मंत्री बने। 1968 में पंजाब पर्वतीय सलाहकार समिति के सदस्य नियुक्त हुए।"[27]

हिमाचल प्रदेश विधानसभा के लिए शांता कुमार पहली बार 1972 में जनसंघ के टिकट पर निर्वाचित हुए। 1975 के मीसा कानून के अंतर्गत उन्नीस माह जेल-प्रवास के बाद 1977 में दोबारा वे विधानसभा के लिए चुने गए तथा जनता लेजिस्लेटिव पार्टी के नेता नियुक्त हुए। 24 जून, 1977 को हिमाचल प्रदेश में पहली बार गैर-कांग्रेसी सरकार के मुख्यमंत्री के रूप में उन्होंने शपथ ली। 14 फरवरी, 1980 में उन्होंने मुख्यमंत्री-पद से त्यागपत्र दे दिया। 1982 के विधानसभा चुनावों में वे फिर चुने गए तथा हिमाचल प्रदेश विधानसभा में विपक्ष के नेता बने। 1985 के विधानसभा चुनावों में पराजय के बावजूद वे 1986 से 1990 तक भारतीय जनता पार्टी के प्रदेश अध्यक्ष-पद पर बने रहे। 1990 में वे एक बार फिर पालमपुर और सुलह चुनाव क्षेत्रों से एम॰ एल॰ ए॰ चुने गए तथा 5 मार्च, 1990 को दूसरी बार हिमाचल प्रदेश के मुख्यमंत्री बने। 14 दिसंबर, 1992 तक वे मुख्यमंत्री-पद पर बने रहे। 1993 के विधानसभा चुनाव में उन्हें पराजय का सामना करना पड़ा।

शांता कुमार का मुख्यमंत्री-पद तक का राजनीतिक सफर बहुत ही संघर्षपूर्ण रहा है। पहली बार ढाई साल के मुख्यमंत्री कार्यकाल में उन्हें दो बार बहुमत के शक्ति-परीक्षण से गुजरना पड़ा तथा मुख्यागंत्री-पद के नेता के चुनाव में वे मात्र एक मत से विजयी रहे। सत्ता के इस जोड़-तोड़ में उन्होंने अनेक बहुमूल्य अनुभव अर्जित किए, जो साहित्य-लेखन में बहुत ही सहायक सिद्ध हुए। राजनीति की इस जंग में वे अपनों के बेगानेपन और मित्रजनों की धोखेबाज प्रवृत्तियों से दो-चार हुए। इसके बावजूद उन्होंने अपने सिद्धांतों से कभी समझौता नहीं किया है। ''मैं चुनाव में शान से जीता था। शान के साथ मुख्यमंत्री की कुर्सी पर बैठा और दिन-रात प्रदेश की सेवा की। जब लगा कि दल-बल के छल-कपट से मेरा बहुमत नहीं रहा, तो मैं उसी शान के साथ त्यागपत्र देकर शान के साथ अपनी जनता के बीच वापस लौट आया।''[28]

कैबिनेट मंत्री—शांता कुमार नवंबर, 1989 में काँगड़ा-चंबा संसदीय चुनाव क्षेत्र से पहली बार लोकसभा के लिए चुने गए। 1998 के संसदीय चुनाव में वे दोबारा काँगड़ा-चंबा चुनाव क्षेत्र से लोकसभा के लिए चुने गए तथा खाद्य आपूर्ति विभाग के मंत्री के रूप में कैबिनेट मंत्रिमंडल में शामिल किए गए। अप्रैल, 2003 में अपुष्ट कारणों से उन्होंने केंद्रीय मंत्रिमंडल से त्यागपत्र दे दिया।

भाजपा में प्रभावशाली राजनीतिज्ञ—डॉ॰ रामकुमार अग्निहोत्री के अनुसार—''हिमाचल प्रदेश के वरिष्ठ राजनेता, भूतपूर्व मुख्यमंत्री, वर्तमान में भारतीय जनता पार्टी के एक प्रमुख आधारस्तंभ श्री शांता कुमार एक श्रेष्ठ साहित्यकार भी हैं।''[29]

डॉ० अग्निहोत्री के इस कथन की सार्थकता शांता कुमार के उपरोक्त राजनीतिक जीवन के अध्ययन से स्पष्ट हो जाती है। वास्तव में शांता कुमार एक प्रबुद्ध, ईमानदार तथा सुलझे हुए राजनीतिज्ञ हैं। उन्होंने अपना राजनीतिक सफर संघ से शुरू किया था, किंतु बाद में वे भारतीय जनता पार्टी में शामिल हो गए थे और आज तक इसी राजनीतिक दल से गहरे तक जुड़े हुए हैं। राजनीतिक सफर में शांता कुमार ने अपने आदर्शों और नियमों से कभी समझौता नहीं किया है। शांता कुमार मानते हैं कि—"राजनीति में तो केवल समय की पुकार से आ गया हूँ।"[30] भले ही शांता कुमार परिस्थितिवश राजनीति में आए हों, लेकिन यह बात तो तय है कि चाहे राजनीति हो, साहित्य हो या अन्य कोई भी क्षेत्र, जिससे भी वे जुड़े हैं, उत्साह से कार्य किया है।

शांता कुमार की भारतीय जनता पार्टी में गहरी राजनीतिक पैठ का अनुमान इसी बात से लगाया जा सकता है कि 1998 में वे केंद्रीय मंत्री बनाए गए। अतः इसमें कोई दो राय नहीं है कि शांता कुमार भारतीय जनता पार्टी में एक प्रभावशाली राजनेता हैं। लेकिन यह सब होते हुए भी शांता कुमार स्वयं को राजनेता कम आँकते हैं और साहित्यकार ज्यादा—"साहित्य, धर्म व सांस्कृतिक कार्यक्रमों के प्रति मेरी रुचि का ही परिणाम है कि राजनीति में रहते हुए भी मैं राजनीति से कुछ अलग रह पाया हूँ। राजनीति मुझे पूरी तरह लील नहीं पाई है।"[31]

साहित्यकार के रूप में

लेखकीय व्यक्तित्व का निर्माण—शांता कुमार के अनुसार—"कविता किसी की बपौती नहीं। भावनाएँ जब हृदय के तारों को झंकृत करती हैं, वेदना जब गहरी टीस से व्यथित हो उठती है, प्रिय की जुदाई का दंश जब चुभन की सीमा पार करता है, तब जो कुछ भी मुख से निकलता है—वह कविता बन जाती है।"[32] शांता कुमार के इस कथन से उनके लेखकीय व्यक्तित्व के आंतरिक आयाम स्पष्ट हो जाते हैं। यूँ तो शांता कुमार में लेखकीय तत्त्व बचपन से मौजूद थे, लेकिन विभिन्न परिस्थितियों का संस्पर्श पाकर ये समय-समय पर अंकुरित होते रहे हैं। लेखन के क्षेत्र में शांता कुमार का झुकाव सर्वप्रथम हिसार जेल-प्रवास के दौरान हुआ। शांता कुमार को विभिन्न परिस्थितियों तथा जीवन के अनुभवों से लेखन की प्रेरणा प्राप्त हुई है। हिसार जेल में नारकीय कष्ट, आत्मीय जनों से दूरी, तरुणावस्था का जोश, सरकार की नीतियों के खिलाफ आक्रोश तथा देशभक्ति की भावना—यह सब वे परिस्थितियाँ थीं, जो शांता कुमार के लेखक को जगाने के

लिए पर्याप्त थीं। हिसार जेल-प्रवास के दौरान उन्होंने देशभक्ति की भावना से प्रेरित अनेक कविताएँ लिखीं, लेकिन 1953 के इस जेल-प्रवास के बाद अनेक परिस्थितियों और राजनीतिक व्यस्तताओं के कारण दीर्घकाल तक वे कुछ भी नहीं लिख सके।

आपातकाल की घोषणा के साथ ही शांता कुमार को नजरबंद कर दिया गया और मीसा कानून के अंतर्गत उन्नीस माह उन्होंने नाहन जेल में बिताए। शांता कुमार के लिए यह स्थिति भी उन्हें साहित्यकार बनाने में सहायक हुई। शांता कुमार लिखते हैं—"बचपन से ही मुझे लिखने-पढ़ने की रुचि थी, जो बाद में मुझे पूरी तरह कलम की दुनिया में ले गई। यद्यपि कलम की साधना के लिए अपेक्षित समय प्रायः मुझे कभी न मिल सका, क्योंकि सार्वजनिक जीवन की व्यस्तता हमेशा मेरे साहित्य-सृजन के आड़े आती थी। यदि जेल-प्रवास का सौभाग्य न मिला होता तो शायद बहुत-सी रचनाएँ मेरे मन में ही रह जातीं।"[33] हालाँकि इससे पूर्व शांता कुमार की दो कृतियाँ—'धरती है बलिदान की' (1962) और 'हिमालय पर लाल छाया' (1966) प्रकाश में आ चुकी थीं, लेकिन सच्ची लेखकीय पृष्ठभूमि शांता कुमार को नाहन जेल में ही मिली। जेल में कागज-कलम सुलभ न होने के बावजूद उन्होंने किसी तरह चुपचाप कागज-कलम की व्यवस्था कर ली और लिखना शुरू किया।

भले ही विश्लेषकों ने शांता कुमार के लेखन की प्रेरणा विभिन्न परिस्थितियों को माना हो, लेकिन शांता कुमार ने अपने लेखन की प्रेरणा संतोष शैलजा (पत्नी) को मानते हुए लिखा है—"मेरे जीवन में साहित्य के बीज तो रहे थे, पर उन्हें प्रस्फुटित करने में संतोष का बहुत बड़ा हाथ है। संतोष ने मेरे जीवन में आकर मेरे लेखक को प्रेरणा दी और सहयोग भी दिया। मेरी बहुत-सी रचनाओं की प्रेरणा वही है।"[34] नाहन जेल-प्रवास के दौरान पत्नी संतोष शैलजा की जुदाई शांता कुमार को बहुत अखरी और जेल से अपने पत्रों के रूप में अनेक कविताएँ संतोष की लिखीं—"मेरे मन में कोई नया विचार आता, कभी वेदना की लहर गहरी हो जाती तो एक ही इलाज था, मैं तुरंत अपनी पत्नी को पत्र लिखने बैठ जाता।"[35] शांता कुमार अन्यत्र लिखते हैं—"पत्र समाप्त हुआ नहीं कि ये पंक्तियाँ फूट पड़ीं—

मधुयामिनी की बात
मधुचन्द्र की वह रात
उसी रात की वह प्रात

अरी छोड़ो उसे
यह तो अभी है बात ही की बात
पर आज यह मौसम...

और यह एक बहुत लंबी कविता बन गई। मेरी इस कविता को पढ़कर संतोष के दिल के तार भी बज उठे। उसने भी कविता में उत्तर दिया—

ओ प्रवासी मीत मेरे
काश, तुम तक पहुँच जाते
आज बंदी गीत मेरे

और कुछ ही दिन बाद अपने एकांत पर एक लंबी कविता मैंने लिख भेजी।''[36]

इस प्रकार पत्रों के आदान-प्रदान में कविता लिखने का सिलसिला चलता रहा। लेकिन कवि हृदय सिर्फ प्रेयसी की जुदाई में ही नहीं तड़प रहा था, समकालीन राजनीतिक परिस्थितियों, प्रजातंत्र की पटरी से उतरी देश की सत्ता, आपातकाल, मीसा कानून इत्यादि अनेक परिस्थितियाँ भी शांता कुमार को कविता लिखने के लिए प्रेरित कर रही थीं। फलत: जेल में लिखी कविताओं में जहाँ एक ओर मनोवैज्ञानिक तथा व्यक्तिगत संवेदनाओं से युक्त कविताओं का सृजन हुआ है, वहीं दूसरी ओर राजनीति से प्रेरित समाजोन्मुख कविताओं का भी वर्णन हुआ है।

शांता कुमार द्वारा रचित ये कविताएँ गुप-चुप तरीके से जेल से बाहर आती रहीं और अन्य नाम से प्रकाशित भी होती रहीं। ''मेरी कुछ कविताएँ और नाम से एक समाचार-पत्र में प्रकाशित भी होती रहीं। वह मेरे एक मित्र थे। मैं अपनी कविताएँ उनके पास भेज देता था और वे प्रशांत वनवासी के नाम से उन्हें प्रकाशित कर देते थे। परंतु बाद में जब पता चल गया तो मेरी रचनाएँ छपनी ही बंद हो गईं।''[37]

शांता कुमार ने जेल में सिर्फ कविताएँ ही नहीं लिखी हैं, अपितु उपन्यास, कहानियाँ और जेल-संस्मरण भी लिखे हैं। उपन्यास लिखने से पूर्व उन्होंने अनेक उपन्यासों का अध्ययन भी किया है। ''उपन्यास लिखने के लिए मैंने कुछ उपन्यास पढ़े भी। मुझे के॰ एम॰ मुंशी के ऐतिहासिक उपन्यास अच्छे लगे। ऐसा लगा कि कला में उनका जोड़ नहीं। इस दृष्टि से मुझे गुरुदत्त बहुत पीछे अनुभव हुए। शरत् का दु:खांत अतिवाद भी मुझे पसंद न आया।''[38] वास्तव में जेल में किया गया यह अध्ययन उन्हें उपन्यासकार बनाने में सहायक सिद्ध हुआ। ''मैंने उपन्यास लिखने का निर्णय किया। प्रारंभ में मुझे कुछ झिझक रही, कुछ विषय भी जमता नहीं था, पर मैंने प्रण किया कि कथानक अपनी पत्नी को लिखूँगा। उसने बहुत सराहा और मुझे उपन्यास लिखने की प्रेरणा दी।''[39]

उपर्युक्त अध्ययन से स्पष्ट है कि शांता कुमार को लेखकीय धरातल पर बिठाने में विभिन्न परिस्थितियाँ सहायक सिद्ध हुई हैं। संतोष शैलजा 'दीवार के उस पार' की भूमिका में लिखती हैं—''मेरे पति ने अपने जीवन में दो बार जेल की घोर यातनाएँ झेली हैं और अँधेरों के पार कुछ देखने की लगातार कोशिश की है। एक बार उन्हें 1953 में और दूसरी बार 1975 में जेल जाना पड़ा। उनका सहानुभूति-भरा हृदय और सृजनात्मक मानस उन्हें उन दिनों लिखने के लिए विवश करता रहा और उन्होंने कुछ कहानियाँ, उपन्यास, कविताएँ और जेल-संस्मरण लिखे।''[40] जेल में कविताओं के अलावा उन्होंने प्रथम उपन्यास 'मन के मीत' तथा दूसरा उपन्यास 'कैदी' लिखा। 'कैदी' उपन्यास में स्वयं एक कैदी द्वारा लिखित कैदी की कहानी है। जेल से मुक्ति के उपरांत भी उनका लेखन नहीं थमा और उत्तरोत्तर उनकी अनेक रचनाएँ प्रकाश में आई हैं। राजनीतिक व्यस्तता के बावजूद अब भी वे निरंतर लेखनरत हैं।

कवि—शांता कुमार ने जेल-प्रवास के दौरान जो कविताएँ अपने प्रियजनों को पत्रों में लिखी थीं, बाद में वे कविताएँ 'ओ प्रवासी मीत मेरे' नामक कविता-संग्रह में प्रकाशित हुईं। 'ओ प्रवासी मीत मेरे' नामक कविता-संग्रह में शांता कुमार और संतोष शैलजा की कविताएँ हैं। इन कविताओं को बाद में रामकुमार भ्रमर ने संपादित करके 'मैं विवश बंदी' नामक कविता-संग्रह में संगृहीत किया तथा संतोष शैलजा की कविताओं को इसमें से हटा दिया। 'मैं विवश बंदी' कविता-संग्रह में शांता कुमार द्वारा रचित सोलह कविताएँ हैं। 'मैं विवश बंदी' कविता-संग्रह रामकुमार भ्रमर संपादित 'शांता कुमार : समग्र साहित्य' के दूसरे खंड में संकलित है। शांता कुमार द्वारा रचित कविताओं का यह एकमात्र संग्रह है। बिंबों, प्रतीकों, अलंकारों और सुमधुर भाषा का प्रवाह इसमें साफ तौर पर देखा जा सकता है।

उपन्यासकार—शांता कुमार साहित्य की किसी एक विधा से ही नहीं जुड़े रहे हैं, अपितु उनका सृजन बहुआयामी एवं वैविध्यपूर्ण है। कविताओं के अतिरिक्त उन्होंने कथा-साहित्य भी लिखा है। कथा-साहित्य में उन्हें सबसे अधिक सफलता उपन्यास-सृजन में हासिल हुई है। अब तक शांता कुमार के पाँच उपन्यास प्रकाशित हो चुके हैं—'कैदी' (1983), 'लाजो' (1983), 'मन के मीत' (1984), 'मृगतृष्णा' (1986) और 'वृंदा' (2006)। शांता कुमार का उपन्यास-साहित्य सामाजिक और राजनीतिक स्थितियों से प्रेरित है। 'मृगतृष्णा' और 'लाजो' उपन्यास में आँचलिक परिवेश को रूपायित किया गया है, जबकि 'कैदी' उपन्यास भोग-विलासिता के दुष्परिणामों और कैदी की कथा है।

कहानीकार—शांता कुमार की कहानियाँ 'ज्योतिर्मयी' नामक कहानी-संग्रह में संगृहीत हैं। 1977 में 'पहाड़ बेगाने नहीं होंगे' नामक कहानी-संग्रह प्रकाशित हुआ था। इस संग्रह में शांता कुमार व संतोष शैलजा की कहानियाँ संकलित हैं। बाद में, 1978 में 'ज्योतिर्मयी' नाम से यह संग्रह प्रकाशित हुआ। इस संग्रह में शांता कुमार की छह कहानियाँ हैं। ये कहानियाँ हैं—समर्पण, कलाई, सरसराहट, मुलाकात, मूक बलिदान और गोल दायरा। शांता कुमार की इन कहानियों में आँचलिकता, ऐतिहासिकता, पारिवारिकता, आदर्शवादिता और प्रेम की अभिव्यंजना इत्यादि प्रवृत्तियाँ मिलती हैं।

अन्य रचनाएँ—शांता कुमार ने कविता, कहानी और उपन्यास के अतिरिक्त अन्य विधाओं में भी सृजन किया है। शान्ता कुमार की सर्वप्रथम प्रकाशित पुस्तक 'धरती है बलिदान की' है। राष्ट्रीय स्वतंत्रता संघर्ष में वीरों द्वारा दिए गए बलिदानों की गाथा इस पुस्तक में है। शांता कुमार विचारोत्तेजक संस्मरणों के लिए भी जाने जाते हैं। 'दीवार के उस पार' (2002) में शांता कुमार के जेल-प्रवास के संस्मरण हैं। इसे 'एक मुख्यमंत्री की जेल डायरी' भी कहा गया है। 'राजनीति की शतरंज' (1984) में शांता कुमार के जीवन के अनेक पहलुओं, मुख्यतः राजनीति को उजागर करने वाले संस्मरण हैं। 'राजनीति की शतरंज' को शांता कुमार की जीवनी भी कहा जा सकता है। 'बदलता युग : बदलते चिंतन' (1980) में शांता कुमार द्वारा अपने मुख्यमंत्री-कार्यकाल के दौरान विभिन्न अवसरों पर दिए गए भाषण संकलित हैं। ये भाषण शांता कुमार की अत्यंत चिंतनपरक शैली को दर्शाते हैं। स्वामी विवेकानंद के जीवन से जुड़ी अनेक घटनाओं को उन्होंने 'विश्वविजेता विवेकानंद' में उकेरा है। यह अनूठी शैली में लिखी गई विवेकानंद की जीवनी है। इसके अतिरिक्त भारत-चीन युद्ध का विवरणात्मक अध्ययन और इतिहास उनकी पुस्तक 'हिमालय पर लाल छाया' (1966) में मिलता है। शांता कुमार की समस्त कृतियों को क्रमानुसार इस प्रकार रखा जा सकता है—

क्र०सं०	पुस्तक का नाम	प्रकाशक
1.	हिमालय पर लाल छाया	हिमालय प्रकाशन, पालमपुर जिला काँगड़ा (हि०प्र०)
2.	ज्योतिर्मयी	राजपाल एंड संस, कश्मीरी गेट, नई दिल्ली-110006

3.	धरती है बलिदान की	भारतीय प्रकाशन संस्थान अंसारी रोड, दरियागंज, नई दिल्ली-110002
4.	बदलता युग : बदलते चिंतन	लोक संपर्क विभाग हिमाचल प्रदेश, शिमला-171002
5.	कैदी	भारतीय प्रकाशन संस्थान अंसारी रोड, दरियागंज, नई दिल्ली-110002
6.	लाजो	भारतीय प्रकाशन संस्थान अंसारी रोड, दरियागंज, नई दिल्ली-110002
7.	राजनीति की शतरंज	आर्य प्रकाशन मंडल IX/221, सरस्वती विहार, गाँधीनगर दिल्ली-110031
8.	मन के मीत	भारतीय प्रकाशन संस्थान अंसारी रोड, दरियागंज, नई दिल्ली-110002
9.	ओ प्रवासी मीत मेरे	राजपाल एंड संस, कश्मीरी गेट, नई दिल्ली-110006
10.	मृगतृष्णा	भारतीय प्रकाशन संस्थान अंसारी रोड, दरियागंज, नई दिल्ली-110002
11.	विश्वविजेता विवेकानंद	भारतीय प्रकाशन संस्थान अंसारी रोड, दरियागंज, नई दिल्ली-110002
12.	दीवार के उस पार	भारतीय प्रकाशन संस्थान अंसारी रोड, दरियागंज, नई दिल्ली-110002
13.	क्रांति अभी अधूरी है	हिमाचल पुस्तक भण्डार गाँधीनगर, दिल्ली-110031
14.	वृंदा	किताबघर प्रकाशन 24, अंसारी रोड, नई दिल्ली-110002
15.	तुम्हारे प्यार की पाती	परमेश्वरी प्रकाशन प्रीत विहार, दिल्ली-110092

शांता कुमार की उपर्युक्त 15 कृतियों में से पहली 13 कृतियाँ किताबघर प्रकाशन (दरियागंज, नई दिल्ली) से प्रकाशित रामकुमार भ्रमर द्वारा संपादित 'शांता कुमार : समग्र साहित्य' (तीन खंडों) में उपलब्ध हैं।

प्रबुद्ध चिंतक एवं विचारक—शांता कुमार साहित्यकार और राजनीतिज्ञ

होने के साथ प्रबुद्ध चिंतक एवं विचारक भी हैं। राजनीतिक परिवेश से घिरे शांता कुमार प्रजातंत्र में गहरा विश्वास रखते हैं। राजनीति से संबंधित शांता कुमार की धारणा है कि—''मैंने अपने जीवन में राजनीति को व्यक्तिगत विद्वेष के धरातल पर कभी उतरने नहीं दिया है। यही कारण है कि सभी राजनीतिक दलों के लोगों से मेरे अच्छे संबंध रहे हैं।... मैंने सदा यही प्रयत्न किया है कि राजनीति हम सब लोगों को आपस में अलग-अलग न कर सके।''[41] शांता कुमार दल से प्रेरित राजनीति में विश्वास नहीं करते हैं। प्रत्येक समस्या का समाधान वे चिंतन-सूत्र में ढूँढ़ने का प्रयास करते हैं। डॉ॰ सुषमा विज का मत है—''साहित्यकार शांता कुमार संस्कार और स्वभाव से जहाँ एक ओर परंपरावादी भारतीय राष्ट्रसेवक, वैष्णव भक्त रहे हैं, वहीं दूसरी ओर राजनीतिक समकालीन यथार्थ जीवन और उसका बहुआयामी व्यापक अध्ययन तथा जीवनानुभव अभिव्यक्त करने में किसी से पीछे नहीं रहे हैं।''[42]

शांता कुमार भारतीय संस्कृति और परंपराओं के पक्षधर हैं, किंतु समकालीन आडंबर और चाटुकारिता से नाखुश हैं—''सोचता हूँ कि यह वेदांत का देश है। आत्मा की अमरता की बात यहाँ सदियों पहले बताई गई है। जब केवल यह शरीर ही नश्वर है, कोई किसी को मिटा नहीं सकता, फिर डर, भय व आतंक किसलिए? जिस देश में बहुत पहले 'नयनम् छिन्दति शस्त्राणि' की गूँज गूँजती थी, वह देश इतना डरपोक, भीरु और चाटुकार कैसे बन गया है? यह सोचकर कभी-कभी गहरी वेदना होती है।''[43]

अनेक रचनाओं, मुख्यतः उपन्यासों में उनकी दार्शनिक व आध्यात्मिक सोच परिलक्षित होती है। उन्होंने उपन्यासों में पात्रों के माध्यम से समाज और मानव को नए मानवीय मूल्यों और आदर्शों की खोज के लिए प्रेरित किया है। शांता कुमार के कथा-साहित्य, संस्मरणों तथा भाषणों आदि में उनकी चिंतनपरक शैली व आध्यात्मिक, सामाजिक वैचारिकता का उद्घाटन होता है।

अन्य चारित्रिक विशेषताएँ

शांता कुमार ने स्वीकार किया है कि ''मेरा जीवन खुली किताब की तरह है।''[44] शांता कुमार के इस कथन में कतई असत्यता नहीं है। शांता कुमार ने अपने संस्मरणों में निजी जीवन के अनेक रहस्यों को उद्घाटित कर दिया है—जिसके आगे इस साहित्यकार के जीवन के बारे में और अधिक जानने की आवश्यकता लगभग न के बराबर रह जाती है।

शांता कुमार अत्यंत मृदुभाषी, संयमित, आत्मकेंद्रित, तनिक शर्मीले तथा संकोचशील स्वभाव के हैं। नए व्यक्तियों से मिलने में वे संकोच का अनुभव करते हैं, परंतु विचारों का मेल हो जाने पर मित्रता भी खूब निभाते हैं। उनका स्वभाव कुछ कठोर भी है, किंतु अंदर से अति कोमल और भावुक हैं। दर्द की गहरी हूक होने पर वे आँसू बहाने में भी परहेज नहीं करते हैं।

खान-पान में चाय तथा चावल और काँगड़ा का प्रसिद्ध 'मधरा' आपको विशेष रुचिकर है। भोजन बनाना, लेखन, अध्ययन, योग एवं क्रीड़ा उनके प्रमुख शौक हैं। फिल्म देखने के लिए भी वे तत्पर रहते हैं। अनेक फिल्मी हस्तियों जैसे—राजेंद्र कुमार, शत्रुघ्न सिन्हा, मनोज कुमार, हेमामालिनी, नूतन, जितेंद्र, डैनी, अमिताभ बच्चन और रीना राय आदि से उनके मित्रतापरक संबंध रहे हैं।

डॉ॰ विज के अनुसार "उनके लोकप्रिय विचारक विवेकानंद और प्रिय कवि दिनकर हैं। उपन्यासकारों व कहानीकारों में जयशंकर प्रसाद, प्रेमचंद, शिवानी, शरत्‌चंद्र आदि को प्रिय मानते हैं। अत: वे एक लोकप्रिय, प्रगतिशील, जागरूक मनीषी एवं संतुलित साहित्यकार हैं। उनमें संयम है, चिंतन है, ऋजुता है, गंभीरता है। शांता कुमार जी का समग्र व्यक्तित्व एक अनुकरणीय चरित्र के रूप में प्रतिभासित हो रहा है।"[45]

शांता कुमार गंभीर और अंतर्मुखी प्रवृत्ति के व्यक्ति हैं। अधिकतर खामोश रहना, बहुत कम बोलना तथा दूसरों की बातों को ध्यानपूर्वक सुनना उनकी व्यक्तिगत विशेषता है। छोटों के प्रति स्नेह तथा बड़ों के लिए आदर उनमें कूट-कूटकर भरा हुआ है। सतीश धर के अनुसार—"शांता कुमार बहुत कम बोलते हैं, और खुदा के फजल से जब बोलते हैं, तो सुनने वाला हर बोलते हुए लफ्ज को सँभालकर रखना चाहता है।... शांता कुमार अगर अंतर्मुखी हैं, तो कारण केवल एक ही है—उनके स्वभाव में काम पहले, बातें बाद में शामिल हैं।"

शांता कुमार अपने जीवन में गीता के महत्त्व और सिद्धांत को स्वीकार करते हैं। उनका मानना है कि गीता जीवन में बिना किसी शर्त के समग्रता को स्वीकारने का सार देती है तथा "मैं इसी विचार का समर्थक होकर जीवन जीने का प्रयत्न कर रहा हूँ। सुख-दु:ख से ऊपर उठने का क्या अर्थ है ? जीवन में हम कोई चयन न करें, न सुख का, न दु:ख का, क्योंकि वह हमारे हाथ में नहीं है। जो आया, उसे हम सहर्ष स्वीकार करें।... अब जीवन के प्रति वही दृष्टिकोण है। जब भी मेरे जीवन में जो घटता है, मैं उसे स्वीकार करता हूँ। न नफरत, न प्यार, केवल स्वीकार।"

शांता कुमार राजनीति को आदर्श सेवा मानते हैं। उनके अनुसार—"राजनीति सेवा की होनी चाहिए, न सुविधा की, न छल-कपट की। आज सबसे अधिक चिंता का विषय यह है कि राजनीति से शुचिता, पवित्रता, सेवा की भावना लुप्त होती जा रही है।"

शांता कुमार भारतीय राजनीति के मौजूदा दौर को देखकर विचलित हैं। उनका मानना है कि भ्रष्टाचार के कारण राजनीति का स्तर गिर गया है तथा भ्रष्टाचार आज की व्यवस्था का कैंसर है। इसी कारण "देश में राजनीतिक मूल्यों का अत्यधिक अवमूल्यन होने के कारण विश्वास का संकट पैदा हो गया है। जनता का व्यवस्था और नेताओं पर से विश्वास उठ गया है और आम व्यक्ति के दिल में नेताओं के लिए कोई श्रद्धा नहीं रही है।... आज की सबसे बड़ी चुनौती उन मूल्यों को दुबारा स्थापित करना है, ताकि जनता का व्यवस्था और नेताओं पर विश्वास जम सके।"

शांता कुमार दीर्घायु में विश्वास नहीं करते हैं। उनका मानना है "जीवन चाहिए--छोटा-सा, चमकता-सा, सबको प्रकाश देता-सा...सबके काम आता-सा। ऐसे लंबे जीवन का क्या उपयोग जो न स्वयं जी सके, न किसी के काम आ सके।"[46]

संदर्भ

1. दीवार के उस पार, शांता कुमार, पृष्ठ 42
2. वही, पृष्ठ 42
3. राजनीति की शतरंज (शांता कुमार : समग्र साहित्य—3, सं॰ रामकुमार भ्रमर), पृष्ठ 116
4. दीवार के उस पार, शांता कुमार, पृष्ठ 76
5. वही, पृष्ठ 85
6. शांता कुमार, व्यक्तित्व एवं कृतित्व, डॉ॰ सुषमा विज, पृष्ठ 10
7. राजनीति की शतरंज (शांता कुमार : समग्र साहित्य—3, सं॰ रामकुमार भ्रमर), पृष्ठ 116
8. दीवार के उस पार, शांता कुमार, पृष्ठ 21-22
9. वही, पृष्ठ 13
10. वही, पृष्ठ 119
11. राजनीति की शतरंज (शांता कुमार : समग्र साहित्य—3, सं॰ रामकुमार भ्रमर), पृष्ठ 313
12. वही, पृष्ठ 301
13. दीवार के उस पार, शांता कुमार, पृष्ठ 76
14. वही, पृष्ठ 42, 52, 43

15. वही, पृष्ठ 22
16. राजनीति की शतरंज (शांता कुमार : समग्र साहित्य—3, सं॰ रामकुमार भ्रमर), पृष्ठ 282
17. दीवार के उस पार, शांता कुमार, पृष्ठ 105
18. वही, पृष्ठ 122
19. शांता कुमार : व्यक्तित्व एवं कृतित्व, डॉ॰ सुषमा विज, पृष्ठ 11
20. दीवार के उस पार, शांता कुमार, पृष्ठ 22-23
21. वही, पृष्ठ 23
22. वही, पृष्ठ 34
23. वही, पृष्ठ 40, 41, 42
24. वही, पृष्ठ 95
25. वही, पृष्ठ 75
26. राजनीति की शतरंज (शांता कुमार : समग्र साहित्य—3, सं॰ रामकुमार भ्रमर), पृष्ठ 125
27. शांता कुमार : व्यक्तित्व एवं कृतित्व, डॉ॰ सुषमा विज, पृष्ठ 10
28. राजनीति की शतरंज (शांता कुमार : समग्र साहित्य—3, सं॰ रामकुमार भ्रमर), पृष्ठ 115
29. शांता कुमार के उपन्यासों का सामाजिक एवं राजनीतिक विश्लेषण, डॉ॰ रामअवतार अग्निहोत्री, पृष्ठ 9
30. राजनीति की शतरंज (शांता कुमार : समग्र साहित्य—3, सं॰ रामकुमार भ्रमर), पृष्ठ 298
31. वही, पृष्ठ 306
32. दीवार के उस पार, शांता कुमार, पृष्ठ 113
33. राजनीति की शतरंज (शांता कुमार : समग्र साहित्य—3, सं॰ रामकुमार भ्रमर), पृष्ठ 298
34. वही, पृष्ठ 301
35. दीवार के उस पार, शांता कुमार, पृष्ठ 115
36. वही, पृष्ठ 113-114
37. वही, पृष्ठ 114
38. वही, पृष्ठ 106
39. वही, पृष्ठ 105
40. वही, पृष्ठ 6
41. वही, पृष्ठ 84
42. शांता कुमार : व्यक्तित्व एवं कृतित्व, डॉ॰ सुषमा विज, पृष्ठ 12
43. दीवार के उस पार, शांता कुमार, पृष्ठ 123
44. राजनीति की शतरंज (शांता कुमार : समग्र साहित्य—3, सं॰ रामकुमार भ्रमर), पृष्ठ 139
45. शांता कुमार : व्यक्तित्व एवं कृतित्व, डॉ॰ सुषमा विज, पृष्ठ 13
46. राजनीति की शतरंज (शांता कुमार : समग्र साहित्य—3, सं॰ रामकुमार भ्रमर), पृष्ठ 316

अध्याय 2

हिमाचल प्रदेश का लोक-जीवन बनाम लोक-संस्कृति

लोक-संस्कृति की व्याख्या

भारतीय संस्कृति के बारे में जब भी विचार-मंथन हुआ है तो मुख्यतः सभी विद्वानों का ध्यान संस्कृति के आध्यात्मिक पक्ष की तरफ ही अधिक गया है। भारतीय संस्कृति के आध्यात्मिक पक्ष की एक सुदीर्घ परंपरा है, जिसे हम शास्त्रीय परंपरा भी कह सकते हैं। लेकिन ऐसा नहीं है कि भारतीय संस्कृति सिर्फ आध्यात्मिक या शास्त्रीय परंपरा को लेकर ही आगे चली है—अपितु इस परंपरा के साथ-साथ भारतीय संस्कृति का अलौकिक रूप भी निरंतर विकसित होता रहा है। भारतीय संस्कृति की यह अलौकिक प्रकृति आध्यात्मिक पक्ष को विकसित करने में प्रत्यक्ष-अप्रत्यक्ष रूप से सहयोग देती आई है और दोनों परंपराएँ साथ-साथ चलती रही हैं। तथापि संस्कृति के आध्यात्मिक पक्ष की अपेक्षा अलौकिक पक्ष को कम महत्त्व दिया जाता रहा है। हरिराम जसटा के अनुसार-"मानव इतिहास में दो परंपराएँ सदैव से चली आ रही हैं। एक है शास्त्रीय परंपरा और दूसरी लौकिक परंपरा। शास्त्रीय परंपरा के तत्त्व हम शास्त्रों में खोजते हैं और इसका एक आदर्श प्रतिरूप निर्मित करते हैं।" शास्त्रीय परंपरा और लौकिक परंपराओं का सह-अस्तित्व भारतीय समाज को विशृंखलन से बचाए रखने में सहायक हुआ है। इसलिए सह-अस्तित्व की प्रतीक लोक-संस्कृति में हमें वे शाश्वत तत्त्व ढूँढ़ने होंगे, जिन्हें सामाजिक विकास के लिए, लोक-शक्ति जागृत करने के लिए, लोक-शक्ति में सात्त्विक और राजसिक तत्त्व का संचार करने के लिए उभारना अत्यंत आवश्यक है।"[1]

डॉ॰ सत्येंद्र ने संस्कृति की अलौकिक परंपरा को 'लोकमानस' और आध्यात्मिक या शास्त्रीय परंपरा को 'मनुमानस' नाम से अभिहित किया है। डॉ॰ सत्येंद्र का मत है कि "मनुमानस और लोकमानस समानांतर सहयात्री हैं, विभिन्न धरातलों पर समान प्रेरक।"[2] अतः स्पष्ट है कि आध्यात्मिक पक्ष के साथ कंधे से कंधा मिलाकर चलने के बाद भी संस्कृति के लौकिक रूप को पहचानने में विद्वानों ने कोई तत्परता नहीं दिखाई।

आधुनिक काल जहाँ अर्थ जगत्, सामाजिक जगत्, राजनीतिक जगत् और साहित्य जगत् में नवीन आभा लेकर आया, वहाँ विद्वानों का ध्यान भी संस्कृति के आध्यात्मिक पक्ष के साथ लौकिक पक्ष की ओर जाना स्वाभाविक था। आधुनिकता वास्तव में हमें संस्कृति के अधिक करीब लाई। महात्मा गाँधी, स्वामी विवेकानंद जैसी महान् विभूतियों की प्रेरणा से भारतीय समाज का प्रबुद्ध वर्ग भी लोक की ओर मुखरित हुआ। जाने-अनजाने आध्यात्मिक विचारक व विद्वान् भी लौकिक संस्कृति के रंग में रँगते गए और संस्कृति की लौकिक परंपरा को अनेक नामों जैसे—लोक-मानस, लोक-जीवन, लोक-दर्शन, ग्राम्य-संस्कृति, लोक-परंपरा आदि से अभिहित करते गए। लोक-संस्कृति, लोक-जीवन, जन-जीवन इत्यादि सभी शब्द वास्तव में अलौकिक, लौकिक या लोक रूप के ही पर्याय हैं। लेकिन डॉ॰ विजयपाल सिंह ने लोकमानस को मनोवैज्ञानिक धरातल पर परखकर सिद्ध किया है कि "लोकतात्त्विक सामग्री अपढ़, अविकसित, अर्द्धविकसित, ग्रामीण समुदाय में ही प्राप्त नहीं होती, बल्कि सभ्य मानव में भी आदि मानस किसी न किसी रूप में रहता है। उसकी अभिव्यक्ति मानवीय विचारों, व्यापारों और कला-विलासों में होती रहती है। फलतः सभ्य जीवन में भी लोकमानस के अवशिष्ट तत्त्वों को खोजा जा सकता है।"[3] डॉ॰ सिंह ने इस कथन में संस्कृति के आध्यात्मिक पक्ष को सभ्य मानव की संस्कृति कहकर स्पष्ट किया है कि पूर्व में लौकिक संस्कृति को अविकसित, ग्राम्य या पिछड़े हुए मानव की संस्कृति ही समझा जाता रहा है। एक बात पूर्णतः सत्य है कि संस्कृति भले ही पक्षों में विभाजित रही हो, परंतु दोनों संस्कृतियों के मूल में समान प्रवृत्तियाँ रहती हैं। मूल संस्कृति में पार्थक्य नहीं होता है, क्योंकि प्रकृति ने मनुष्य को अन्य मनुष्यों के समान ही बनाया है। प्रत्येक मनुष्य में क्रोध, लोभ, मोह, द्वेष, कामवासना इत्यादि गुण-अवगुण जन्मजात पाए जाते हैं। प्रत्येक मनुष्य यही चाहता है कि वह इन अवगुणों का गुलाम न रहकर उनको गुलाम बनाए। ऐसे में जो मानव इन अवगुणों पर काबू पा जाता है, उसकी संस्कृति सभ्य या शास्त्रीय कही जाएगी और जो ऐसा नहीं कर सकता है,

उसकी संस्कृति तुच्छ, पिछड़ी या अपढ़ हो जाएगी। संस्कृति का यही अपढ़ या पिछड़ा रूप लौकिक रूप समझा जाता है। भले ही संस्कृति का यह पक्ष शास्त्रीय पक्ष की अपेक्षा हीन रहा हो, परंतु इसे सर्वथा संस्कृति से पृथक् नहीं किया जा सकता है। अतः संस्कृति के अध्ययन में लौकिक संस्कृति का अध्ययन न हो, यह असंभव है। लेकिन लौकिक संस्कृति के अध्ययन से पूर्व संस्कृति क्या है, यह समझ लेना आवश्यक है।

शब्दकोशों के पृष्ठों को उलटने पर संस्कृति की जो परिभाषा समझ में आती है, उसके मुताबिक मानव मन, आचार, रुचियों को जो माँजता है, शुद्ध करता है, वह संस्कृति है। एक अन्य अर्थ में मनुष्य का नैतिक, बौद्धिक और कलात्मक सृज़न या स्वभाव ही संस्कृति है। कॉम्पेक्ट हिंदी शब्दकोश में संस्कृति का अर्थ इस प्रकार दिया है—''संस्कार, सुधार, परिष्कार, शुद्धि, सजावट, सभ्यता, चौबीस वर्णों के वृत्तों की संख्या।''[4] प्रामाणिक हिंदी कोश में संस्कृति शब्द के अर्थ इस प्रकार निर्दिष्ट हैं—''1. शुद्धि, सफाई। 2. संस्कार, सुधार। 3. किसी व्यक्ति, जाति, राष्ट्र आदि की वे सब बातें, जो उसके मन, रुचि, आचार-विचार, कला-कौशल और सभ्यता के क्षेत्र में बौद्धिक विकास की सूचक होती हैं।''[5] डॉ॰ पद्मचंद्र काश्यप ने संस्कृति शब्द का अर्थ स्पष्ट करते हुए लिखा है—''संस्कृति का शाब्दिक अर्थ है, 'सम्यक् कृति' अर्थात् अच्छा करना, श्रेष्ठतर बनाना, सुधारना, संशोधित करना या परिमार्जित करना।''[6]

संस्कृति शब्द संस्कृत भाषा से लिया गया है। संस्कृत और संस्कृति दोनों ही शब्द संस्कार से बने हैं। संस्कार का अर्थ है—कुछ कृत्यों की पूर्ति करना। मनुष्य जन्म से ही अनेक प्रकार के संस्कार करता है—जिसमें उसे विभिन्न प्रकार की भूमिकाएँ निभानी पड़ती हैं, जिनके द्वारा वह अपने जीवन के उद्देश्यों की पूर्ति करता है। अतः संस्कृति एक परिमार्जन की प्रकिया है, जिसे मनुष्य उम्र-पर्यंत करता रहता है। ये संस्कार मानव जीवन के अनेक पक्षों से जुड़े होते हैं, जैसे—नैतिक, ऐतिहासिक और सामाजिक। नीति के क्षेत्र में संस्कृति का संबंध नैतिकता, सच्चाई, ईमानदारी, आदर्शों, नियमों एवं सद्‌गुणों से है। यहाँ संस्कृति का संबंध 'सत्यं शिवं सुन्दरं' से है। ऐतिहासिक पक्ष में संस्कृति का संबंध धर्म, ज्ञान, विज्ञान, कला, संगीत, दर्शन एवं साहित्य से संबद्ध है। सामाजिक क्षेत्र में संस्कृति का संबंध विश्वास, मान्यताएँ, कानून, आचार-व्यवहार, रीति-रिवाज, मनोरंजन, आनंद आदि से है।

मैलिनोवस्की के अनुसार—''संस्कृति जीवन व्यतीत करने की एक संपूर्ण

विधि है, जो व्यक्ति की शारीरिक, मानसिक एवं अन्य आवश्यकताओं की पूर्ति करती है और उसे प्रकृति के बंधनों से मुक्त करती है।"[7] प्रो॰ रघुवंश के अनुसार—"मानवीय व्यवहार का सीखा हुआ भाव संस्कृति है।"[8] देवेंद्रमुनि शास्त्री के अनुसार—"संस्कृति का अर्थ संस्कार संपन्न जीवन है। वह जीवन जीने की कला है, पद्धति है। वह आकाश में नहीं, धरती पर रहती है, वह कल्पना में नहीं, जीवन का ठोस सत्य है। बुद्धि का कौतूहल नहीं, किंतु आदर्श हैं।"[9] उपर्युक्त परिभाषाओं की अपेक्षा डॉ॰ मुंशी राम शर्मा की परिभाषा संस्कृति को स्पष्ट करने में अधिक सहायक है। डॉ॰ शर्मा के शब्दों में—"जीवन की जिस विशिष्ट विधि को अपनाकर हम प्राणिमात्र के साथ सहयोग एवं सहानुभूति की स्थापना करते हैं, सबको अपना समझने में सफल होते हैं, मत-मतांतरों की भिन्नता, प्रथाओं एवं रीति-प्रणालियों की अनेकता जहाँ मानव में भेद नहीं डालती, सत् शुभ-भद्र-निःश्रेयस जहाँ सबके प्रेम का अधिष्ठान है, पारस्परिक सौहार्द जिसकी विशेषता है, संवेदनशीलता जिसका अमिट चिह्न है, वही संस्कृति है।"[10]

उपर्युक्त अध्ययन के आधार पर कहा जा सकता है कि मानव-जीवन में घटने वाली मूल्य-संघात की घटनाएँ संस्कृति का आकार ग्रहण करती हैं। संस्कृति मानव के विकास की जय-यात्रा का प्रतीक है। यह मनुष्य के कला-कौशल, आमोद-प्रमोद, शील-संस्कार, पूजा-पाठ, उत्सव-पर्व, ज्ञान-विज्ञान, विधि-विधान रीति-रिवाज को साथ लेकर एक-एक कदम आगे बढ़ाती रहती है तथा धर्म, दर्शन साहित्य और कलाएँ—संस्कृति की चिंतन-स्थली, जीवनानुभूति और विवेकपूर्ण दृष्टि है। संस्कृति मानव जीवन में अनुशासन, साहस, कर्तव्यपरायणता, आदर, प्रेम, करुणा, सहानुभूति तथा आत्मीयता का विकास करके जीवन में मनोरंजन और मानवीय गरिमा का समावेश करती है।

संस्कृति एक निरंतर प्रवाहमान सरिता के समान है, जो अपने पवित्र जल में मनुष्य के विचारों, आदर्शों, और संस्कारों को प्रवाहित करती रहती है, ताकि ये सभी मानवीय उपादान ठहरे हुए पानी के समान गँदले न हो जाएँ। संस्कृति एक ऐसा विशाल अनंत वृक्ष है, जिसमें व्यक्ति के जन्म से लेकर मृत्यु-पर्यंत तक के सभी क्रियाकलाप पुष्पित-अंकुरित होते रहते हैं। इस वृक्ष की जड़ें भूत की मिट्टी व पानी में होती हैं, तना व टहनियाँ वर्तमान में होती हैं तथा किसलय, फूल और फल भविष्य में होते हैं। संस्कृति में अतीत, वर्तमान व नूतन का मेल होता है। सच्ची संस्कृति भूत, भविष्य और वर्तमान इन तीनों को एक सूत्र में गूँथती है। "संस्कृति में हमारा भूत निहित है, वर्तमान गुंफित है और भविष्य गर्भित है।

कल हम जो थे, आज जो हैं और कल जो बनेंगे, सभी कुछ संस्कृति से मालूम पड़ता है।''[11]

संस्कृति एक शाश्वत क्रिया है, जिसमें बनने-बनाने की क्रिया निरंतर चलती रहती है। संस्कृति एक ओर परंपराओं में ढलती जाती है तथा दूसरी ओर भविष्य को भी ढालती जाती है। संस्कृति स्वत: ही निर्मित होती रहती है और इसे निर्माण के लिए भी संभावित किया जा सकता है। संस्कृति को समयावधि में बाँधना कठिन कार्य है—क्योंकि संस्कृति को उँगली से निर्दिष्ट नहीं किया जा सकता है कि यह यहाँ से शुरू होकर यहाँ तक है, क्योंकि संस्कृति के निर्माण में शताब्दियों की दरकार है। एक राष्ट्र या समाज के लोग शताब्दियों तक जिस तरह अपना जीवन व्यतीत करते हैं, रहते-सहते हैं, खाते-पीते हैं और जिस तरह धर्म-कर्म करते हैं, शासन चलाते हैं, बर्तन, मकान, मंदिर, जेवर आदि बनाते हैं, शादी, ब्याह, श्राद्ध, त्योहार मनाते हैं—वह सब संस्कृति के ही उपादान हैं। परिवार चलाने की प्रणाली, बड़ों को आदर, घर के दायित्व आदि हमारी संस्कृति के ऐसे अंश हैं, जो सदियों से चले आ रहे हैं। आज के युग में सिनेमाघर, संग्रहालय, राजनीतिक, आर्थिक, सामाजिक संस्थाएँ, रेडियो-टेलीविजन, विद्यालय-महाविद्यालय, नाच-गाना आदि हमारी संस्कृति के परिचायक हैं, क्योंकि इन उपादानों में हमारी रुचि-अरुचि निहित रहती है। ''हम जो कुछ भी करते हैं, उसमें हमारी संस्कृति की झलक होती है। सरल शब्दों में कहें तो संस्कृति जिंदगी जीने के तरीके का नाम है। हम क्या करते हैं, क्यों करते हैं, जीवन को किस दृष्टि से देखते हैं, हमारे कार्य किन विचारों-भावों और इच्छाओं से प्रेरित हैं, अर्थात् हमारे सोचने और करने के सारे व्यवहार-प्रकार ही संस्कृति है।''[12] स्पष्ट है कि मनुष्य के जीवनयापन करने का ढंग और इस ढंग को वास्तविक रूप देने वाले तत्त्वों का नाम ही संस्कृति है। मनुष्य सुबह जागने से लेकर रात में सोने से पूर्व तक दिनभर में जो कुछ कार्यकलाप करता है, वह संस्कृति है। इसके अंतर्गत मनुष्य की अनुभूतियाँ, आस्था, अभिव्यक्ति, ज्ञान, कला, आचार-व्यवहार, पूजा-अर्चना तथा रीति-रिवाज आदि अनेक अन्य उपकरण आते हैं।

संस्कृति का क्षेत्र इन्द्रधनुष की तरह अति व्यापक है, जिसमें विविध रंग निहित हैं। संस्कृति आनुवंशिक भी है और ज्ञान द्वारा अर्जित भी। संस्कृति जातिगत, वर्गगत और समाजगत भी है। प्रकृति के गुणों, पैतृक गुण, ज्ञानार्जन, चिंतन-मनन, अनुभव और संगति द्वारा भी संस्कृति का अर्जन होता है।

किसी भी राष्ट्र या समाज की पहचान संस्कृति से होती है। संस्कृति में

क्षेत्रीय, आँचलिक, ग्रामीण, प्रांतीय, प्रदेशीय, राष्ट्रीय और अंतर्राष्ट्रीय मानवीय सभ्यता का समावेश होता है। सभ्यता संस्कृति के विकास का सर्वोत्तम रूप है। इस अर्थ में संस्कृति सार्वदेशिक, सार्वभौमिक और विश्वव्यापी हो जाती है। चाहे अमेरिका, जापान, चीन, इंग्लैंड, मिस्र या अरब हों, ऑस्ट्रेलिया या रूस हो, हर देश का व्यक्ति दैवी-शक्ति से भयभीत है। उसे अतीत में श्रद्धा है, रूढ़ियों में विश्वास है और आत्मा को मानता है। यह संस्कृति का सार्वभौमिक या अंतर्राष्ट्रीय रूप है। इसी प्रकार कुछ आचार-विचार राष्ट्रीय, प्रांतीय, प्रादेशीय, जनपदीय, क्षेत्रीय तथा स्थानीय होते हैं, जिनमें परस्पर न्यूनाधिक भिन्नता होती है।

भारत एक विशाल देश है। भारत का इतिहास भी इस बात का गवाह है कि यहाँ पर अनेक जातियों, धर्मों और समुदायों के लोग समय-समय पर आए हैं तथा कुछ यहाँ की संस्कृति से ग्रहण करके और कुछ अपनी संस्कृति का प्रभाव यहाँ छोड़ गए हैं। अतः यह निश्चित रूप से कहा जा सकता है कि आर्य-अनार्य, शक, हूण, मंगोल, द्रविड़ सभी की अपनी-अपनी जातिगत या धर्मगत विशिष्टताएँ रही हैं, जिनका प्रभाव भारतीयों की पूर्वागत संस्कृति पर अवश्य पड़ा है। अतः भारतीय संस्कृति में अनेक भिन्नताएँ आज तक चली आ रही हैं। फिर भी भारतीय संस्कृति को हम एक कह सकते हैं। क्योंकि सामान्यतया सभी लोग "राम और कृष्ण को मानते हैं। गंगा सबके लिए पवित्र है और सरस्वती सभी के मन में गौरव का भाव जगाती है—अर्थात् सभी की संस्कृति का मूल यही भारत है।" सभी मानते हैं कि जीवन नश्वर है। सभी का समाज की संपूर्णता में विश्वास है। सभी पारिवारिक जीवन और उत्तरदायित्व की पवित्रता मानते हैं। सभी के मन में मानव मात्र से बंधुत्व और प्राणिमात्र के प्रति करुणा है।"[13]

डॉ॰ काश्यप के इस कथन में भारतीय संस्कृति का राष्ट्रीय रूप झलकता है। यह सभी विश्वास, परंपराएँ और आदर्श पूरे भारत की संस्कृति को एक सूत्र में बाँधे हुए हैं। लेकिन संस्कृति की इस एकसूत्रता को भारत के सभी राज्यों, जातियों, समाजों या वर्गों में विभाजित नहीं किया जा सकता। क्योंकि भारत एक उपमहाद्वीप के समान विशाल राष्ट्र है। अतः इस बात में कोई अचरज नहीं होना चाहिए कि भारत के विविध भागों में विविध जातियों, धर्मों व वर्गों के लोग निवास करते हैं, जिनकी अपनी विशिष्ट सांस्कृतिक मान्यताएँ हैं, अपने कर्म-काज, रीति-रिवाज, पर्व-त्योहार, परंपराएँ व मान्यताएँ हैं। लेकिन विविध भागों में विभक्त यह भारतीय संस्कृति भारत की राष्ट्रीय संस्कृति के लिए एक गुलदस्ते के समान ही है, जो कि भारतीय संस्कृति में भिन्न-भिन्न रूपों के सुमनों को पुष्पित करती हुई

भारत की मूल संस्कृति को और अधिक शोभा प्रदान करती है। अनेक प्रदेशों, क्षेत्रों, भूखंडों और अंचलों में पसरी यह लोक-संस्कृति भारत की सामूहिक संस्कृति को गरिमा और पूर्णता प्रदान करती है।

लोक-जीवन बनाम लोक-संस्कृति

किसी भी राष्ट्र की संस्कृति वहाँ के लोक-जीवन या जन-जीवन की अभिव्यक्ति होती है। किसी देश की संस्कृति महज उसकी राजधानी में होने वाले आचारों-विचारों या क्रियाकलापों तक ही सीमित नहीं होती है, अपितु उस राष्ट्र की राजधानी से सुदूर बसे प्रदेशों या अंचलों में भी क्रियान्वित होती है, जिसे लोक-संस्कृति कहते हैं। "प्रत्येक समाज की उत्कृष्ट संस्कृति की आधारशिला वहाँ का लोक-समाज ही होता है। इसी लोक-समाज की संस्कृति लोक-संस्कृति कही जाती है।"[14]

लोक-संस्कृति, लोक-जीवन, जन-जीवन प्रायः पर्यायावाची शब्द हैं। कॉम्पेक्ट हिंदी शब्दकोश में 'जन' शब्द के अर्थ इस प्रकार दिए हैं--"लोक, लोग, समुदाय, प्रजा, अनुयायी, गँवार, दास, अनुचर, ऊपर के सात लोकों में से पाँचवाँ।"[15] प्रामाणिक शब्दकोश के अनुसार 'जन' के अर्थ हैं—"1. लोक, लोग 2. प्रजा 3. सेवक, दास, अनुयायी, अनुचर 4. समूह, समुदाय 5. सात लोकों में पाँचवाँ लोक।"[16] साहनी पर्स डिक्शनरी के अनुसार लोक का अर्थ है—"संसार, जगत्, प्रजा, जन, लोग।"[17]

शब्दकोशों के अध्ययन से स्पष्ट है कि 'लोक' और 'जन' प्रायः एक ही अर्थ को संकेतित करने वाले शब्द हैं। लोक और जन किसी देश या राष्ट्र की जनता के लिए प्रयुक्त होने वाले शब्द हैं। अतः लोक-संस्कृति और जन-जीवन को भिन्न न मानकर जन-जीवन का पर्याय समझना ही उपयुक्त है।

'लोक' शब्द को लेकर विद्वानों में मतैक्य नहीं हैं। भारतीय और पाश्चात्य विद्वानों द्वारा दिए गए 'लोक' शब्द के अर्थ में भिन्नताएँ हैं। 'लोक' शब्द की चर्चा मुख्यतः लोक-साहित्य के संबंध में आती है। भारतीय 'लोक' शब्द के लिए एंग्लो सेक्शन भाषाओं में 'फॉक' (Folk) शब्द प्रचलित है, जिसका अर्थ है "असंस्कृत लोग।"[18] जबकि भारतीय विद्वानों ने 'लोक' शब्द का अर्थ दो आधारों पर माना है—एक तीनों लोकों भू, स्वर्ग तथा पाताल के संबंध में तथा दूसरा जन सामान्य या साधारण लोगों से संबंधित। निष्कर्ष रूप में यह कहा जा सकता है कि 'लोक' शब्द को भारतीय विद्वान् जनसाधारण अथवा लोकसमूह आदि अर्थों के साथ

ग्रंथिबद्ध कर चुके हैं। भारतीय मतानुसार "लोक हमारे जीवन का महासमुद्र है, उसमें भूत, वर्तमान सभी कुछ संचित रहता है।"[19] यदि सरल शब्दों में कहें तो आभिजात्य प्रभावों से रहित आदिम अवस्था और परंपरा प्रवाह में रहने वाला जन समूह लोक है, जिसके अपने विश्वास, पृथक् परंपराएँ, निजी वेश-भूषा, संस्कृति तथा जीवन-पद्धति है।

लोक-संस्कृति शब्द 'लोक' तथा 'संस्कृति' दो शब्दों के मेल से बना है। यह अंग्रेजी के 'फॉकलोर' का पर्यायवाची है। फॉकलोर का अर्थ है—'सीखा गया ज्ञान'। इसी आधार पर लोक-संस्कृति को लोगों का परंपरा से सीखा गया ज्ञान कहा जा सकता है। डॉ॰ सत्येंद्र के अनुसार "लोक संस्कृति जन साधारण की वह संस्कृति है जो अपनी प्रेरणा लोक से प्राप्त करती थी, जिसकी उत्स-भूमि जनता थी और जो बौद्धिक विकास के निम्न धरातल पर अवस्थित थी।"[20] मुख्यतः लोक-संस्कृति में भी प्रायः वही उपादान निहित रहते हैं, जो संस्कृति में होते हैं। लेकिन लोक-संस्कृति के उपादान मूल संस्कृति से अपनी जातिगत, वर्गगत, स्थानीय या आँचलिक विशिष्टताओं के कारण भिन्न होते हैं। लोक-संस्कृति के अंतर्गत लोक-विश्वास, आचरण, संस्कार-धर्म, रीति-रिवाज, शकुन-अपशकुन, जादू-टोने, रोग, भविष्यवाणियाँ, व्यक्तिगत व्यवसाय, उद्योग-धंधे, तिथियाँ, व्रत-त्योहार, खेल-कूद, मनोरंजन, कहानियाँ, कहावतें, गीत आदि आते हैं। लोक-जीवन की विभिन्न प्रक्रियाएँ चाहे वह धार्मिक, संस्कृतिक, नैतिक या लोक-विश्वास संबंधी हों, लोक-संस्कृति के अंतर्गत आती हैं।

निष्कर्षतः यह कह सकते हैं कि संस्कृति लोक-जीवन के आंतरिक और बाह्य जीवन की अभिव्यक्ति है। लोक के मूल में कुछ धार्मिक, नैतिक व आध्यात्मिक स्तर, धार्मिक व सामाजिक नियम तथा कार्यकलाप होते हैं, जिन्हें सामाजिक मान्यता प्राप्त होती है। यह पीढ़ी दर पीढ़ी विरासत रूप में संक्रमित होते रहते हैं। लोक-जीवन के यही क्रियाकलाप लोक-संस्कृति कहलाते हैं।

डॉ॰ कविता त्यागी के अनुसार "लोक का एक विशाल जीवन-दर्शन होता है, जो उसके आचार-विचार और दैनिक क्रियाकलाप में मुखरित रहता है। लोक का आचरण सीधा-सच्चा व धर्मोन्मुख होता है। वह पाप-पुण्य के प्रति जागरूक रहता है। यही धारणा उसे सत्यपथ पर चलने में सहायक सिद्ध होती है। लोक-संस्कृति लोक-जीवन का एक सच्चा अध्याय है।"[21] इस कथन के आधार पर कहा जा सकता है कि मान्यता व विश्वास के आधार पर ही संस्कृति में लोक-संस्कार, लोक-धर्म, लोक-विश्वास, प्रथाओं व परंपराओं, मेलों-त्योहारों, खान-

पान तथा वेश-भूषा का समावेश होता है। लोक-संस्कृति का एक आवश्यक अंग लोक-बोली भी है, जिसके द्वारा लोक अपनी कहानियों, कहावतों, उक्तियों और विचारों को अभिव्यक्ति देता है। अतः लोक-बोली या लोक-भाषा को लोक-संस्कृति से कतई अलग नहीं किया जा सकता है।

समग्रतः लोक-संस्कृति को विस्तार से समझने के लिए लोक में प्रचलित संस्कार, धर्म, विश्वास, प्रथाएँ, परंपराएँ, मेले, पर्व-त्योहार, वेश-भूषा, खान-पान, लोक-बोली आदि का अध्ययन नितांत आवश्यक है। लेकिन लोक-संस्कृति के इन उपादानों के अध्ययन से पूर्व जिस प्रदेश की लोक-संस्कृति का हम अध्ययन करने जा रहे हैं, उस प्रदेश की लोक-संस्कृति के आवश्यक पहलुओं को समझना अधिक आवश्यक है।

यूँ तो समूचा भारत ही विभिन्न संस्कृतियों का राष्ट्र है तथा सभी संस्कृतियों का अपना विशिष्ट महत्त्व भी है, किंतु हिमाचल प्रदेश की लोक-संस्कृति कुछ निराली है। हिमाचल प्रदेश की लोक-संस्कृति आज भी अछूती है और शुद्ध है। हिमाचल प्रदेश उन क्षेत्रों में से एक है, जहाँ भारत की आदिम या वैदिक और वेद-पूर्व की संस्कृति जन्मी और फली-फूली है। वेदों में वर्णित सात नदियों में से पाँच नदियाँ हिमाचल प्रदेश में हैं। भारत जैसे उपमहाद्वीप के समान विशाल राष्ट्र के मानचित्र में हिमाचल प्रदेश भले ही छोटा राज्य हो, "लेकिन संस्कृति के क्षेत्र में, विशेषकर हिंदू संस्कृति के मौलिक स्वरूप के संदर्भ में हिमाचल प्रदेश का महत्त्व सर्वाधिक है। देश की संस्कृति का मूल यहीं मिलता है। इसके आसपास ही कहीं किसी ऋषि ने प्रथम वेद-मंत्र के दर्शन किए होंगे। अग्नि शायद यहीं कहीं उपजी थी और शायद सूर्य की पहली किरण ने मानव का स्वागत इसी प्रदेश की किसी नदी के किनारे किया होगा।"[22]

हिमाचल प्रदेश की संस्कृति भारतीय संस्कृति का उद्‌गमस्थल है। विश्वामित्र, वेदव्यास, अगस्त्य, वशिष्ठ, शुकदेव, कपिल, पराशर, जमदग्नि और परशुराम जैसे ऋषियों ने हजारों वर्ष पूर्व हिमाचल प्रदेश के घने जंगलों, ऊँची घाटियों और कल-कल बहती निर्मल नदियों तथा इस भू-भाग को पवित्र किया है। सरिता के दर्शन ऋषियों को इसी भूमि पर हुए थे। भारतीय समाज की नींव सरस्वती के किनारे ही रखी गई थी और सरस्वती हिमाचल की ही जाया थी।

हिमाचली संस्कृति अति प्राचीन है। इसे भले ही आँचलिक या क्षेत्रीय संस्कृति का नाम दिया जाता रहा है, किंतु इसी संस्कृति में भारतीय इतिहास का पुरातन रूप छिपा हुआ है। हिमाचल के आसपास ही कहीं हमारा देश आर्यवर्त से भारतवर्ष

बना था। शकुंतला-पुत्र भरत का इसी देश के चक्रवर्ती सम्राट के रूप में अभिषेक हुआ था।

भारतीय संस्कृति की इस गौरवमयी पुण्यस्थली ने अनेक ऐसे साहित्यकार उत्पन्न किए हैं जिन्होंने हिमाचली लोक-संस्कृति को अपनी कृतियों में समाहित कर लिया है। मूलतः हिमाचली साहित्यकार दिशाहीन तिनकों की तरह प्रवाहित होते रहे हैं तथा हिंदी साहित्य के क्षेत्र में जो भी वाद या धाराएँ आई हैं, उनसे भी अछूते रहे हैं। साहित्य वास्तव में किसी समाज, राष्ट्र या प्रदेश की संस्कृति का संग्रहण करता है। यदि इस दृष्टि से देखा जाए तो शांता कुमार ने हिमाचल प्रदेश की लोक-संस्कृति, मुख्यतः काँगड़ा जनपद की लोक-संस्कृति को अपनी कृतियों में उभारा है। भले ही शांता कुमार भी हिंदी साहित्य के वादों से अछूते नहीं रहे हैं, लेकिन अपनी कृतियों में हिमाचल प्रदेश की लोक-संस्कृति की विशिष्टताओं को उकेरने में वे सफल रहे हैं। काँगड़ा की जनपदीय संस्कृति के अलावा कुल्लू तथा लाहौल-स्पीति जिलों के लोक-जीवन के दर्शन भी शांता कुमार की कृतियों में होते हैं।

हिमाचल प्रदेश एक पर्वतीय प्रदेश है। यहाँ की भूमि प्रकृति की क्रीड़ा-स्थली है। हिमाचल प्रदेश की कुल जनसंख्या में से 90 प्रतिशत से अधिक लोग गाँवों में बसते हैं, इसलिए यहाँ की लोक-सांस्कृतिक धारा भी ग्राम्य है। डॉ॰ काश्यप के अनुसार "प्रदेश की भौगोलिक एवं भाषायी वास्तविकता का चित्रण 'चार कोस पर पाणी बदले, आठ कोस पर वाणी' कहावत में बड़ा अच्छा हुआ है। यहाँ की बस्तियाँ ही मुख्यतः नदी-नालों, गाड़ों व दरिया के किनारे हैं। यह नदी-नाले हर धार-पर्वत से निकलते हैं।... इन धारों-गाड़ों ने जहाँ एक ओर मनुष्य के लिए भूमि और जल उपलब्ध कराया, वहीं दूसरी ओर उसे एकांतवासी भी बना दिया। वह अपने में ही मस्त, अपने ही परिवार, कुटुंब, अल्ल और खंद में ही उसे सभी कुछ मिल गया। न उसे दूसरों से मिलने की चाह रही और न ही आवश्यकता।"[23]

हिमाचल प्रदेश की संस्कृति को यहाँ की प्राकृतिक या भौगोलिक बनावट भी बहुत हद तक प्रभावित करती है। ऊँची पहाड़ियों या टीलों तथा नदी-नालों के इर्द-गिर्द बस्तियाँ होने के कारण यहाँ के लोगों का जनजीवन मैदानी क्षेत्रों की अपेक्षा अधिक कठिन और परिश्रमपूर्ण है। हिमाचल प्रदेश के कुल्लू, काँगड़ा तथा लाहौल-स्पीति जिले प्राकृतिक दृष्टि से अत्यंत मनोहारी हैं। काँगड़ा, कुल्लू तथा स्पीति मुख्यतः घाटियाँ है। साधारणतया किन्ही दो पर्वतमालाओं अथवा धारों के

बीच बहने वाली सरिता के नाम से ही घाटी का नाम जाना जाता है। हिमाचल प्रदेश की प्रमुख नदी व्यास है। इस नदी ने हिमाचल प्रदेश को प्राकृतिक सौंदर्य से युक्त दो उपत्यकाएँ काँगड़ा और कुल्लू के रूप में उपहार में दी हैं। हिमाचल प्रदेश का अधिकतर भू-भाग जंगलों से ढका है, जहाँ से जनसाधारण के लिए ईंधन की लकड़ी, पशुओं के लिए चारा तथा स्थानीय उद्योगों व व्यक्तिगत धंधों के लिए लकड़ी उपलब्ध होती है। कहने का अभिप्राय यह है कि प्रकृति के ये उपादान हिमाचली लोक-संस्कृति, मुख्यतः काँगड़ा और कुल्लू की संस्कृति को प्रभावित करने में महत्त्वपूर्ण भूमिका निभाते हैं। यही कारण है कि यहाँ की संस्कृति में वृक्ष व जल की पूजा-अर्चना अहम है। "पहाड़ी लोक-जीवन हिमाचल के प्राकृतिक परिवेश का कितना ऋणी है, यह उनके तत्त्वतः अध्ययन से स्पष्ट हो जाता है। जनसाधारण अनेक प्राचीन रूढ़ियों, परंपराओं, संस्कारों तथा विश्वासों पर अमिट आस्था रखता है। सच तो यह है कि उनका समस्त जीवन रूढ़ियों, रीति-रिवाजों, परंपराओं, संस्कारों और भारतीय जीवन पद्धति से ओतप्रोत है।"[24] हिमाचली लोगों के निजी पर्व-त्योहार हैं, वेशभूषा और खान-पान, निजी विश्वास, धर्म और संस्कार हैं तथा निजी बोली है, जो सभी मिलकर इस पर्वतीय आँचलिक लोक-संस्कृति को एक संपूर्ण इकाई के रूप में प्रतिष्ठित किए हुए हैं। अतः इन सभी लोक-सांस्कृतिक उपादानों का अलग-अलग विवेचन करना आवश्यक है।

लोक-संस्कार

पूर्वजन्म, परंपरा, कुल-मर्यादा, शिक्षा, सभ्यता इत्यादि का मन पर पड़ने वाले प्रभाव का नाम संस्कार है। संस्कार मन की रुचि, आचार-विचार आदि को परिष्कृत और उन्नत करने का कार्य करते हैं। सरल शब्दों में कहें तो "परंपरा से चला आया हुआ कोई ऐसा कृत्य, जिसका किसी विशेष अवसर के लिए विधान हो—"[25] उसे संस्कार कहते हैं। संस्कार कुछ विशिष्ट अवसरों पर होने वाले ऐसे धार्मिक या सामाजिक कार्य हैं, जो किसी देश या समाज में समान रूप से प्रचलित होते हैं, किंतु धार्मिक, भौगोलिक, आर्थिक तथा सामाजिक परिस्थितियों के कारण इनमें न्यूनाधिक भेद समाहित हो जाते हैं।

भारतीय परंपरा में सोलह संस्कारों का विधान है। पुत्र-जन्म से लेकर मृत्युपर्यंत ये संस्कार लोक-जीवन के प्रमुख अंग हैं। हिंदुओं में धर्म की दृष्टि से जीवन को शुद्ध और उन्नत करने के लिए इन संस्कारों का विधान किया गया है। भारतीय लोक-जीवन परंपरा में जिन सोलह संस्कारों का उल्लेख है, वे हैं—गर्भाधान,

पुंसवन, सीमंतोनयन, जातकर्म, नामकरण, निष्क्रमण, अन्नप्राशन, चूड़ाकर्म या मुंडन, विवाह, कर्णबेध, वानप्रस्थ, यज्ञोपवीत, वेदारंभ, संन्यास, समावर्तन और अंत्येष्टि। ये सभी लोक-संस्कार मनुष्य जीवन के विशिष्ट अवसरों के लिए होते हैं और कतिपय विशिष्ट अवसरों पर ही कार्यान्वित होते हैं।

हिमाचल प्रदेश की 95 प्रतिशत से अधिक जनसंख्या हिंदू धर्म को मानने वाली है। अतः हिंदू धर्म परंपरा में प्रचलित उपर्युक्त संस्कारों का परिष्कृत या न्यूनाधिक अंतर समाहित किया हुआ रूप यहाँ के लोक-जीवन के संस्कारों में द्रष्टव्य है। हिमाचल प्रदेश के लोक-जीवन में ये सोलह संस्कार शायद ही कभी प्रचलित रहे हों। "मोटे तौर पर गर्भाधान, जातकर्म, नामकरण, निष्क्रमण, अन्नप्राशन, चूड़ाकर्म, उपनयन, विवाह, अंत्येष्टि संस्कारों का यहाँ रिवाज रहा है। धीरे-धीरे गर्भाधान, जातकर्म, निष्क्रमण और अन्नप्राशन भी लुप्त हो रहे हैं, अतः व्यवहार रूप से इस प्रदेश में नामकरण, चूड़ाकर्म, उपनयन, विवाह और अंत्येष्टि से पाँच संस्कार ही होते है।"[26] नामकरण सरीखे संस्कार को किसी परिचय की आवश्यकता नहीं है। चूड़ाकर्म को स्थानीय भाषा में जमालू उतारना, जडू निकालना, मुंडन आदि नामों से अभिहित किया जाता है। उपनयन को यज्ञोपवीत भी कहते हैं। काँगड़ी या स्थानीय भाषा में इसे 'जनेऊ' कहते हैं। जनेऊ मुख्यतः हिमाचल प्रदेश में ब्राह्मण और राजपूत ही डालते हैं, किंतु अब राठियों, घिरथों और खत्रियों में भी इसका प्रचलन बढ़ रहा है। हिमाचल प्रदेश के वरिष्ठ साहित्यकार शांता कुमार के उपन्यासों, मुख्यतः आँचलिक उपन्यास 'लाजो' में काँगड़ा जिले के विवाह तथा आंशिक रूप में अंत्येष्टि से संबंधित कुछ संस्कारों का सुंदर चित्रण हुआ है। अतः काँगड़ा के विवाह-संस्कार का यहाँ परिचय देना नितांत आवश्यक है।

प्राचीन आर्ष संस्कारों से परिवेष्टित भारतीय संस्कृति विश्व की सामाजिक परंपराओं में सर्वश्रेष्ठ मानी जाती है। संस्कारों से बुद्धि सुसंस्कृत होती है। भारतीय एवं हिंदू-धर्मावलंबियों के लिए जो सोलह संस्कार माने गए हैं, उनमें से विवाह संस्कार सार्वदेशिक रूप से सब जातियों में समान रूप से अत्यंत महत्त्वपूर्ण माना गया है। महर्षि कश्यप के अनुसार विवाह ही गृहस्थाश्रम की आधारशिला है, क्योंकि इसी आश्रम के माध्यम से मनुष्य देव, पितृ और ऋषि—इन ऋण-त्रय से उऋण होकर धर्म, अर्थ और काम को प्राप्त करता है। हमारे धर्मग्रंथों में गृहस्थाश्रम की महिमा का गुणगान मुक्तकंठ से किया गया है—

"अनाश्रमी न तिष्ठेतक्षणमेकमपि द्विजः।
अतिथ्य शिवपूजनं प्रतिदिनं मिष्टान्नपानं गृहे,
साधोंः संगमुपासते च सततं धन्यो गृहस्थाश्रमः ।।"

"गृहस्थाश्रममुत्तमम् च आधारोऽन्याश्रमाणां भूतानां प्रविणना तथा।"

(कश्यप)

महर्षि वशिष्ठ ने गृहस्थाश्रम को सब धर्मों से श्रेष्ठ माना है—

"कश्चिद् गृहस्थाश्रम समो न परोऽस्ति धर्मः।"

हजारों वर्षों के मानवीय इतिहास के विकास में विवाह-व्यवस्था सर्वाधिक महत्त्वपूर्ण है। विवाह एक उच्चकोटि का पवित्र तथा धार्मिक कृत्य एवं संबंध है। विश्व की कोई भी जाति, वर्ग, समुदाय या समाज ऐसा नहीं है, जहाँ इस संस्कार को आवश्यक न माना जाता हो। समाजशास्त्रीय विद्वानों ने विवाह को यौन इच्छाओं की पूर्ति के लिए सामाजिक मोहर या वैधता माना है। भारतीय संस्कृति में विवाह को मुख्यतः सामाजिक संगठन ही माना गया है। साधारण और स्पष्ट शब्दों में कहें तो वह धार्मिक या सामाजिक कृत्य या प्रक्रिया, जिसके अनुसार स्त्री और पुरुष में पत्नी और पति का संबंध स्थापित होता है, विवाह कहलाता है। हमारी भारतीय संस्कृति में (मनु स्मृति आदि ग्रंथों में) आठ प्रकार के विवाह स्वीकार किए गए हैं—ब्राह्म, दैव, आर्ष, प्राजापत्य, आसुर, गांधर्व, राक्षस और पैशाच। इनमें ब्राह्म विवाह सर्वोत्तम माना जाता है।

"हिमाचल प्रदेश में ब्राह्म, गांधर्व, आसुर तथा राक्षस प्रकार के विवाहों का रिवाज है।... अन्य पद्धतियाँ कभी रही हों, किंतु अब उनका सर्वथा लोप हो गया है। यहाँ इन विवाहों के अपने नाम हैं और ये नाम भी भिन्न-भिन्न स्थानों पर भिन्न-भिन्न हैं। विवाह या ब्याह साधारणतया ब्राह्म-विवाह का ही स्थानीय रूप है।... इन विवाहों के अतिरिक्त समाज में अंतर्जातीय विवाह, पुनर्विवाह और विधवा विवाह भी व्यापक रूप से प्रचलित हैं।"[27] अंतर्जातीय विवाह में ऊँची जाति का पुरुष नीची जाति की स्त्री से विवाह करता है। यह प्रायः सवर्ण जातियों में ही होता है, परंतु आजकल सवर्ण और निम्न जातियों के लड़के-लड़कियों भी ऐसे विवाह करने लगे हैं। विधवा विवाह को झँझराड़ा, करेवा, रंडोल, सुरगढ़ी और गरीबचारा आदि स्थानीय नामों से भी पुकारा जाता है। ऐसी औरत जिसके पति की मृत्यु हो चुकी है, जब अन्य पूर्व विवाहित या अविवाहित पुरुष से विवाह करती है, तो उसे विधवा विवाह करते हैं। इसे चादर डालना भी कहा जाता है। विधवा विवाह को समाज में आज भी हेय दृष्टि से ही देखा जाता है। इसके अतिरिक्त हार ढेरी विवाह तथा द्रौपदी विवाह आदि का प्रचलन भी यत्र-तत्र देखने को मिलता है।

भारतीय संस्कृति का आधार गृहस्थाश्रम है तथा गृहस्थाश्रम का मूल विवाह-संस्कार है। काँगड़ा की लोक-संस्कृति का मूल भी यहाँ का गृहस्थ जीवन है। यहाँ विवाह-संस्कार का बहुत महत्त्व है। काँगड़ा के लोग विवाह को मात्र एक रस्म ही नहीं मानते हैं, अपितु इसे मनुष्य जीवन का धर्म स्वीकारते हैं। यहाँ विवाह-संस्कार को केवल इस जन्म का संबंध नहीं, बल्कि जन्म-जन्मांतरों का संबंध मानते हैं। इसी कारण भारत के इस क्षेत्र में विवाह को बहुत ही सोच-विचार कर किया जाता है।

पूर्व में यहाँ ऐसा रिवाज था कि लड़के के माता-पिता लड़की के माता-पिता के पास लड़की माँगने जाते थे। यही कारण था कि 'कुड़माई' को 'मँगनी कहा जाता था। वास्तव में यह वह दौर था जब लड़कों के विवाह बड़ी मुश्किल से हुआ करते थे । लेकिन अब जमाना बदल गया है। आजकल लड़की वालों को लड़कों के माँ-बाप की मिन्नतें करनी पड़ती हैं।

पहले यहाँ विवाह 'बट्टै' अर्थात् 'अपनी लड़की दूसरे के घर और दूसरे की लड़की अपने घर' द्वारा भी हुआ करते थे। एक तरह से यह लड़कियों का आदान-प्रदान होता था। यदि कभी किसी कारणवश यह 'बट्टा' नहीं हो पाता, तो कहीं-कहीं लड़की के बदले में रुपये लेकर भी विवाह करने का रिवाज था। लेकिन समय की करवट के साथ ही लोगों में जागृति की लहर दौड़ जाने के कारण आज इन दोनों रिवाजों को अनैतिक समझा जाने लगा है। अतः इन रिवाजों का लुप्त होना स्वाभाविक ही था।

विवाह संस्कार के ऐसे रिवाजों के प्रचलित होने के बावजूद विवाह करने से पूर्व यहाँ के लोग कुछ बातों का विशेष ध्यान रखते हैं, जैसे—

1. दोनों पक्षों के गोत्र एक न हों।
2. लड़के-लड़की के माता-पिता के बीच में पूर्व का कोई दूर का भी संबंध न हो।
3. लड़के-लड़की के ग्रहों को मिलाया जाता है। जन्म-पत्रिकाएँ, जो प्रायः लड़के-लड़की के जन्म के समय किसी पंडित द्वारा बनाई जाती हैं, को मिलाया जाता है। अभिप्राय यह है कि यदि लड़के-लडकी के जन्म-पत्री आधारित ग्रह-गुण मिल जाएँ, तभी विवाह हो सकता है।
4. लड़का या लड़की दूसरी जाति के न हों। यहाँ अंतर्जातीय विवाह को हेय समझा जाता है।
5. दोनों पक्षों का खानदान अच्छा हो।

6. दोनों पक्षों के रीति-रिवाज मिलते-जुलते हों।
7. दोनों पक्ष अच्छे संस्कारी हों।

इन सब बातों को ध्यान में रखने का अर्थ यह है कि विवाह कभी भी अपने गोत्र या संबंध में न हो। यदि लड़के-लड़की के बीच में कोई पुराना संबंध निकल आए तो ऐसा विवाह-संबंध धर्म के विरुद्ध समझा जाता है। यदि लड़के-लड़की के ग्रह-गुण न मिलें तो विवाह-संबंध हानिकारक माना जाता है। साथ ही दूसरी जाति में विवाह करना धार्मिक और सामाजिक रीतियों के खिलाफ माना जाता है। स्वभाव तथा रीति-रिवाजों का मिलान इसलिए जरूरी माना जाता है, ताकि विवाहोपरांत संबंध मधुर बने रहें। जब इन सभी बातों की पूरी तसल्ली हो जाती है, तदुपरांत 'कुड़माई' होती है।

विवाह-संस्कार को हिमाचल प्रदेश या काँगड़ा की बहुत बड़ी जनसंख्या 'ब्याह' नाम से ही जानती है। ब्याह का शुभारंभ 'कुड़माई' से होता है। कुड़माई के उपरांत ही सारे संस्कार यथा लंगड़ोतरी (लग्नोतरी), छेई (धाम के लिए लकड़ी काटना), दिन देखना, न्यून्दर (संबंधियों को निमंत्रण देना), समूहत, तेल, गोत्राचार, कन्यादान, वेदी, विदाई, धाम, बावड़ी-पूजन इत्यादि होते हैं।

कुड़माई के लिए रिश्ते-नाते, जान-पहचान और अड़ोस-पड़ोस की स्त्रियाँ लड़के-लड़की के संबंधियों या घरवालों से अनौपचारिक बात चलाती हैं। बात तय हो जाने पर पुरोहित के हाथ गुड़ तथा शुद्ध घी भेजा जाता है। साथ ही पुरोहित सूर्य, धूप, दीप कुंभ और गणपति की पूजा करके कपड़े तथा आभूषण लड़की की माता को लड़के वालों की ओर से भेंट करके उपस्थित लोगों को गुड़-घी बाँटता है। इस तरह कुड़माई हो जाती है।

काँगड़ा में विवाह के संस्कार मुख्यतः ब्याह के लगभग एक साल पूर्व से प्रारंभ हो जाते हैं। हालाँकि आजकल आधुनिकता के संस्पर्श से कुड़माई के बाद दो से छह माह में ब्याह होने लगे हैं। कुड़माई के उपरांत लड़के के माता-पिता पुरोहित से लंगड़ोतरी बनवाते हैं। लंगड़ोतरी में विवाह की तमाम रस्मों, विधियों तथा वैदिक आचारों की तिथि और मुहूर्त का विवरण दिया जाता है। छेई तथा न्यून्दरों के बाद पुरोहित द्वारा निर्दिष्ट शुभ तिथि (प्रायः यह तिथि पंचांग पर आधारित होती है) को विवाह प्रारंभ होता है। जिस घर में विवाह होता है, उसकी लिपाई-पुताई व सफाई करवाई जाती है। विवाह की पूर्व-संध्या को जागरण होता है। ब्याह में उपस्थित नाते-रिश्ते तथा पड़ोस की औरतें मंगलगीत गाती हैं। मुख्यद्वार की दीवार पर अनेक प्रकार के चित्र बनाए जाते हैं। विवाह वाले दिन कुल-पुरोहित

कुंभ-स्थापना के उपरांत उसमें पीपल, आम आदि के पत्ते डालकर, आटा-चावल की रँगोली बनाता है, जहाँ गणपति की मूर्ति रखकर दीपक जलाया जाता है। इसके उपरांत समूहत होते हैं। वर के घर से नाई जेवर, वस्त्र, मेहँदी, उबटन आदि लेकर वधू के घर जाता है। तत्पश्चात् 'तेल साँद' होती है। सभी संबंधी वर और वधू के सिर पर तेल डालते हैं, फिर वर और वधू को नहलाया जाता है—जिसे 'मंगल-स्नान' कहते हैं।

तदुपरांत वर को सेहरा और ब्याह के वस्त्र पहनाए जाते हैं। वर की बहन अपने दामन के पल्लू से पंखा झलती है तथा माता बारात-प्रस्थान से पूर्व आरती उतारकर बलइयाँ लेती है। इसके उपरांत दूल्हा घोड़ी या पालकी पर बैठकर बारात सहित वधू के घर जाता है। वधू पक्ष के मुख्यद्वार पर बारात के आगमन पर वर और वधू के पिता आलिंगन करके एक-दूसरे के गले में फूल-मालाएँ पहनाते हैं। इसे एक तरह से बारातियों का स्वागत-संस्कार कह सकते हैं, जिसे स्थानीय भाषा में 'मिलनी' कहते हैं। भोजनोपरांत लंगड़ोतरी में निर्दिष्ट समयानुसार वर वधू के घर में प्रवेश करता है। सास-ससुर उसकी आरती उतारकर घर में स्थापित देहरे पर ले जाते हैं, जहाँ वर-वधू देवताओं की उपासना व कुंभ की पूजा करते हैं। इसके बाद गोत्राचार या कन्यादान होता है। ब्याह का शास्त्रीय आचार लग्न-फेरों के साथ पूर्ण होता है, यह वेदी में होता है। घर के आँगन में वर्गाकार चार बाँस गाड़े जाते हैं, जिनमें केले के पत्ते लिपटे रहते हैं। वेदी को फूलों आदि से खूब सजाया जाता है और इसके बीचोबीच अग्नि-कुण्ड या हवन-कुण्ड बनाया जाता है। वर-वधू को वेदी में लाया जाता है—जहाँ वे अग्नि के गिर्द फेरे लेते हैं। सात फेरों में तीन फेरे वधू आगे चलती है तथा शेष चार में वर। कहीं-कहीं चार फेरे ही होते हैं। वेदी में वर-वधू को एक-दूसरे का मुख दिखाया जाता है। मुख्यतः वधू घूँघट ओढ़े रहती है। कपड़े की ओट औरतें प्रायः इसलिए बनाती हैं ताकि अन्य उपस्थित जन वधू का चेहरा न देख पाएँ। वर-वधू एक-दूसरे को देखते हैं और अँगूठी पहनाते हैं। इसे 'मुँहदिखाई' कहते हैं। वेदी में ही वधू को उसके माता व अन्य रिश्तेदार दान (दहेज) देते हैं। वेदी के बाद 'धाम' होती है, जिसमें बाराती व उपस्थित लोग खाना खाते हैं।

विदाई से पूर्व सिर-गुँदाई होती है, जहाँ पहली बार वर वधू की माँग भरता है। विदाई का दृश्य हृदय-विदारक होता है। वधू और उसके परिवार के सदस्य तथा अन्य संबंधी बिलख-बिलखकर रोते हैं। वधू की माँ आरती उतारकर अश्रुपूरित नेत्रों तथा शंकित मन से अपनी बेटी को गले लगाकर विदा करती है। कन्या को

उसका मामा डोली में बिठाता है और इस प्रकार बारात वधू को लेकर वापस चलती है। आगे वधू की डोली तथा पीछे वर की डोली चलती है।

लंगड़ोतरी में निर्दिष्ट शुभ मुहूर्त घड़ी अनुसार वधू का वर के घर में प्रवेश होता है। इसे स्थानीय भाषा में अन्द्रोन (अन्द्रोण) भी कहते हैं। अन्द्रोण के पश्चात् वर-वधू से ग्राम-देवता की पूजा संपन्न कराई जाती है। साथ ही गृह-देवी, गणेश व कुलजा की पूजा भी होती है। तदुपरांत वर का सेहरा और वधू का घूँघट उतारा जाता है। वधू पितृगृह से लाई मिठाई सास-ससुर व परिवार के अन्य सदस्यों को बाँटती है। बदले में वधू को उपहार दिए जाते हैं, जो प्रायः जेवरादि होते हैं। फिर धाम होती है। धाम के बाद लंगड़ोतरी अनुसार तय तिथि को बावड़ी-पूजन होने के साथ ही विवाह-संस्कार का समापन होता है।

काँगड़ा के विवाह की बहुत-सी विशेषताएँ हैं, जो निम्न प्रकार से हैं—

विवाह : एक पवित्र रिश्ता—काँगड़ा के विवाह की सबसे बड़ी विशेषता यह है कि यहाँ विवाह को धन कमाने या सांसारिक भोग का साधन नहीं, अपितु इसे पति-पत्नी का पवित्र रिश्ता समझते हैं। विवाह को कुल बढ़ाने का साधन मानते हैं। यहाँ विवाह-संबंध एक ऐसी डोरी है, जिसमें बँधे पति-पत्नी जन्म-जन्मांतरों तक अलग नहीं हो सकते। यहाँ विवाह एक ऐसी मिलन-स्थली है जहाँ पर दो आत्माएँ मिलकर एक हो जाती हैं, उनमें कोई भेदभाव या बिखरापन नहीं रहता है।

दहेज-प्रथा का अभाव—काँगड़ा क्षेत्र के विवाह संस्कार में उस दहेज-प्रथा का, जो आज संपूर्ण भारतीय समाज के माथे पर कलंक है, सर्वथा अभाव है। यहाँ लड़के वाले लड़की पक्ष को अधिक दहेज देने के लिए परेशान नहीं करते हैं और न ही वधू को अपने माँ-बाप के घर से अधिक धन लाने के लिए तंग या दुखी करते हैं। दहेज-प्रथा के कारण जो घटनाएँ पूरे देश में हो रही हैं, बेटियों के साथ जो दुर्व्यवहार उसका ससुराल पक्ष करता है, उन सब बुराइयों से काँगड़ा का लोक-समाज बचा हुआ है। लड़की के माँ-बाप खुश होकर पलंग, पीढ़ी, चरखा, घर के बर्तन, गाय-भैंस, जो भी दें, समधी सहर्ष स्वीकार करके धन्यवाद प्रेषित करते हैं। अभिप्राय यह है कि यहाँ सारे देश में कुप्रचलित लड़कियों की जान लेने वाली और लड़कियों के माता-पिता को जन्म-जन्म के लिए साहूकारों का गुलाम बना देने वाली दहेज-प्रथा का चलन नहीं के बराबर है।

सुखी गृहस्थ जीवन—काँगड़ा के लोगों का दांपत्य जीवन बहुत ही सुखी और संतोष से भरा हुआ होता है। पति-पत्नी दोनों एक-दूसरे के जीवन-मरण के

साथी बनकर रहते हैं। गृहस्थ रूपी गाड़ी के मजबूत पहिए बनकर दोनों उसे चलाते हैं। परिवार में भले कितनी ही गरीबी या तंगी हो, पत्नी कभी भी बाहर जाकर अपनी मुफलिसी व्यक्त नहीं करती है। घर की इज्जत को वह अपनी इज्जत समझती है। घर की आर्थिक तंगहाली में भी वह फटे-पुराने कपड़े पहनकर गुजारा कर लेती है। रूखा-सूखा खाकर गुजर-बसर कर लेती है, लेकिन पति को कर्ज लेकर अच्छे-अच्छे कपड़े या आभूषणों जैसी भौतिक चीजें खरीदने के लिए बाध्य नहीं करती है। हमेशा पति के सुख को अपना सुख समझती है। सबसे बढ़कर बात यह है कि पति चाहे काला हो या गौर वर्ण, चाहे सुंदर हो या कुरूप, भोग-विलासी हो या मांसाहारी—यानी पति कैसा भी हो, पत्नी उसे परमेश्वर के समान समझकर पूजती है।

दूसरी ओर पति भी अपनी पत्नी के साथ ऐसा ही व्यवहार करता है। वह भी अपनी पत्नी की-हर बात मानता है। हरेक काम में पत्नी की सलाह लेता है। पत्नी चाहे श्याम वर्ण हो या गौर वर्ण, खूबसूरत हो या बदसूरत, अमीर घर की हो या गरीब घर की—ऐसी बातों को लेकर झगड़ा नहीं होता है। पति अपनी पत्नी के हरेक सुख का हमेशा खयाल रखना अपना धर्म समझता है। उसकी हरेक इच्छा पूर्ण करने का प्रयत्न करता है।

साँझा गृहकार्य—काँगड़ा के विवाह की चौथी विशेषता यह है कि पति-पत्नी घर के सभी कामों को मिलकर करते हैं। हरेक काम में मर्द और औरत का बराबर का हिस्सा होता है। पति कमाकर लाता है और पत्नी उसे पकाकर पूरे परिवार को खुशी-खुशी खिलाती है। यदि मर्द खेत में काम करता है तो औरत बराबर उसके साथ खेत में छोटे-मोटे काम करती है। समष्टि रूप में कहें तो यहाँ की औरतें सच्चे अर्थ में 'अर्धांगिनी' कहलाने का हक रखती हैं।

यदि कभी मर्द-औरत में मनमुटाव हो जाए तो तलाक की नौबत नहीं आती है और समझौता शीघ्र ही हो जाता है तथा फिर से दोनों हँसी-खुशी गृहकार्यों में लग जाते हैं।

तंगहाली में भी सुखी जीवन—यहाँ के विवाहोपरांत जीवन की एक अन्य विशेषता यह है कि यहाँ के दंपती गरीबी की स्थिति में भी खुश रहते हैं। अधिकतर लोगों की आर्थिक स्थिति कमजोर ही होती है तथापि थोड़ी-सी खेती-बाड़ी और भेड़-बकरियाँ पालकर तथा उनकी ऊन और खाल बेचकर इनका गुजारा हो जाता है। इसके अतिरिक्त आमदनी के अन्य साधन न होने के कारण घर में हमेशा किसी न किसी चीज की किल्लत रहती है। परंतु इस बात को लेकर कभी भी पति-

पत्नी रोते नहीं हैं, न ही अपने भाग्य को कोसते हैं। औरतें कभी भी इस बात को लेकर पति से झगड़ती नहीं हैं, अपितु संतोष रखकर अपने बाल-बच्चों को पालती-पोसती खुशी-खुशी अपना जीवन व्यतीत करती हैं। आर्थिक तंगी में भी खुशी और संतोषपूर्ण जीवन जीना यहाँ के लोगों के स्वभाव की बहुत बड़ी विशेषता है।

यह बात भी ध्यान रखने लायक है कि समय की करवट ने हर मान्यता को हिलाकर रख दिया है। इधर के कुछ वर्षों में यहाँ के लोगों के स्वभाव और संबंधों में गिरावट आई है तथा अनेक विवाहोत्तर नैतिक मूल्यों में कमी आ गई है।

जैसा कि हम पीछे उल्लेख कर चुके हैं कि हिंदू परंपरा में प्रचलित सोलह संस्कारों में से मुख्यतः पाँच संस्कार ही हिमाचल प्रदेश में प्रचलित हैं। हम यहाँ उन पाँच प्रचलित संस्कारों की चर्चा कर रहे हैं, जिनका हमारे विवेच्य विषय या कृतियों से संबंध है।

लोक-धर्म

धर्म किसी व्यक्ति या वस्तु में सदा रहने वाली उस मूल वृत्ति, प्रकृति, स्वभाव या मूल गुण का नाम है—जिसमें परलोक, ईश्वर आदि के संबंध में विशेष प्रकार का विश्वास या उपासना की भावना होती है। धर्म ऐसा सुकृत, सत्कर्म, पुण्य सदाचार या आचरण है, जिसमें समाज की रक्षा, कल्याण, शांति और सद्गति की भावना होती है। वस्तुतः "जिन नियमों के आधार पर सृष्टि की उत्पत्ति, स्थिति और वृद्धि निर्भर है, उसे धर्म कहा जाता है। धर्म वास्तव में जीने की एक पद्धति है। वह विश्वासों से अधिक जीने की प्रक्रिया पर आधारित है।"[28] श्री अरविंद जी के अनुसार "हमारा जीवन दो लोकों के बीच विचरण करता है। एक ओर है हमारी आंतरिक सत्ता, सत्ता की गहराइयाँ और दूसरी ओर हमारी बाह्य प्रकृति का ऊपरी क्षेत्र।"[29] उपर्युक्त कथन में आंतरिक सत्ता का संबंध हमारी आध्यात्मिकता से है,जो कि आत्मा की ही अभिव्यक्ति है। जीवन को आध्यात्मिक बनाना और मानव प्रकृति को दिव्य बनाना धर्म का अर्थ है।

महानतम भारतीय आध्यात्मिकता का पुरातन प्रतीक हिमालय है, जिसके आँचल में हिमाचल प्रदेश पसरा पड़ा है। हिमाचल की हर चोटी, हर नदी, हर जलाशय, हर घाटी—आध्यात्मिक-रहस्यमयी देवी-देवताओं की कहानियों से संबद्ध है। अतः युगों से भारतीय संस्कृति हिमाचल से जुड़ी हुई है। आदिकाल से लेकर वर्तमान समय तक भक्ति की जो स्रोतस्विनी प्रवाहित हो रही है, उसमें भारतीय जीवन-दर्शन की अनुभूतियों, संस्कारों व परंपराओं पर समावेश है, जिसने भारतीय

लोक-जीवन को नवीन रस व चेतना प्रदान की है।

प्रारंभ में हिमाचल निवासी भूत-प्रेतों, वृक्षों, नदी-नालों, शिखरों आदि की पूजा करते थे। तंत्र-मंत्र में विश्वास करते थे और पशुबलि द्वारा देवी-देवताओं को प्रसन्न करते थे। लेकिन धीरे-धीरे संस्कारों और धार्मिक विश्वासों में बदलाव के फलस्वरूप पूजा का स्थान एक परम ईश्वरीय सत्ता ने ले लिया। इस तरह पहाड़ी लोक-मानस में भगवान् के प्रति श्रद्धा जागृत हुई।

हिमाचल प्रदेश में अधिसंख्य लोग हिंदू धर्मावलंबी हैं। अन्य धर्मावलंबियों में यहाँ बौद्ध, ईसाई, सिक्ख और मुस्लिम गिने जा सकते हैं। हिमाचल में लोग परस्पर साझे धर्म, परंपरा, संस्कृति, रीति-रिवाज और रहन-सहन से संबद्ध हैं। हिमाचलवासियों का लोक-जीवन धर्म की धुरी के इर्द-गिर्द घूमता है। धर्म लोक-मानस की प्रेरणा है। हरिराम जसटा के अनुसार—"इस प्रदेश में छह हजार से भी अधिक मंदिरों में स्थापित देवी-देवताओं की पूजा होती है। हिमाचल में ऐसा घर या ग्राम दीपक लेकर खोजने पर भी नहीं मिलेगा, जहाँ किसी देवी-देवता का पवित्र स्थान न हो। और नहीं तो लोग समीप की झाड़ी, वृक्ष या ऊँचे स्थान पर कुछ पत्थर रखकर, वहाँ लाल या केसरिया कपड़ा लगाकर पूजा करते हैं।... बात-बात में ग्रामीण जन भाग्य व ईश्वर-इच्छा और कर्मवाद की दुहाई देते हैं।... देवी-देवताओं में ग्रामीण जनता की प्रगाढ़ श्रद्धा है। कोई मनोकामना, कोई संकट सामने आ गया हो या कोई विशेष खुशी हो, ऐसे मौकों पर देवी-देवताओं के नाम पर विशेष पूजा और उत्सव होते हैं।"[30]

हिमाचल प्रदेश को देवभूमि के नाम से अभिहित किया गया है। विज्ञान, शिक्षा, टेक्नोलॉजी और आधुनिकता की चकाचौंध के बावजूद हिमाचल प्रदेश के जनजीवन में देवी-देवताओं के प्रति आस्था बनी हुई है। वर्तमान पीढ़ी भी अपनी श्रद्धा का संबल इन देवी-देवताओं को बनाए हुए है। यहाँ का धार्मिक जीवन भारतीय धार्मिक जीवन-परंपरा से भिन्न नहीं है। भक्ति-भावना का जो स्वरूप वेदों, पुराणों, उपनिषदों और श्रीमद्भागवत गीता में प्रस्तुत किया गया है, वही स्वरूप हिमाचल प्रदेश के लोक-जीवन में आज तक प्रवहमान है।

कुल्लू-मनाली जहाँ अपने प्राकृतिक वैभव के लिए प्रसिद्ध है, वहीं देवी-देवताओं के छोटे-बड़े मंदिरों और उन पर आस्था रखने वाली जनता की भी यहाँ कमी नहीं है। यहाँ के अनगिनत मंदिरों में भगवान् रघुनाथ, बिजली महादेव, हिडिम्बा देवी, महेश्वर, सुंगरा, सुंदरी देवी, त्रिजुगी, नारायण आदि उल्लेखनीय हैं। इन मंदिरों के प्रति स्थानीय जनता की अगाध श्रद्धा व विश्वास आज के

भौतिकवादी युग में भी कायम हैं।

काँगड़ा घाटी का संबंध तो पुराणों से जोड़ा जाता है। जनश्रुति है कि जब माता अंबिका ने काँगड़ा की धरती पर प्रकट होकर जालंधर नामक राक्षस का वध किया था तो जालंधर का कान यहाँ गिरा था। अतः इसे 'कानगढ़' कहा गया है, जो मुख-सुख से काँगड़ा हो गया। जगन सिंह के अनुसार "काँगड़ा घाटी की दो चीजें प्रसिद्ध हैं—बंदर और मंदिर। बंदर तो आजकल कम दिखाई देते हैं। हाँ, मंदिर असंख्य हैं। शिव और शक्ति इस प्रदेश के सर्वोच्च देवता हैं। शिव से अधिक शक्ति की प्रतिष्ठा है। शक्ति अर्थात् 'माता राणी' के असंख्य रूप और नाम हैं। जैसे—चामुण्डा माता, जयंती माता, कुणाल पत्थरी माता, चिंतपूरनी माता, भुवनेश्वरी माता, ब्रजेश्वरी माता, जाल्पा देवी माता, ज्वाला जी।' काँगड़ावासियों की कर्मकाण्ड में अत्यंत श्रद्धा है। उनकी धर्मपरायणता का ही परिणाम है कि कई शहरों और गाँवों के नाम मंदिरों के नाम पर हैं—जैसे बैजनाथ, महाकाल, ज्वालामुखी, चिंतपूरनी, चामुण्डा आदि।"[31] काँगड़ा के स्थानीय लोगों के दैनिक कार्यों, पूजा-विधानों, मंदिरों, मढ़ियों, देवी-देवताओं की जातराओं, सांस्कृतिक तथा सामाजिक अनुष्ठानों-संस्कारों से प्रतीत होता है कि यहाँ की सारी जातियाँ हिंदू धर्मावलंबी हैं। प्रत्येक गाँव के मध्य, नगर छोर पर, घाटी की कोख में किसी न किसी देवी-देवता का मंदिर, शिवालय अवश्य मिलता है, जहाँ पूजा-अर्चना द्वारा यहाँ का लोक अपने मनोरथ सिद्ध करता आ रहा है।

तीव्र गति से आगे बढ़ते आज के आधुनिक युग में हर समाज की लोक-संस्कृति ने अपने लोक देवी-देवताओं की स्थापना की है। प्रत्येक समाज या जनपद इन देवताओं पर गर्व अनुभव करता है, क्योंकि उसके पूर्वजों की भावनाएँ और विचार इनमें उभरते हैं। भारत में प्राचीन काल से ग्राम देवी-देवताओं की कल्पना सौंदर्य-भावना और भक्ति-भावना के साथ की गई है। इसलिए आज भी ग्रामवासी सज-धजकर, अच्छे पकवान बनाकर, सुंदर गीत गाकर व नृत्य करके अपने ग्राम-देवता की पूजा करते हैं। ये लोक देवी-देवता मानव के ईश्वर संबंधी चिंतन का प्रतिनिधित्व करते हैं। ये देवी-देवता प्रकृति की शक्ति के प्रतीक हैं, जैसे—चन्द्रमा, पवन और अग्नि आदि। इस पृष्ठभूमि पर हिमाचल प्रदेश के लोक-देवता के लिए भी वही तथ्य है, जो कि देवी-देवता संबंधी भारतीय परंपरा में है। हिंदू धर्म की जड़ें यहाँ गहरे तक चली गई हैं और देवी-देवताओं में पूरी आस्था और विश्वास हिमाचली लोक-संस्कृति का प्राण है। "प्रत्येक ग्राम-देवता (लोक-देवता) एक गाँव या अनेक गाँव, एक कबीले या जनपद का स्वामी होता है। इन ग्राम देवी-

देवताओं का स्थान गाँव के भीतर ऊँची जगह पर या गाँव की सीमा पर किसी वृक्ष के नीचे या किसी टीले या चट्टान आदि पर होता है। आज भी हिमाचल के ग्रामवासी मानते हैं कि लोक-देवता गाँव में बीमारियों को आने से रोकते हैं, शत्रुओं को दूर रखते हैं, शुभ कार्य कराने में सहायक सिद्ध होते हैं, हिंसक जीव-जंतु और जानवरों से उनकी रक्षा करते हैं, खेती को खराब मौसम के प्रकोप से बचाते हैं, इत्यादि।''[32]

हिमाचल प्रदेश में लोक-देवताओं के स्वरूप को स्पष्ट करने के लिए उसकी स्थापना से संबंधित कोई न कोई देवगाथा अवश्य जुड़ी है। अनेक प्राचीन मंदिरों एवं देवताओं के संबंध में यह मान्यता चली आ रही है कि इनका निर्माण पांडवों ने करवाया है। इनमें मंडी का कामरूनाग, कुल्लू में हिडिम्बा और काँगड़ा में ब्रजेश्वरी भगवती आदि प्रमुख हैं। ऐसे में यह तय कर पाना मुश्किल कार्य लगता है कि कौन से आदि देवी-देवता हैं और कौन से शास्त्रीय, पौराणिक या आधुनिक। इन देवी-देवताओं की आराधना अनेक प्रकार से, अनेक स्थानों पर, अनेक विधियों और उत्सवों आदि के अवसरों पर की जाती है। हर अवसर, स्थान या व्यक्ति की क्षमता के अनुरूप देवी-देवताओं की उपासना का विधान है।

लोक-परंपरा में पूजा के अनेक अन्य प्रतीकों की तरह ही सृष्टिकाल से ही मानव का वनों और वृक्षों से गहरा संबंध रहा है। ''भारत में वृक्षों और पौधों को अज्ञात काल से अनेक कारणों से पूज्य समझा जाता रहा है। मनोइच्छा की पूर्ति, संतति प्राप्त करने के लिए, दुष्ट आत्माओं तथा बीमारी को दूर करने के लिए, उन्हें आदर और पवित्रता का, दैनिक जीवन में उपयोगी और सबसे बढ़कर जीवन की एकता का प्रतीक समझा जाता रहा है।''[33] जिस दिन भी इस सृष्टि पर मानव उतरा होगा, उसी समय से मनुष्य का वृक्षों तथा वनों से अभिन्न संबंध स्थापित हो गया होगा। हिंदुओं की मान्यता है कि वृक्षों में भी मानवों की तरह की चेतना होती है। हमारे प्राचीन ग्रंथों में भी पेड़ों को पवित्र और वंदनीय कहा गया है। यह भी मान्यता प्रचलित है कि पेड़ों पर ही सुर वास करते हैं।

हिमाचल प्रदेश प्रमुखतः वनों और पहाड़ों का प्रदेश है। यहाँ देवी-देवताओं को समर्पित ऐसे असंख्य वृक्ष मिल जाएँगे, जो सैकड़ों वर्ष पुराने हैं और जिनके आगे से श्रद्धालु नतमस्तक होकर गुजरते हैं। इस श्रद्धा का मूल कारण इन पेड़ों से जुड़े अनेक दैवी मिथक हैं, जो इनके मन पर छाए रहते हैं। इन वृक्षों में परस्पर सामाजिक श्रेष्ठता रहती है, जैसे—वृक्षों में पीपल ब्राह्मण समझा जाता है। काँगड़ा तथा अन्य क्षेत्रों में भी पीपल की पूजा होती है। ''स्त्रियाँ पीपल को पुत्रदाता

समझती हैं। ऐसी स्त्रियाँ सायंकाल को सूरज ढलते ही मिट्टी का दीपक जलाकर पीपल को पानी डालती हैं।"[34] इसी तरह तुलसी, नीम, बड़, कैंथ, सैमुल, पलाश आदि वृक्षों को भी यहाँ पवित्र मानकर पूजा की जाती है।

सृष्टि के पाँच तत्त्वों में जल सबसे महत्त्वपूर्ण है। मानव की आदि-सभ्यता की नींव प्रायः नदियों के किनारे ही पड़ी है—क्योंकि जल जीवनदायक है तथा उत्पादकता का प्रतीक है। जल के अनेक स्रोत या उद्गम-स्थल भारतीय संस्कृति में पवित्रता व धार्मिक आस्थाओं के प्रतीक हैं। भारतीय संस्कृति में प्रत्येक नदी के साथ कोई न कोई पौराणिक कथा अवश्य जुड़ी हुई है। गंगा के विषय में अधिक कहने की आवश्यकता नहीं है। "कहीं श्रीकृष्ण यमुना किनारे खेलते और गऊएँ चराते दिखाई देते हैं, तो कहीं सरयू, मंदाकिनी और गोदावरी का संबंध श्रीराम से जोड़ा जाता है।"[35] प्रत्येक पूजा, अनुष्ठान, गृह या मंदिर-निर्माण आदि कार्यों में पवित्र नदियों के जल द्वारा वैदिक रीति के अनुसार पूजा की जाती है। वास्तव में यह भारतीय संस्कृति में जल के प्रति अगाध श्रद्धा व विश्वास तथा धार्मिक मान्यताओं का प्रतीक है कि आज तक जल-पूजन की परंपरा चली आ रही है। हिमाचल प्रदेश के काँगड़ा जिले में बावड़ी-पूजन इसी का परिणाम है।

हिमाचल प्रदेश में लोक-धर्म संबंधी लोक-मानस में प्रचलित परंपराएँ उनकी धार्मिक भावनाओं की प्रतीक ही नहीं, अपितु नैतिकता की भी परिचायक हैं। उपरोक्त अध्ययन से स्पष्ट है कि हिमाचल की लोक-संस्कृति में धर्म संबंधी ऐसी दिव्यता, पवित्रता, विराटता, स्वच्छंदता व्याप्त है, जिसके कारण इसे देव-भूमि कहा जाता है। वास्तव में संपूर्ण पृथ्वी की व्यवस्था ईश्वर का ही स्वरूप है। परमेश्वर विराट एवं सर्वव्याप्त है। यही विश्वास लोक-धर्म में, लोक-मानस के मन में आस्था बनकर कार्यरत है। तभी तो वह जल, वृक्ष, मंदिर, मूर्ति हर जगह देवता को देखता है। यही भारतीय संस्कृति व हिमाचली संस्कृति की विशेषता है।

लोक-विश्वास

यह निश्चय कि ऐसा ही होगा, विश्वास होता है। लोक-विश्वास का संबंध मुख्यतः अंधविश्वास से है। लोक में दृश्य या अदृश्य चीजों के प्रति प्रायः एक डर या भय व्याप्त रहता है, जिससे मुक्ति के लिए लोक-मानस अनेक टोने-टोटके या धार्मिक अनुष्ठानों आदि का आयोजन करता है। इन आयोजनों से प्रायः लोक-मानस के अंतःस्थल में छुपा भय—झाड़-फूँक या टोना-टोटके में असीम आस्था के कारण दूर हो जाता है, ऐसा लोक-विश्वास होता है। विश्व के हर राष्ट्र या

समाज में यह लोक-विश्वास प्रचलित है। भारतीय लोक-समाज में भी ऐसा विश्वास देखने को मिलता है।

हिमाचल प्रदेश की अधिकतर जनसंख्या ग्रामों में वास करती है। असुविधाओं तथा अन्य अभावों के कारण अधिकतर लोग अनपढ़ ही हैं। अशिक्षित होने के कारण ग्रामीण अनेक प्रकार के अंधविश्वासों तथा भ्रमों के शिकार हैं। अतः प्रकृति, जन्म-मरण, धर्म और तीर्थ-व्रत संबंधी यहाँ के लोक-जीवन में अनेक भ्रम उत्पन्न हो गए हैं। ''काँगड़ा लोक में जड़, जीवन जगत् संबंधित विविध प्रकार के विश्वास प्रचलित हैं, जिनका आधार हिंदू सिस्टम ऑफ ऑस्ट्रोलॉजी ही ठहरता है।''[36] डॉ० शर्मा ने इन लोक-विश्वासों को इस प्रकार वर्गीकृत किया है—(1) परामानवी, अमानवीय शक्तियों संबंधी विश्वास, (2) प्रकृति संबंधी विश्वास और (3) व्यावहारिक जीवन से जुड़े विश्वास। परामानवी संबंधी विश्वास अग्नि, जल, वायु, यक्ष, वृक्ष, जीव, जन्म-मरण, आवास-प्रवास जैसी चीजों से जुड़े हुए हैं तथा अमानवीय विश्वासों के अंतर्गत भूत-प्रेत, चुड़ैल, मसाण, भैरों, अधभासाणीयाँ, डायन आदि अनिष्टकारिणी अदृश्य शक्तियों से जुड़ी धारणाओं का प्रचार मिलता है। इन अनिष्टकारिणी शक्तियों से स्थानीय लोग प्रायः भयभीत रहते हैं और इन विषयों को लेकर अनेक दंत-कथाएँ लोगों में प्रचलित हैं। चुड़ैलों का मनुष्य पर मुग्ध होना, स्त्रियों पर पीरवीर (पहाड़िया अथवा मामा) की परछाईं पड़ना या मुग्ध होना तथा सहवास करना आदि की कहानियाँ सुनने को मिलती हैं। ''ऐसे विषयों को लेकर कई लोक-कहानियाँ तथा दंत-कथाएँ इस क्षेत्र में सुनने को मिलती हैं। अतः चेला, जोगी, जागरी आदि तान्त्रिकों द्वारा कई प्रकार के टोने-टोटके, खेल-पात्तर, झाड़-फूँक, धागा-डोरी, जंत्र-मंत्र, तावीज, भस्म, भभूति आदि विभिन्न लोक धर्मों-उपचारों का प्रचलन है।''[37] पितरों की शांति के लिए श्राद्ध-परंपरा इसी का परिणाम है। साथ ही जनेऊ, जन्म, विवाह, मृत्यु के समय टुणे-टेसे, वर-वधू को सरसों की धूनी देना, डोली पर गुलगुले फिराकर फेंकना, झमाकड़ा नृत्य आदि अमानवीय या परामानवीय विश्वासों के प्रति काँगड़ा के लोक-जीवन में प्रचलित लोक-विश्वास के उल्लेखनीय उदाहरण हैं। ''यहाँ के लोग अत्यंत अंधविश्वासी हैं—छुआछूत और जात-पाँत की प्रथाओं से ग्रस्त हैं। जादू-टोने, भूत-प्रेत, शगुन-अपशगुन को बहुत मानते हैं। बीमारी, आपत्ति, यहाँ तक कि फसल की खराबी को भी किसी देवी-देवता या पीर-फकीर का प्रकोप मानते हैं।''[38]

हिमाचल प्रदेश ही नहीं, अपितु संपूर्ण लोक-समाज के व्यावहारिक जीवन से जुड़े विश्वासों की गिनती असंभव है। यह व्यावहारिक विश्वास जन्म से लेकर

मृत्युपर्यंत तक विस्तृत हैं। शुभ-अशुभ मान्यताओं के लिए सबसे अधिक लोक-विश्वास है। खाली घड़ा मिलना, किसी का छींकना, बिल्ली का रास्ता काटना, कुत्ते का रोना, कौए का बोलना, गीदड़ का कुसमय फोहका लगाना इत्यादि क्रियाएँ जहाँ एक ओर अशुभ मानसिक विकारों को प्रेरित करती हैं, वहीं दूसरी ओर बच्चों के माथे पर काली बिंदिया लगाना, बच्चे को पर्दे में दूध पिलाना, दूध पर्दे में दुहना इत्यादि अशुभ से बचने के उपाय भी लोक-जीवन में प्रचलित हैं।

भौगोलिक स्थिति तथा रहन-सहन

भौगोलिक स्थिति से तात्पर्य उन प्राकृतिक परिस्थितियों से है, जिनमें कोई लोक-समाज निवास करता है। प्रत्येक अंचल की भौगोलिक परिस्थितियाँ ही वहाँ के जनजीवन को भौगोलिक परिवेश प्रदान करती हैं। भौगोलिक परिवेश में ही कोई समाज अपनी सार्थकता प्रमाणित करता है। भौगोलिक परिवेश ऐसी पृष्ठभूमि है, जिस पर इतिहास करवट बदलता है। अतः लोक-समाज की क्रीड़ा-स्थली यही भौगोलिक स्थितियाँ हैं। वहाँ के निवासी अपने जीवन को इसी स्थिति में अभिव्यक्त करते हैं। प्रकृति का यह परिवेश लोक-समाज के जनजीवन को सांस्कृतिक आयाम देता है। भौगोलिक स्थितियों की विशिष्टता के कारण ही लोक-समाज का जीवन विशिष्ट होता है। प्राकृतिक वातावरण जैसे—पहाड़, टीले, ऋतुएँ, खेत-खलिहान, प्रातः-संध्या, पक्षियों का कलरव, नदी-नालों का कलकल आदि ऐसे उपादान हैं, जो भौगोलिक परिवेश को यथार्थ पृष्ठभूमि प्रदान करते हैं। इसी प्राकृतिक वातावरण के साँचे में लोगों की जीवन शैली ढलती है। उनका खान-पान, रहन-सहन, वेश-भूषा, उद्योग-धंधे, व्यवसाय आदि निर्धारित होते हैं। अतः लोक-जीवन के रहन-सहन के अध्ययन से पूर्व हिमाचल प्रदेश, विशेषतः काँगड़ा, कुल्लू तथा लाहौल-स्पीति के भौगोलिक परिवेश का अध्ययन आवश्यक है।

प्राकृतिक सौंदर्य

हिमाचल प्रदेश भारत की उत्तर-पश्चिमी सीमा पर स्थित है। इस प्रदेश के पूर्वोत्तर में तिब्बत, पश्चिमोत्तर में कश्मीर के जम्मू व लद्दाख, दक्षिण-पश्चिम में पंजाब, दक्षिण में हरियाणा तथा पूर्व में उत्तराँचल है। हिमालय में स्थित होने के कारण सारा हिमाचल प्रदेश पहाड़ी है। इसकी ऊँचाई सागर-तट से 1600 फुट से लेकर 22,000 फुट तक है। डॉ॰ पद्मचंद्र काश्यप ने समूचे प्रदेश के प्राकृतिक खंडों को तीन पर्वतों में विभाजित किया है—1. शिवालिक श्रृंखला, 2. पीर पंजालिक

शृंखला तथा 3. जास्कर पर्वतमाला। शिवालिक पर्वतीय शृंखला मैदान और पहाड़ का संगमस्थल है। समुद्र-तल से 1600 से 4000 फुट तक इसके क्षेत्र की ऊँचाई है। काँगड़ा और कुल्लू क्षेत्र पीर पंजालिक पर्वतशृंखला के अंतर्गत आते हैं। काँगड़ा की धौलाधार पर्वतशृंखला भी इसी में समाहित है। इसकी ऊँचाई सामान्यतः 4,000 से 17,000 फुट तक है। इसके कुछ पर्वत-शिखरों पर सारे वर्ष और कुछ पर वर्ष में तीन-चार महीने बर्फ जमी रहती है। इसी पर्वतमाला से यहाँ की तीन प्रमुख नदियाँ निकलती हैं।

जास्कर पर्वतमाला पीर पंजालिक के उत्तर में है। लाहौल-स्पीति क्षेत्र इसके अंतर्गत आता है। इसकी सामान्य ऊँचाई 5000 फुट से लेकर 22,000 फुट तक है।''[39] स्पष्ट है कि हिमाचल प्रदेश एक पर्वतीय क्षेत्र है, जहाँ पर कुछ ऐसे क्षेत्र या पर्वत हैं, जो साल-साल-भर बर्फ से ढके रहते हैं। काँगड़ा के धर्मशाला, पालमपुर क्षेत्र, कुल्लू का मनाली क्षेत्र तथा लाहौल-स्पीति का रोहतांग दर्रा, केलांग आदि ऐसे पर्यटनस्थल हैं, जिन्हें किसी परिचय की आवश्यकता नहीं है। मनाली, रोहतांग पारा आदि क्षेत्र को शीतसागर भी कहा जा सकता है। ये ऐसे क्षेत्र हैं, जहाँ लगभग पूरे साल बर्फ जमी रहती है। इस कारण स्थानीय जन-जीवन इससे प्रभावित रहता है।

काँगड़ा घाटी में सौंदर्य का आधार इसके उत्तर में स्थित धौलाधार पर्वत तथा सुदूर दक्षिण में बहती व्यास नदी है। पूर्व से उत्तर की ओर बढ़ती धौलाधार पर्वतशृंखला अद्वितीय छटा बिखेरती है। पर्वत की चोटियों पर पसरी सनातन बर्फ, धवलगिरी के प्रांगण में पसरे नदी-नाले, पत्थर, घास, टीले, समतल भू-क्षेत्र, चाय के बगीचे, फूलों-फलों से लदे अनेक लंबे हरे जंगल, पक्षियों का कलरव, नदियों का कलकल काँगड़ा घाटी के सौंदर्य में चार चाँद लगा देते हैं। धौलाधार ''पर्वतश्रेणी व्यास नदी के उत्तरी तट से बढ़ती कुल्लू मंडी की सीमा बनी बड़ा भंगाल से गलबहियाँ करती, काँगड़ा को उत्तर में चंबा से अलग करती, डलहौजी तक बढ़ती हुई रावी में विलीन हो गई।''[40] काँगड़ा की शोभा बढ़ाने वाली व्यास नदी कुल्लू नगर के बगल से बहती हुई काँगड़ा पहुँचती है। घाटियों के मोड़ पर घेरों से निकलती व्यास तथा अन्य सहायक सरिताएँ मनमोहक दृश्य प्रस्तुत करती हैं। कुल्लू-मनाली की शस्य श्यामला घाटियाँ, सीढ़ीनुमा खेत, भेड़-बकरी चराते ग्वाले, बाँसुरी का ताल, पनचक्कियाँ इत्यादि कौन-सा सौंदर्य बिखेरते हैं, कल्पनातीत है! उषाकालीन पवित्र समीर, स्वर्णिम हिमशिखर, पहाड़ों की चोटियों से झाँकते सूरज या चंद्रमा, चीड़ों के पत्तों से छनकर आती पावन हवा, कड़ाके की ठण्ड में मीठी धूप—हिमाचल

प्रदेश के प्राकृतिक सौंदर्य के सोपान हैं।

हिमाचल प्रदेश में जहाँ एक ओर कुल्लू तथा काँगड़ा सरीखे मनोरम स्थल हैं, वहीं लाहौल-स्पीति जैसा दुर्गम क्षेत्र भी है। स्पीति घाटी तक पहुँचने के लिए मनाली से पैदल पहाड़ी यात्रा के द्वारा थरोट, कोकसर तथा 16,700 फुट की ऊँचाई पर स्थित कुंजम दर्रा को पार करना पड़ता है, जहाँ दिसंबर से अप्रैल-मई तक बर्फ के कारण स्पीति घाटी लगभग शेष प्रदेश से अलग-थलग पड़ी रहती है। स्पीति घाटी स्पीति नदी के किनारे बसी है। स्पीति की घाटियाँ तथा पहाड़ियाँ मरुस्थल हैं। भारी हिमपात के कारण यहाँ वनस्पति संभव नहीं है। सहारा रेगिस्तान के समान ही यहाँ की पहाड़ियों से हवा के कारण रेत झड़ती रहती है। ''दुर्गम क्षेत्र होने के कारण यहाँ सर्दियों में पानी की कठिनाई जीवन को और भी कठिन कर देती है। दिसंबर से अप्रैल तक रास्ते बंद रहते हैं। फलस्वरूप प्रायः समय पर खाने-पीने, पहनने आदि का सामान नहीं पहुँच पाता।''[41] अखबार, डाक आदि सामान्य जरूरत की चीजें भी यहाँ दुश्वार हो जाती हैं।

लोक-स्वभाव

हिमाचल प्रदेश की प्रकृति का सौंदर्य स्थानीय लोक-स्वभाव से भी प्रतिबिंबित होता है। कल-कल बहते नदी-नालों का मधुर स्वर, फूलों की मादकता, हिम-खंडों की शीतलता स्थानीय लोगों के व्यवहार से छलकती है। डॉ॰ रंधावा के अनुसार—''यहाँ के लोक प्रकृति के निकट रहते हैं, अतः इनके जीवन में एक सूरत मिलती है। किसी भी देश का चलन उसके वातावरण पर निर्भर करता है, इसमें संदेह नहीं।''[42] हिमाचल प्रदेश का जीवन ऋग्वैदिक आर्य संस्कृति का प्रतीक है। आतिथ्य-सत्कार को यहाँ के लोग अपना धर्म मानते हैं। प्राकृतिक सौंदर्य के अनुरूप ही यहाँ के लोग सुंदर, मृदुभाषी एवं हास्य प्रकृति के हैं। काँगड़ा के स्थानीय लोग स्वभाव से सरल, निश्छल, सांसारिक पेचीदगियों से बेखबर तथा अपने काम-धंधे में व्यस्त रहने वाले हैं। ''यहाँ के लोग सरल, मेहनती, मितव्ययी और ईमानदार हैं। व्यवहार में खरे, मिलनसार और सर्वथा विश्वासपात्र हैं। अतिथिपूजक और सहनशील भी हैं।'' इनकी बातचीत के ढंग में यद्यपि हिंदुस्तानियों की-सी दिखावे की नफासत नहीं है तथा उनमें अकृत्रिम शिष्टता, शालीनता और भोली सरलता भरपूर पाई जाती है। सत्य पर दृढ़ रहना यहाँ के शील का विशेष गुण है। अपनी प्रतिष्ठा और सम्मान-रक्षा के लिए बड़े से बड़ा बलिदान कर देते हैं। अपमान या बदतमीजी का एक शब्द या अन्यायपूर्ण व्यवहार, उनके सदा

के असहयोग या बैर के लिए काफी है।"[43] लेकिन कुछ समय से यहाँ के लोगों के गुणों-अवगुणों में कमी आई है। किंतु यह पूर्णतः सत्य है कि यहाँ के लोग देश के अन्य भागों के लोगों की अपेक्षा अधिक सरल, मृदुभाषी, शांतिप्रिय, परिश्रमी, निष्कपट और ईमानदार हैं।

हिमाचल के लोगों में सर्वत्र भाईचारा व्याप्त है। समूचा गाँव एक कुटुंब के समान रहता है। परस्पर सभी लोग एक-दूसरे को किसी न किसी रिश्ते से संबोधित करते हैं। गाँव का वयोवृद्ध पुरुष सभी ग्रामवासियों का चाचा, मामा या दादा होता है। इसी तरह वयोवृद्ध स्त्री मामी, बुआ, चाची, नानी, मौसी या दादी कहलाती है। इन मुँहबोले रिश्तों में उसी प्रकार का सम्मान परिलक्षित होता है, जैसा सगे-संबंधियों में। अतः पहाड़ों में बसने वाले यहाँ के लोग बहुत ही मृदु, भोले-भाले और सरल होते हैं।

जातियाँ

काँगड़ा जनपद में भारतीय वर्ण-व्यवस्था के पूर्ण दर्शन होते हैं। यहाँ का लोक मनुवर्णित वर्ण-धर्म का पालन करता आ रहा है। प्रत्येक जाति अपने धर्म-कर्म तथा अन्य सामाजिक मर्यादाओं का पालन पारंपरिक रूप से करती आ रही है। काँगड़ा में मुख्यतः ब्राह्मण, राजपूत, अनुसूचित जाति तथा अनुसूचित जनजातियों के लोग निवास करते हैं। ब्राह्मणों को यहाँ सामान्यतः धार्मिक वृत्ति का माना जाता है। ब्राह्मणों में नगरकोटि, तर्थामटेडू तथा भोजकी (पुजकी) आदि जातियाँ होती हैं। राजपूतों में पठाणीया, कटोच, डोगरा, जायसवाल, जंबाल, गुलेरिया, जसरोटिया, ठाकुर, राणा, राठी आदि तथा अनुसूचित जातियों में लोहार, चमार, बरड़, जुलाहे, भंगी, छिम्बे, डूमने, सुहाई, तेली आदि जातियाँ होती हैं। इनके अलावा महाजन, सूद, खत्री आदि व्यापारिक जातियाँ भी होती हैं। अनुसूचित जनजातियों में गद्दी, गुज्जर और लुबाणे आदि घुमक्कड़ जातियाँ उल्लेखनीय हैं।

वैदिक परंपरा और लोक-धारणाओं के अनुरूप चली आ रही जाति संबंधी मान्यताओं को प्रतिष्ठा देते हुए काँगड़ा लोक एक है। भले ही यहाँ जातिगत भिन्नता हो, परंतु फिर भी अभिन्नता के दर्शन होते हैं। सामाजिक, सांस्कृतिक तथा व्यावहारिक प्रक्रिया में समस्त वर्गों को महत्त्व दिया जाता है।

व्यवसाय

पूर्व में शिक्षा आदि के अभाव के परिणामस्वरूप यहाँ का लोक जीविकोपार्जन

के लिए नौकरी और श्रम की खोज में सुदूर जम्मू तथा पंजाब के क्षेत्रों में भटकता रहा है। परंतु अब शिक्षा के प्रसार के कारण स्थानीय लोक अपनी आवश्यकताएँ जुटाने में यहीं व्यस्त हैं। मुख्यतः कृषि तथा सैन्य सेवाएँ यहाँ के प्रमुख व्यवसाय हैं। राजपूत जातियाँ सैन्य सेवाओं में राष्ट्रीय स्तर पर देश-सेवा में नाम पाती रही हैं। भारत-पाकिस्तान युद्ध तथा भारत-चीन युद्ध में यहाँ के रणबाँकुरों ने अपने अदम्य उत्साह एवं वीरता से इस क्षेत्र का नाम ऊँचा कर दिखाया है। यही कारण है कि यहाँ की भूमि को वीरभूमि भी कहा जाता है। हिमाचल प्रदेश की भूमि प्रकृति-नटी की नृत्य-स्थली ही नहीं है, अपितु वीर-प्रसूता भी है। कृषि तथा सैन्य सेवाओं के अलावा ''भेड़-बकरी पालन, कताई-बुनाई, चाय के बागों एवं कारखानों में पत्ती तोड़ना एवं चाय बनाना आदि कार्य भी यहाँ के व्यवसाय हैं। समष्टि में यहाँ का लोक मुख्यतः श्रमिक है।''[44]

वेशभूषा

प्रायः लोक समाज का अपना एक पहनावा होता है, जो कि उस समाज की सभ्यता, संस्कृति और स्वभाव को प्रकट करता है। जहाँ लोक निवास करता है, वहाँ के मौसम तथा जलवायु को भी यह पहनावा अभिव्यक्त करता है। काँगड़ा के लोगों की वेशभूषा इनकी ही तरह सादी और मौसम के अनुकूल है। जगन सिंह का कथन है कि ''काँगड़ा के पहनावे और रीति-रिवाजों पर पंजाब का प्रभाव है। कारण स्पष्ट है—वर्षों तक काँगड़ा पंजाब का एक हिल स्टेट रहा। स्त्री-पुरुषों का पहनावा शहरी पंजाबियों जैसा है...स्त्रियाँ बहुत श्रृंगारप्रिय हैं। उम्र कोई भी हो, वे सलवार-कमीज के साथ गोटा लगा दुपट्टा ओढ़ती हैं।... आधुनिकाओं को छोड़कर सब सिर पर आँचल ओढ़ती हैं।''[45] यहाँ के लोग अधिकतर ऊनी कपड़ों को प्रमुखता देते हैं। पुरुष कुर्ता-पजामा तथा सिर पर साफा (एक तरह की पगड़ी) बाँधते हैं। वृद्ध पुरुषों के कंधों पर परना हमेशा रखा रहता है, जो कि रूमाल की तरह प्रयोग किया जाता है। स्त्रियाँ सलवार-कमीज तथा दुपट्टा ओढ़ती हैं। सर्दियों में लोग ऊन के बने कोट तथा स्वेटर आदि पहनते हैं। सुहागिन स्त्रियाँ नाक में कोका या लौंग पहनती हैं तथा कान में चाँदी या सोने के काँटे या बालियाँ पहनती हैं।

काँगड़ा के गद्दी समुदाय की अपनी अलग वेशभूषा है। गद्दी पुरुष सिर पर सफेद साफा बाँधते हैं तथा भेड़ की ऊन का बना सफेद चोला पहनते हैं। गद्दी कमर में हमेशा ऊन का बना डोरा (एक तरह की रस्सी) लपेटे रहते हैं। सर्दी

हो या गर्मी, गद्दी लोग पाजामा नहीं पहनते हैं। हमेशा नंगी टाँग ही रहते हैं। गद्दणें (गद्दी स्त्रियाँ) सिर पर लाल सूहा या काला दुपट्टा बाँधती हैं। सर्दी से बचने के लिए ये ऊन का बना स्कार्फ भी पहनती हैं। गद्दियों की ही तरह ये भी चोला तथा कमर में डोरा बाँधती हैं और फूलदार छींट का लहँगा पहनती हैं। नाक में चाँदी का बड़े आकार का लौंग या नथ, कानों में बड़ी-बड़ी बालियाँ, कलाई में चाँदी के चौड़े-चौड़े बंद, कड़े या कंगन तथा हाथ में चाँदी की अँगूठियाँ पहनती हैं। गद्दणों के गले में चाँदी का हार या मनकों की माला हमेशा लटकी रहती है।

दैनिक जीवन

हिमाचल प्रदेश के लोक का दैनिक जीवन अत्यंत शांत, सुखद तथा सादा है। आधुनिकता के प्रभाव से वैसे तो यहाँ के लोक की दिनचर्या काफी प्रभावित हुई है और कई सामाजिक परिवर्तन भी हुए हैं, परंतु हिमाचल प्रदेश की नारी का जीवन आज भी श्रम और उपेक्षा से बोझिल है। यहाँ की नारी को सुबह पौ फटने से पहले उठना होता है। ''उठकर समीप की बावड़ी से पानी लाना, गाय और भैंस दुहना, चाय या दूध बनाकर सारे परिवार के लिए सुबह का खाना बनाना, बच्चों को नहलाना, परिवार के लिए भोजन तैयार करना, खिलाना, खेतों में जाकर पुरुषों की सहायता करना, घास काटना, गोबर खेतों तक ले जाना, फसल काटकर खलिहानों तक ले जाना, जंगल से लकड़ी लाना, सारे परिवार के कपड़े धोना, फसलों की निंदाई करना, रात को फिर भोजन बनाना और खिलाना, बरतन धोना, बच्चों को सुलाना, घर की सफाई करना, सब करने के बाद सबसे बाद में सोना। यही हिमाचली नारी के जीवन में बदा हैं।''[46] गृहिणी भले ही चतुर-सूझबूझ वाली कितनी ही निपुण क्यों न हो, परंतु भारतीय सामाजिक मान्यतानुरूप हिमाचल प्रदेश की नारी भी दोयम दर्जे की ही है। नौकरी, व्यवसाय अथवा मजदूरी करने वाले पुरुषों को छोड़कर अन्य पुरुषों की दिनचर्या में खेतों में हल चलाना, पशु और भेड़-बकरियाँ चराना, आटा पीसने घराट जाना, लकड़ी काटना, ढोना, बगीचे और फसलों की देखभाल करना, रिश्तेदारी या संबंधियों में पाहुनचारी, शादी-गमी में जाना, राशन लाना, पंचायत आदि में शरीक होना आदि शामिल हैं। तुलनात्मक दृष्टि से देखा जाए तो स्त्रियों की अपेक्षा पुरुषों का काम अधिक सरल, मनमौजी तथा कम होता है।

पारिवारिक जीवन की दिनचर्या का जो रूप यहाँ देखने को मिलता है, वह

अत्यंत ही सुधरा रूप है। पूर्व में बहुपत्नी प्रथा, सास-बहुओं, ननद-भाभी इत्यादि में गृह-कलह देखने को मिलती थी, लेकिन नई पीढ़ी ने पुरानी कुरीतियों और कुपरंपराओं को त्यागकर नए जीवन-आदर्शों और जीवन-मूल्यों की स्थापना की है। फलतः लोक का दैनिक जीवन अधिक सरल और सुखमय हुआ है।

खान-पान

काँगड़ा के लोक-मानस का खान-पान भी इनकी अन्य बातों की तरह सादा तथा साधारण है। मक्की की रोटी, सरसों का साग, चावल, लस्सी, भुटूरू इत्यादि यहाँ के भोजन के प्रमुख अंग हैं। मक्का, गेहूँ तथा धान काँगड़ा की प्रमुख फसल हैं। इस कारण चावल, गेहूँ तथा मक्की की रोटी अधिक पसंद की जाती है। 'पलम' क्षेत्र (पालमपुर) के लोग दिन में एक बार चावल अवश्य खाते हैं।

त्योहार-पर्व, ब्याह, जन्मदिन इत्यादि अवसरों पर यहाँ के लोग विशेष खाना बनाते हैं। इस दिन तेल या घी में तलकर भुटूरू बनाया जाता है तथा अनेक प्रकार की सब्जियाँ पकाई जाती हैं—जिनमें माश की दाल, राजमाह तथा काँगड़ा का प्रसिद्ध 'मधरा' प्रमुख है।

काँगड़ा, कुल्लू तथा लाहौल-स्पीति के जिन क्षेत्रों में अधिक बर्फ गिरती है, वहाँ के लोग प्रमुखतः मांसाहारी हैं। इन क्षेत्रों के लोगों में शराब पीने की आदत भी पाई जाती है। यहाँ के लोग चोरी-छिपे देशी शराब बनाते हैं, जिसे स्थानीय भाषा में छाँग, लुगड़ी या सुर कहते हैं। 'सुर' शब्द संस्कृत के सुरा शब्द का बिगड़ा हुआ रूप है। काँगड़ा घाटी में चाय का उत्पादन होता है, अतः यहाँ के लोग चाय या कहवा पीने के विशेष शौकीन हैं। चाय पीने का एक प्रमुख कारण यहाँ का शीतयुक्त वातावरण भी है। "सामान्यतः यहाँ के लोग दिन में चार बार भोजन करते हैं। सुबह नाश्ता, जिसे स्थानीय भाषा में 'दतयालु' कहते हैं। दोपहर के भोजन को 'दुपहरी' कहते हैं। चार बजे के आसपास के भोजन को 'संजयालु' कहते हैं तथा फिर रात का 'खाना' होता है।"[47]

प्रथाएँ एवं परंपराएँ

लोक-जीवन को स्थिर, सघन और संबद्ध बनाए रखने में परंपराएँ, प्रथाएँ तथा रीति-रिवाज महत्त्वपूर्ण योगदान करते हैं। लोक-जीवन इन रीतियों-परंपराओं से इस प्रकार परिचालित होता है कि यदि लोक में प्रचलित इन परंपराओं को लोक-जीवन या लोक-संस्कृति का पर्याय कह दिया जाए तो कोई अतिशयोक्ति

नहीं होगी। लोक-जीवन में प्रचलित इन प्रथाओं का सांस्कृतिक इतिहास से गहरा संबंध होता है तथा यह इतिहास-विरोधी नहीं, अपितु परिवर्तन-विरोधी होती हैं। लोक विशेष की प्रकृति, आदतों और लक्षणों की पहचान इन्हीं परंपराओं-प्रथाओं द्वारा ही संभव होती है। लोक-संस्कृति के जो तत्त्व होते हैं, प्राय: वही तत्त्व लोक-रीतियों और लोक-परंपराओं में निहित होते हैं।

प्रथा या परंपरा से अभिप्राय ऐसे रीति-रिवाजों या लोकाचारों से है, जो बहुत दिनों से, बहुत लोगों में प्रचलित हों। वस्तुत: ''रीति-रिवाज किसी समाज-विशेष के द्वारा निश्चित व्यवहार के नियम होते हैं, जिन्हें परंपराओं से निभाया जाता है। रीति-रिवाजों द्वारा ही समाज-विशेष की विरासत का संरक्षण हो पाता है। किसी स्थान के लोक-जीवन की झलक रीति-रिवाजों से ही मिलती है।''[48] इन रीति-रिवाजों द्वारा ही लोक-जीवन का बहाव अविरल बहता है। लोक की मान्यता होती है कि रीति-रिवाजों के अनुसार जो कार्य होता है, वह समाज में बहुसंख्यक के लिए कल्याणकारी होता है। इस तथाकथित कल्याण से लोक का भावनात्मक जुड़ाव होता है, अत: इसमें परिवर्तन की गुँजाइश बहुत कम होती है। इन रीति-रिवाजों का उल्लंघन करने पर उल्लंघन करने वाले के लिए लोक-समाज में परंपरा से चला आ रहा सजा का विधान भी होता है। इन परंपराओं का उल्लंघन लोक द्वारा उसके आदर्शों और आशाओं का उल्लंघन होता है। विशेषत: तब, जब यह धार्मिक और पवित्र रूप धारण कर लेते हैं। हिमाचल प्रदेश का लोक-समाज अनेक जातियों और उपजातियों में विभाजित है। लेकिन लोक में प्रचलित रीति-रिवाजों की एकसूत्रता दर्शनीय है। सभी जातियों के लोग समान देवी-देवताओं को पूजते हैं, सभी पौराणिक कथाओं, कहावतों और कर्म-काण्डों में विश्वास करते हैं तथा सभी जातियों में विभिन्न अवसरों पर किए जाने वाले संस्कार-समारोह तथा अनुष्ठान एक जैसे ही हैं। देवयज्ञ, सत्यनारायण कथा, शोक, पूर्ववर्णित पाँचों संस्कार यहाँ किसी एक परिवार से संबंधित न होकर पूरे लोक-समाज से संबंधित हैं। काँगड़ा जनपद के सभी घरों में नवेली दुल्हन पथ-पूजन करती है। सभी जातियों की बहुएँ अपने ज्येष्ठों तथा सुसर आदि से पर्दा करती हैं। विवाह संस्कार में अन्द्रोण करने का विधान एक जैसा है। बावड़ी-पूजन पूरे जनपद में प्रचलित है। कानूनी मुकदमों को छोड़कर सामाजिक तथा धार्मिक झगड़े प्राय: लोक-स्तर पर (पंचायत में) ही निपटाए जाते हैं। कोई व्यक्ति यदि अपने से नीची जाति या विजातीय विवाह करता है, रिवाजों आदि का उल्लंघन करता है, तो उसका सामाजिक बहिष्कार कर दिया जाता है। यहाँ के लोक-समाज की प्रत्येक

जाति में तिथि आदि देखने की पद्धति पंचांग पर आधारित होती है तथा बीमारियों आदि में डॉक्टर के बजाय शुद्ध स्थानीय नुस्खों का उपयोग होता है। हिमाचल प्रदेश के इस लोक-समाज में महज रीति-रिवाज ही नहीं, बल्कि समस्याएँ भी प्रत्येक जाति की एक समान ही हैं। पानी, सड़क, चिकित्सा तथा भ्रष्टाचार, गबन आदि पूरे लोक-समाज की समस्याएँ हैं। विधवा सिर्फ पूरे भारत के लोक-समाज में ही नहीं, अपितु यहाँ के लोक में भी हेय है और उसके विवाह की बात एक दुराशा ही है।

समग्र रूप से देखा जाए तो हिमाचल प्रदेश की लोक-परंपराओं या प्रथाओं को भारतीय लोक-समाज में व्याप्त परंपराओं से पूर्णतः अलग करके भी नहीं रखा जा सकता है। प्रत्येक समाज के कुछ विशिष्ट कर्मकाण्ड, आडंबर, अंधविश्वास, लोकाचार या दैनिक जीवन-मूल्य होते हैं, जो समाज-विशेष को अन्य समाज से भले ही अलग करते हैं, किंतु उनका उद्देश्य एक समान ही होता है। और वह है—तथाकथित बहुसंख्यक लोक सामाजिक वर्ग का कल्याण। हिमाचल प्रदेश के लोक-समाज में व्याप्त रीति-रिवाजों में भी यही भावना निहित है।

पर्व-त्योहार एवं मेले

पर्व-त्योहार तथा मेले लोक-संस्कृति तथा लोक-समाज की चेतना के विकास के ऐतिहासिक संस्मरण होते हैं। त्योहारों और मेलों का लोक-जीवन से गहरा जुड़ाव होता है। मनुष्य ने जब से कबीले या समूह में बसना प्रारंभ किया, तभी से उसकी संघ भावना ने यज्ञ या पूजा की प्रेरणा से आनंद-प्राप्ति के लिए सामूहिक गीतों, लोक-नृत्यों, त्योहारों और मेलों को आरंभ किया। मनुष्य की यही सामूहिक वृत्ति कल्याणकारी उत्सवों का रूप धारण कर समाज की परंपराओं में बँधकर तथा धर्म और जाति के सांस्कृतिक गौरव की प्रतीक बन गई। मूलतः उत्सवों को रचने की प्रेरणा मानव को मन और प्रकृति से मिली है। प्रकृति के अनुपम सौंदर्य ने जिस प्रकार कला-सृजन की प्रेरणा दी, वैसे ही उत्सवों के सृजन की भी प्रेरणा दी है तथा लोक-भावना इनकी जननी है।

भारत के अन्य भागों की भाँति हिमाचल प्रदेश में भी धार्मिक तथा सामाजिक पर्व खूब उत्साह से मनाए जाते हैं। "यह क्षेत्र पर्व-त्योहारों की धरती है। यहाँ वैदिक एवं लोकधर्मी सांस्कृतिक भावधाराओं से अनुस्यूत दोनों प्रकार के पर्व-त्योहार प्रचलित हैं, जो हमारी सभ्यता एवं सांस्कृतिक परंपरा के प्रतीक हैं, प्रतिबिंब हैं। शताब्दियों से ये हमारे जीवन में प्रेरणाएँ भरते आए हैं।"[49] हिमाचल प्रदेश

के लोग स्वभाव से ही मौजी और आनंदप्रिय हैं। नाचने-गाने का और आनंद मनाने का कोई भी अवसर मिलते ही वे उसमें सम्मिलित होने के लिए तैयार रहते हैं। ''अन्य पहाड़ी लोगों की तरह हिमाचलवासियों को भी कठिन परिश्रम द्वारा जीविकोपार्जन करना पड़ता है। प्रकृति के समान यहाँ प्रसन्नचित्त लोग ऐसे अवसरों की बाट जोहते रहते हैं—जब वे नृत्य कर सकें और अपने दुःख-सुख को गाकर हलका कर सकें। ऐसे ही अवसर हैं—यहाँ के मेले और त्योहार।''[50]

हिमाचल प्रदेश में मनाए जाने वाले पर्व-त्योहार मुख्यतः वही हैं, जो भारत के अन्य भागों में मनाए जाते हैं। स्थानीय स्तर पर छोटे-मोटे त्योहार तो बहुत मनाए जाते हैं, परंतु उनकी गिनती करना बहुत कठिन कार्य है। किंतु यहाँ प्रत्येक संक्रांति एक प्रकार का पर्व मानी जाती है मुख्यतः बैसाख, जेठ, मार्गशीर्ष और माघ की संक्रांतियों के दिन यहाँ पर्व की तरह मनाए जाते हैं। यहाँ मनाए जाने वाले पर्वों और त्योहारों में हरतालिका (हरियाली), बसंत पंचमी, निर्जला एकादशी, होली, नागपंचमी, फाग, दीपावली, दशहरा, रली, भाई-दूज, रक्षाबंधन (रखड़ी), लोहड़ी, बसोआ, चीड़नी संग्राद, जोड़ए-पतरोडए दी संग्राद इत्यादि विशेष लोकप्रिय हैं। करवाचौथ तथा पूर्णमासी आदि व्रत भी स्त्रियों में विशेष प्रचलित हैं। यह पर्व तथा त्योहार यहाँ के बच्चों-बूढ़ों, नर-नारी सभी के जीवन के अभिन्न अंग हैं। ऐसे अवसरों पर सभी लोग रंग-बिरंगे वस्त्रों से सजकर अपने हर्षोल्लास को अभिव्यक्त करते हैं। लोक की वस्त्राभूषण संबंधी अभिरुचियों की स्पष्ट झाँकी इन अवसरों पर देखने को मिलती है। विवाहिताएँ विशेष रूप में अपने सुहाग के प्रतीक आभूषणों और वस्त्रों आदि से सुसज्जित होती हैं।

त्योहारों की तरह ही हिमाचल प्रदेश में मेले भी विशेष हर्षोल्लास से मनाए जाते हैं। मेले इस प्रदेश के जन-प्राण में हैं। गाँव-गाँव में असंख्य मेलों का आयोजन होता है। ये मेले यहाँ के लोक-जीवन के अभिन्न अंग बन गए हैं। कठिन भौगोलिक स्थितियों में जीवन बिताने वाले यहाँ के लोगों के मनोरंजन का साधन ये मेले ही हैं। यदि ये मेले न हों तो यहाँ का जीवन अत्यंत शुष्क और नीरस हो जाए।

हिमाचल प्रदेश में मनाए जाने वाले अधिकतर मेले धार्मिक ही हैं। डॉ॰ पद्मचंद्र काश्यप के अनुसार, ''इन मेलों में इतिहास और पुराण है। यहाँ के देवी-देवता, मंदिर-मस्जिद का वर्णन है, नृत्य-संगीत, हर्ष-उल्लास, हास्य-विनोद, पूजा-अर्चना की झंकार है। सामाजिक मेल-मिलाप के ये सर्वसुलभ अवसर हैं। इसलिए यह स्वाभाविक है कि प्रत्येक हिमाचली इन मेलों में भाग लेने के लिए लालायित रहता है।''[51] यहाँ मनाए जाने वाले मेलों को जात्र, जाच या जात्रा के

नाम से भी जाना जाता है। हिमाचल प्रदेश में मनाए जाने वाले मेलों में रामपुर का लवी, चंबा का मिंजर, सिरमौर का रेणुका, मंडी की शिवरात्रि, कुल्लू का दशहरा, बिलासपुर का नलवाड़ी, सुजानपुरा की होली आदि में ऐतिहासिकता और पौराणिकता का पुट मिलता है। इन सभी मेलों में किसी देवता की पूजा के उपलक्ष्य में नृत्य और गीतों का आयोजन होता है तथा लगभग सभी मेलों का संबंध किसी धार्मिक-पौराणिक कथा या स्थानीय पृष्ठभूमि से जुड़ता है।

सामूहिक मनोरंजन और उल्लास के साधन इन मेलों के अवसर पर हिमाचल निवासियों को उनके यथार्थ रूप में देखा जा सकता है। "कुल्लू का दशहरा हिमाचल प्रदेश की संपूर्ण संस्कृति का दर्पण है। दशहरा इस क्षेत्र के लोक-जीवन तथा लोगों के नृत्य और संगीत के प्रति उनके प्रेम को दर्शाता है। वैभवपूर्ण हिमाचल प्रदेश की सांस्कृतिक सुंदरता को एक स्थान पर देखने के लिए कुल्लू का दशहरा उचित स्थान है।"[52]

कुल्लू का दशहरा सिर्फ कुल्लू घाटी का ही प्रमुख उत्सव नहीं है, अपितु हिमाचल प्रदेश में मनाए जाने वाले सभी मेलों में भी "दशहरा का स्थान सर्वोपरि है। मैसूर के समान कुल्लू क्षेत्र के सभी देवी-देवताओं को दशहरा पर एक स्थान पर एकत्र होने का अवसर मिलता है। देवताओं का यह उत्सव अक्तूबर में दशहरा के दिन आरंभ होता है और पाँच दिन बाद पूर्णिमा के दिन यह उत्कर्ष पर पहुँचता है। यह मेला प्रतिवर्ष कुल्लू नगर के ढालपुर स्थान पर जुटता है।"[53] कुल्लू के दशहरे का संबंध ऐतिहासिकता से जोड़ा जाता है। पहले के समय में जब यहाँ पर राजा का राज था—तब कुल्लू रियासत के सभी देवी-देवताओं के लिए इस मेले में शामिल होना परम आवश्यक था। यही प्रथा आज तक चली आ रही है। परंतु जमींदारी-प्रथा के विलय तथा आधुनिकता के स्पर्श ने इस प्रथा को प्रभावित किया है। फलतः अब बहुत कम देवी-देवता मेले में आते हैं। दशहरा शुरू होने से कई दिन पूर्व इसकी तैयारियाँ प्रारंभ हो जाती हैं, क्योंकि मेले में शिरकत करने वाले कई देवी-देवता सुदूर ग्रामों से लोगों द्वारा लाए जाते हैं, जिन्हें दशहरे से कई दिन पूर्व अपनी यात्रा आरंभ करनी पड़ती है। इस यात्रा की एक विशेषता यह भी है कि संचार तथा यातायात के इस युग में इन देवी-देवताओं को कंधे पर रखकर पैदल-यात्रा द्वारा कुल्लू के ढालपुर मैदान में पहुँचाया जाता है। दशहरे के दिन ढालपुर मैदान सब दिशाओं से आ रहे देवी-देवताओं, जनसमूह तथा स्थानीय लोक-वाद्यों की धुन से गूँज उठता है। कुल्लू पहुँचकर प्रत्येक देवी-देवता सर्वप्रथम रघुनाथ मंदिर में स्थापित प्रधान देवता को अपनी श्रद्धांजलि अर्पित करते हैं।

दशहरे के मेले की प्रथम शाम को रघुनाथ की विशाल प्रतिमा मंदिर से एक विशाल जनसमूह द्वारा रथ में रखकर बाहर निकाली जाती है। जिस रथ पर प्रतिमा रखी जाती है, वह लकड़ी से निर्मित होता है। सैकड़ों लोगों के हाथ रथ को खींचते हैं तथा 'जय रघुनाथ' के नारों से नातावरण गुँजायमान हो उठता है। मेले के पाँचों दिन रघुनाथ की सवारी सभी देवी-देवताओं के साथ ढालपुर मैदान में ठहरती है। मेले के अंतिम दिन रघुनाथ के पुजारी के आह्वाहन पर व्यास नदी के किनारे, सभी देवी-देवताओं के श्रद्धालु घास-फूस से निर्मित रावण पर आक्रमण करके उसे जलाते हैं। रावण पर विजय के उपलक्ष्य में विशेष पूजा-अर्चना होती है। रघुनाथ के रथ की वापसी तथा देवी-देवताओं द्वारा अपने स्थानों के लिए प्रस्थान के साथ ही कुल्लू के दशहरा-पर्व का समापन हो जाता है।

हिमाचल प्रदेश में मनाए जाने वाले पर्व-त्योहार यहाँ के लोक-जीवन में सामूहिक आनंद का संचार करने वाले प्रेरणा-स्रोत हैं। ये पर्व-त्योहार, मेले और उत्सव हिमाचल प्रदेश की लोक-संस्कृति के अनेक उपादानों यथा—लोक-नृत्य, लोक-गीत, लोक-वाद्य तथा मान्यताओं और परंपराओं को जीवंत बनाए रखने के प्राण-मंत्र हैं। हिमाचल प्रदेश के विभिन्न जनपदों में मनाए जाने वाले लोकोत्सव यहाँ के लोक-जीवन का वास्तविक सांस्कृतिक प्रतिनिधित्व करते हैं।

लोक-बोली पहाड़ी (काँगड़ी)

किसी भी समाज की जनता के हृदय तक पहुँचने का सीधा रास्ता उसकी बोलचाल की भाषा या लोक-बोली ही है। लोक की भाषा के माध्यम से ही उसके सुख-दुःख, आशा-अभिलाषा आदि के बारे में जाना जा सकता है। लोक में प्रचलित कहावतों, लोकोक्तियों, लोक-गाथाओं, लोक-कथाओं आदि को इसी लोक-बोली से जीवन मिलता है। लोक-बोली अपने विस्तृत लोक-समाज को अभिव्यक्ति देती है और लोक-संस्कृति का अभिन्न उपादान है।

"जिस प्रकार महाराष्ट्र की भाषा मराठी है, बंगाल की बंगला है, उसी प्रकार हिमाचल प्रदेश की भाषा पहाड़ी है। पहाड़ी हिमाचल प्रदेश की मातृभाषा एवं लोक-भाषा है। हिमाचल प्रदेश के ग्रामीण क्षेत्र में रहने वाली 95 प्रतिशत जनता की मातृभाषा पहाड़ी है। पहाड़ी भाषा का हिमाचली लोक-जीवन में वही स्थान है, जो पंजाब में पंजाबी का, उत्तर प्रदेश में अवधी और ब्रजभाषा का और सबसे बढ़कर जो शरीर में आत्मा का स्थान है।"[54]

हिमाचल प्रदेश में बोली जाने वाली पहाड़ी का राष्ट्रभाषा से कोई विरोध

नहीं है, अपितु पहाड़ी स्वयं हिंदी की ही उपभाषा तथा उसकी पोषक है। पहाड़ी देवनागरी लिपि में लिखी जाती है। हिंदी और संस्कृत के बिना पहाड़ी भाषा की कल्पना करना भी निरर्थक है। जो स्थान हिंदी में ब्रजभाषा, अवधी, मैथिली, राजस्थानी आदि भाषाओं का है, वही स्थान पहाड़ी बोली का है।

भाषा एक नदी की तरह होती है। जिस प्रकार एक बड़ी नदी के सहायक अनेक नदी-नाले होते हैं, जो बड़ी नदी को सशक्त करते हैं—परंतु नाम बड़ी नदी का ही रहता है। यही स्थिति पहाड़ी की है। स्वयं पहाड़ी भाषा हिंदी को समृद्ध करने में जुटी हुई है, लेकिन पहाड़ी को समृद्ध करने के लिए भी अनेक स्थानीय बोलियाँ लगी हुई हैं। किसी भी भाषा की बोलियाँ होना स्वाभाविक है। पंजाबी भाषा की ग्यारह प्रमुख बोलियाँ हैं। इसी प्रकार मध्य प्रदेश, उत्तर प्रदेश तथा राजस्थान में भी अनेक बोलियाँ प्रचलित हैं। इसी प्रकार पहाड़ी भाषा की अनेक बोलियाँ हैं, जिनसे पहाड़ी निःसंदेह समृद्ध हुई है। ये बोलियाँ हैं—मंडीयाली, चम्बयाली, काँगड़ी, सिरमौरी, महासू, कुल्लवी, किन्नौरी, लाहौली और स्पीति आदि। पहाड़ी भाषा की इन सभी लोक-बोलियों में इतनी समानता तथा स्वाभाविकता है कि यह अंतर करना कठिन हो जाता है कि कहाँ एक बोली का क्षेत्र समाप्त होता है और कहाँ अन्य का क्षेत्र प्रारंभ होता है। हरिराम जसटा के अनुसार "पहाड़ी की बोलियों की स्थिति उन सड़कों की तरह है, जो ग्यारह हजार फीट की ऊँचाई से नीचे उतरती हैं, लेकिन यात्री को फर्क का कहीं पता ही नहीं चलता। जब आप एक से दूसरे कोने पर पहुँचते हैं, तभी आपको महसूस होता है कि फासला लंबा था और ऊँचाई में जगह-जगह फर्क आता रहा।"[55] वास्तव में हिमाचल की बोलियों में परिवर्तन इतना सहज है कि परिवर्तन का पता ही नहीं चलता है और कहीं-कहीं तो स्थिति यह है कि एक ही गाँव की विभिन्न टोलियों में प्रचलित बोली के शब्दों में भिन्नता दृष्टिगत होती है। परंतु जुगनुओं की भाँति चमकने वाली हिमाचल प्रदेश की अनेक बोलियों में भले ही कुछ अलगाव-सा हो, परंतु इन बोलियों का स्रोत एक ही है तथा वह स्रोत है—पहाड़ी भाषा।

लोक-भाषा के क्षेत्र में हम यहाँ प्रमुखतः काँगड़ी बोली का अध्ययन करेंगे, क्योंकि शांता कुमार के विवेच्य उपन्यासों में काँगड़ी पहाड़ी ही प्रयुक्त हुई है। अतः काँगड़ी की संक्षेप में विवेचना आवश्यक है।

काँगड़ी बोली में कोई बनावट नहीं है। काँगड़ी यहाँ के लोक और प्रदेश की शुद्ध भाषा है। काँगड़ी बोली प्रमुखतः छह उपबोलियों में बोली जाती है। ये हैं—पहाड़ी, काँगड़ी, गद्दी, पहाड़ी काँगड़ी, डोगरी और नेपाली या गोरखाली।

काँगड़ा में बोली जाने वाली काँगड़ी बोली अत्यंत मिठासयुक्त है तथा इसमें कतई रूखापन नहीं है स्थानीय लोगों के बाहर जाने और बाहर से लोगों के यहाँ आने के कारण स्थानीय बोली बहुत प्रभावित हुई है। सर्वाधिक पंजाबी ने इसे बहुत प्रभावित किया है। फलतः पंजाबी का पुट इसमें अधिक मिलने लगा है। फिर भी काँगड़ी बोली यहाँ के लोक-मानस की भाषा होने के कारण आज भी अपना अस्तित्व बनाए हुए है। यहाँ के लोक-समाज को यह भाषा अपनी मातृभाषा के समान प्रिय है। स्थानीय जनमानस आज भी अपने दुःख-दर्द, खुशी, हर्ष, उल्लास काँगड़ी में ही अभिव्यक्त करता है।

लोक-जीवन को समझने का सर्वोत्तम तरीका लोक-समाज की लोक-संस्कृति है। हिमाचल प्रदेश की उपरोक्त लोक-संस्कृति के अध्ययन से स्पष्ट है कि हिमाचल के गाँव, पहाड़ियों और घाटियों पर बसने वाले लोगों का जीवन अनेक मंगलात्मक विधानों, विचारों, पर्वों, उत्सवों आदि से संपन्न है। अनेक रीति-रिवाज, परंपराएँ, विश्वास, धर्म, मेले, लोकाचार, खान-पान, वेशभूषा तथा प्राकृतिक वैभव, व्रत तथा देवी मान्यताएँ आदि यहाँ की लोक-संस्कृति को अमिट तथा अविरल बनाए हुए हैं तथा यहाँ की लोक-भाषा पहाड़ी अपनी पावन शक्ति से लोक-मानस को एक-दूसरे से जोड़े हुए है। कुल मिलाकर लोक-संस्कृति के ये सभी उपादान हिमाचल प्रदेश की संस्कृति को जीवंत बनाए हुए हैं। संस्कृति के इन साधनों के बिना हिमाचलवासियों का जीवन खोखला, नीरस तथा अर्थहीन है। अतः स्पष्ट है कि लोक-संस्कृति भी शास्त्रीय संस्कृति के समान ही पवित्र और उत्तम है—जिससे लोक-जीवन में नए उत्साह और विकास की प्रेरणा मिलती है तथा लोक संचालित होता है।

संदर्भ

1. हिमाचल की लोक-संस्कृति, हरिराम जसटा, पृष्ठ 9
2. काँगड़ा के लोक-गीत : साहित्यिक विश्लेषण एवं मूल्यांकन, डॉ॰ गौतम शर्मा 'व्यथित', पृष्ठ 36
3. वही, पृष्ठ 37
4. कॉम्पेक्ट हिंदी शब्दकोश, सं॰ आबिद रिजवी, पृष्ठ 791
5. प्रामाणिक हिंदी कोश, आचार्य रामचंद्र वर्मा, पृष्ठ 877
6. हिमाचली संस्कृति का इतिहास, डॉ॰ पद्मचंद्र काश्यप, पृष्ठ 12
7. समाजशास्त्र, एम॰ एल॰ गुप्ता—डी॰ डी॰ शर्मा, पृष्ठ 537
8. मानवीय संस्कृति के रचनात्मक आयाम, प्रो॰ रघुवंश, पृष्ठ 74

9. साहित्य और संस्कृति, देवेंद्रमुनि शास्त्री, पृष्ठ 182
10. साहित्य और संस्कृति, डॉ॰ रतन कुमार पाण्डेय, पृष्ठ 26
11. हिमाचली संस्कृति का इतिहास, डॉ॰ पद्मचंद्र काश्यप, पृष्ठ 13
12. वही, पृष्ठ 13
13. वही, पृष्ठ 16
14. कौरवी प्रदेश की लोक संस्कृति, डॉ॰ कविता त्यागी, पृष्ठ 47
15. कॉम्पेक्ट हिंदी शब्दकोश, सं॰ आबिद रिजवी, पृष्ठ 278
16. प्रामाणिक हिंदी कोश, आचार्य रामचंद्र वर्मा, पृष्ठ 283
17. साहनी पर्स डिक्शनरी, सं॰ सत्यभूषण साहनी-विनीत साहनी-प्रेम बिहारी शर्मा, पृष्ठ 451
18. एनसाइक्लोपीडिया ऑफ ब्रिटानिका, वाल्यूम 5, पृष्ठ 288
19. काँगड़ा के लोक-गीत : साहित्यिक विश्लेषण एवं मूल्यांकन, डॉ॰ गौतम शर्मा 'व्यथित' पृष्ठ 35
20. वही, पृष्ठ 39
21. कौरवी प्रदेश की लोक संस्कृति, डॉ॰ कविता त्यागी, पृष्ठ 47-48
22. हिमाचली संस्कृति का इतिहास, पद्मचंद्र काश्यप, पृष्ठ 18
23. वही, पृष्ठ 24
24. हिमाचल की लोक-संस्कृति, हरिराम जसटा, पृष्ठ 44
25. प्रामाणिक शब्दकोश—आचार्य रामचंद्र वर्मा, पृष्ठ 877
26. भारतीय संस्कृति और हिमाचल प्रदेश, डॉ० पद्मचंद्र काश्यप, पृष्ठ 170
27. वही, पृष्ठ 173
28. हिमाचल की लोक-संस्कृति, हरिराम जसटा, पृष्ठ 41
29. भारतीय संस्कृति के आधार—श्री अरविंद, पृष्ठ 16
30. हिमाचल प्रदेश के लोक-नृत्य, हरिराम जसटा, पृष्ठ 33
31. हिमाचल के साथ-साथ, जगन सिंह, पृष्ठ 63-64
32. हिमाचल की लोक-संस्कृति, हरिराम जसटा, पृष्ठ 75
33. वही, पृष्ठ 100
34. वही, पृष्ठ 106
35. हिमाचल की लोक-संस्कृति, हरिराम जसटा, पृष्ठ 112
36. काँगड़ा के लोक गीत : साहित्यिक विश्लेषण एवं मूल्यांकन, डॉ॰ गौतम शर्मा 'व्यथित', पृष्ठ 24
37. वही, पृष्ठ 24
38. भारतीय संस्कृति और हिमाचल प्रदेश, डॉ० पद्मचंद्र काश्यप, पृष्ठ 162-163
39. वही, पृष्ठ 13
40. काँगड़ा के लोक-गीत : साहित्यिक विश्लेषण एवं मूल्यांकन, डॉ॰ गौतम शर्मा 'व्यथित', पृष्ठ 28

41. हिमाचल के यायावर, डॉ॰ श्याम सिंह शशि, पृष्ठ 67
42. काँगड़ा, डॉ॰ एम॰ एस॰ रंधावा, पृष्ठ 135
43. भारतीय संस्कृति और हिमाचल प्रदेश—डॉ० पद्मचंद्र काश्यप, पृष्ठ 162-163
44. काँगड़ा के लोक-गीत : साहित्यिक विश्लेषण एवं मूल्यांकन, डॉ० गौतम शर्मा 'व्यथित' पृष्ठ 21
45. हिमाचल के साथ-साथ, जगन सिंह, पृष्ठ 97
46. हिमाचल प्रदेश के लोक-नृत्य, हरिराम जसटा, पृष्ठ 39
47. ''Food is generally taken four time a day. The morning meal is known as 'Datyalu'(breakfast), mid-day meal is known as 'Dupehari' (lunch), about 4 p.m. meal is known as 'Tukru' or 'Sanjyalu' and in the night, dinner". The wonderland Himachal Pradesh, Jagmohan Balokhara—page no. 350
48. हिमाचल प्रदेश के लोक-नृत्य, हरिराम जसटा, पृष्ठ 40
49. काँगड़ा के लोक-गीत : साहित्यिक विश्लेषण एवं मूल्यांकन, डॉ॰ गौतम शर्मा 'व्यथित', पृष्ठ 26
50. हिमाचल प्रदेश के लोक-नृत्य, हरिराम जसटा, पृष्ठ 42
51. भारतीय संस्कृति और हिमाचल प्रदेश—डॉ० पद्मचंद्र काश्यप, पृष्ठ 211
52. Kullu dushera mirrors Himachal culture in its entirety it throws light on the life, love of dance and music of the people in this region. To see the colourful. Himachal at one place, Kullu Dushera is the right place." The wonderland Himachal pradesh by—Jagmohan Balokhara—page no. 730
53. हिमाचल प्रदेश के लोक-नृत्य, हरिराम जसटा, पृष्ठ 46
54. वही, पृष्ठ 53
55. पर्वतों की गूँज, हरिराम जसटा, पृष्ठ 21

अध्याय 3

हिमाचली लोक-जीवन से संबंधित शांता कुमार के उपन्यास

शांता कुमार ने पाँच उपन्यासों का सृजन किया है। ये उपन्यास हैं—कैदी, लाजो, मन के मीत, मृगतृष्णा और वृंदा। साहित्य-सृजन की दृष्टि से देखा जाए तो शांता कुमार को सर्वाधिक सफलता उपन्यास-लेखन में ही हासिल हुई है। न केवल कथ्य, अपितु कला या शिल्प की दृष्टि से भी शांता कुमार का उपन्यास-साहित्य उल्लेखनीय है। हमने अपने विवेच्य विषय के लिए उपर्युक्त पाँच उपन्यासों में से दो उपन्यासों 'लाजो' और 'मृगतृष्णा' को ही चुना है। इस अध्याय के अंतर्गत हम संक्षेप में 'लाजो' और 'मृगतृष्णा' उपन्यासों के तात्त्विक तथा कला-पक्ष का अध्ययन करने जा रहे हैं।

किसी भी औपन्यासिक कृति का अध्ययन करने के लिए सर्वप्रथम उसके कथानक का ज्ञान आवश्यक है। कथावस्तु के अध्ययन से स्वतः ही उस कृति का वातावरण ज्ञात हो जाता है। परंतु साथ ही उपन्यास के प्रमुख पात्रों की चारित्रिक विशिष्टताओं का अध्ययन भी आवश्यक है। क्योंकि उपन्यास के मूल उद्देश्य तक पहुँचने के लिए पात्र एकमात्र जरिया होते हैं। उपन्यासकार के सजृन के पीछे का मूल मंतव्य भी इन्हीं पात्रों के माध्यम से स्पष्ट होता है। इसके अतिरिक्त उपन्यास के आंतरिक अध्ययन के लिए कलापक्ष, भाषादि पर प्रकाश डालना भी आवश्यक होता है। इसी बात को ध्यान में रखते हुए 'लाजो' तथा 'मृगतृष्णा' उपन्यासों के सामान्य परिचय, संक्षिप्त कथानक, प्रमुख पात्रों का परिचय, देशकाल तथा उद्देश्य के साथ-साथ कलापक्ष का अध्ययन किया जा रहा है।

आँचलिक उपन्यास 'लाजो'

न केवल 'लाजो' अपितु शांता कुमार की सभी औपन्यासिक कृतियाँ आँचलिक परिवेश में रची-बसी हैं। आँचलिक परिवेश में घुला-मिला होने के कारण शांता कुमार का उपन्यास-साहित्य यथार्थ के अधिक नजदीक प्रतीत होता है। आँचलिक परिवेश होने के कारण ही इन उपन्यासों में लोक-संस्कृति या लोक-जीवन अधिक स्पष्ट और उज्ज्वल परिलक्षित होता है। 'लाजो' उपन्यास पूर्णतया एक आँचलिक उपन्यास है। अतः 'लाजो' उपन्यास की आँचलिकता का अध्ययन करने से पूर्व आँचलिकता संबंधी अवधारणा का अध्ययन और स्पष्टीकरण अति आवश्यक हो जाता है।

आँचलिकता

आँचलिकता उपन्यास के संदर्भ में उपन्यास विधा की एक प्रवृत्ति और एक रूप है। आँचलिक उपन्यास हिंदी कथा-साहित्य का एक नवीन प्रयोग एवं महत्त्वपूर्ण उपलब्धि है। आँचलिक साहित्य की मूल प्रवृत्ति राष्ट्र एवं समाज की लुप्तप्राय सांस्कृतिक मान्यताओं का अन्वेषण रहा है। आँचलिक उपन्यासकारों ने हिंदी उपन्यास-शिल्प को नई दिशा तथा गतिशीलता प्रदान की है। इन उपन्यासकारों ने अंचल विशेष की तमाम विशेषताओं का चित्रांकन कर, गहनता से उपेक्षित ग्राम के यथार्थ परिवेश को समझने एवं समझाने का प्रयास किया है।

आँचलिक साहित्यकार अन्य साहित्यकारों की भाँति संपूर्ण मानव एवं पूरी धरती को सम्मुख रखकर रचना नहीं करता, अपितु वह एक समाज-विशेष या भू-खंड-विशेष को ही आधार बनाता है और उसी परिदृश्य की रचना करता है, जो संपूर्ण मानव-समाज और भू-मण्डल का अंग होते हुए भी कुछ विशेषताओं के कारण अलग प्रतीत होता है। अंचल-विशेष के जीवन-चित्र को अंकित करने के लिए साहित्यकार अनेक पर्वों, उत्सवों, परंपराओं, विश्वासों, व्यथा के अवसरों, गीतों, संघर्षों, प्रकृति के रंगों, पुराने-नए जीवनमूल्यों, जनजातियों आदि की अभिव्यक्ति के लिए नए माध्यम की तलाश करता है और इन सबको एक सूत्र में पिरोता है। ये एक-दूसरे से जुड़कर व्यापक जीवन की कड़ी बन जाते हैं। डॉ॰ ज्ञानचंद्र गुप्त के शब्दों में—"इन कृतियों के माध्यम से कृतिकारों ने विशिष्ट भू-खंडों की ज्वलंत समस्याएँ, उनके पारस्परिक अंतर्विरोध, जीवन-संघर्ष, पारस्परिक बदलाव, नए संबंध-बोध, मूल्य-विघटन आदि को प्रामाणिक संदर्भों में उद्घाटित करने का प्रयत्न किया है।"[1]

आँचलिक साहित्य को स्वातंत्र्योत्तर भारत की प्रमुख विधा के रूप में देखा जाता है, जिसने ग्राम एवं दूरस्थ अंचलों की संस्कृतियों के समग्र उद्‌घाटन को वरीयता प्रदान की है। आँचलिक साहित्यकार "एक दिशा में बहने की अपेक्षा पूरे अंचल की चतुर्मुख यात्रा करता है और उन उपादानों को यहाँ-वहाँ से चुनता है, जो मिलकर अंचल की समग्रता का निर्माण करते हैं।"[2]

समग्र रूप में हम कह सकते हैं कि आँचलिक रचनाकार किसी क्षेत्र-विशेष जैसे—मैदानी क्षेत्र, पहाड़ी क्षेत्र, समुद्र का किनारा, पठार-नदी किनारे का क्षेत्र, सीमांत क्षेत्र, किसी गाँव आदि के परिवेश का जब अपने क्षेत्रीय पात्रों के माध्यम से वहाँ की भाषा, रीति-रिवाजों, समस्याओं, उत्सवों, पर्वों, लोकगीतों, बोलियों, नदियों-नालों, मान्यताओं, अंधविश्वासों, परंपराओं आदि को अपनी रचनाओं में उकेरता है, वहाँ स्वाभाविक रूप से आँचलिकता पनप उठती है।

हिंदी 'अंचल' शब्द मूलतः भाषा के 'अंचल' शब्द का ही रूप है। 'अञ्च' धातु में 'अलच्' प्रत्यय लगने पर 'अञ्चल' शब्द बना है। मानक हिंदी कोश के अनुसार अंचल शब्द का अर्थ है—"अंचल पु० (सं० अञ्च, गति+अलचु) (1) सीमा के आस-पास का प्रदेश (2) किसी क्षेत्र का कोई पार्श्व (3) किसी चीज के सिरे पर पड़ने वाला भाग।"[3]

पद्‌मचंद्र कोश के अनुसार अंचल का अर्थ है—"(1) वस्त्र का छोर (2) कोने का भाग (3) कपड़े का कोना या पल्ला।"[4] हिंदी राष्ट्र-भाषा कोश में अंचल शब्द के अर्थ इस प्रकार दिए हैं— "अंचल—संज्ञा, पुल्लिंग संस्कृत, आँचल, पल्ला, साड़ी का छोर, देश का वह भाग या प्रांत, जो सीमा के पास हो, नदी के किनारे की भूमि, तट या किनारा क्षेत्र।"[5]

स्पष्ट है कि अंचल का अर्थ है—क्षेत्र या जनपद। क्षेत्र या जनपद को वहाँ का सांस्कृतिक परिवेश एक सुगठित इकाई का रूप प्रदान करता है, अतः अंचल किसी क्षेत्र के लोक-जीवन का चित्रण है।

"क्षेत्र या अंचल उस भौगोलिक खंड को कहते हैं, जो सामाजिक और सांस्कृतिक रूप से सुगठित हो और एक ऐसी विशिष्ट इकाई हो, जहाँ के निवासियों का रहन-सहन, प्रथाएँ, उत्सव आदि आदर्श और आस्थाएँ, मौलिक मान्यताएँ तथा मनोवैज्ञानिक विशेषताएँ परस्पर समान और दूसरे क्षेत्र से, निवासियों से इतनी भिन्न हों कि उनके आधार पर यह क्षेत्र या अंचल-विशेष, इसी प्रकार के दूसरे क्षेत्रों से एकदम अलग प्रतीत हो। इस प्रकार के अंचल के जीवन को अभिव्यक्त करने वाली रचना को हम आँचलिक कह सकते हैं।"[6] इसी प्रकार विभिन्न विद्वानों ने

आँचलिक उपन्यासों में सामान्य रूप से प्राप्त होने वाली प्रकृतिमूलक और वस्तुमूलक कतिपय विशिष्टताओं को ध्यान में रखकर इसको परिभाषित करने का प्रयास किया है।

"यह अंचल या क्षेत्र-विशेष न केवल भौगोलिक और प्राकृतिक दृष्टि से अपने आसपास के विस्तृत क्षेत्र से भिन्न एवं विशिष्ट होता है, बल्कि इसकी सामाजिक संरचना, सांस्कृतिक परिवेश, आर्थिक समस्याएँ तथा निवासियों की मानसिकता भी सामान्य से भिन्न और विशिष्ट होती है।"[7]

"आँचलिक उपन्यास वह है—जिसमें अपरिचित भूमियों और अज्ञात जातियों के वैविध्यपूर्ण जीवन का चित्रण हो, जिसमें वहाँ की भाषा, लोकोक्ति, लोक-कथाएँ, लोक-गीत, मुहावरे और लहजा, वेश-भूषा, धर्म, जीवन, समाज, संस्कृति तथा आर्थिक और राजनीतिक जागरण के प्रश्न एक साथ उभरकर आएँ।"[8]

डॉ॰ देवराज उपाध्याय का मानना है कि आँचलिक उपन्यास में लेखक देश के किसी विशेष भू-भाग पर ध्यान केंद्रित कर, उसके जीवन को इस प्रकार प्रस्तुत करता है कि पाठक उसकी अन्य विशेषताओं, विशिष्ट व्यक्तित्व, रीति-परंपराओं तथा जीवन-विधा के प्रति सचेष्ट व आकृष्ट हो जाता है। आँचलिक उपन्यासों में अन्य तत्त्वों की अपेक्षा परिवेश तत्त्व की महत्ता अधिक होती है।

डॉ॰ जवाहर सिंह के अनुसार "आँचलिक उपन्यास का आधार और पृष्ठभूमि कोई अंचल विशेष होता है।" विशिष्ट अंचल के विशिष्ट जीवन की कहानी कहने के लिए उपन्यासों में एक विशिष्ट शिल्प को अपनाया जाता है, जो परंपरागत और औपन्यासिक शिल्प से भिन्न होता है। डॉ॰ विशम्भरनाथ उपाध्याय मानते हैं कि आँचलिक उपन्यास उन उपन्यासों को कहते हैं जिनमें किसी विशेष जनपद, अंचल (क्षेत्र) के जनजीवन का समग्र चित्रण होता है।

उपर्युक्त परिभाषाओं के अध्ययन के आधार पर कहा जा सकता है कि आँचलिकता की अभिव्यक्ति के विभिन्न आयाम हैं, जैसे—लोकगीत, स्फुट कविताएँ, लोक-पहेलियाँ, कहानियाँ, उपन्यास, भजन आदि। उपन्यास में आँचलिकता की अभिव्यक्ति के लिए समग्रतः निम्नलिखित प्रवृत्तियाँ उल्लेखनीय हैं—

1. "भौगोलिक एवं परिवेशगत विशेषताएँ—अंचल और प्राकृतिक छटाओं का चित्रण।
2. क्षेत्रीय विशेषताओं का निदर्शन, जैसे—वर्ग-भावना, पारिवारिक तथा सामाजिक जीवन की विचित्रताएँ।
3. स्थानीय परंपराओं का अंकन।

4. लोक सांस्कृतिक तत्त्वों की अभिव्यक्ति, जैसे—लोक-गीत, लोक-कथाएँ, लोकमान्य विश्वास एवं अंधविश्वास। (जादू-टोने एवं टोटके आदि)
5. आँचलिक जीवन में जनचेतना का स्वरूप—राजनीतिक, आर्थिक एवं सामाजिक दृष्टि से।
6. भाषात्मक संरचना में आँचलिक शब्दावली का प्रयोग, काव्य-शिल्प में अन्य आँचलिक प्रयोग, जैसे शब्दावली का प्रयोग, लोकोक्तियाँ, मुहावरे, कहावतें, आँचलिक बिंब आदि।"[9]

अंचल, आँचलिक और आँचलिकता

आँचलिक शब्द अंचल में 'इक' प्रत्यय लगने से बना है, जिसका अर्थ है—अंचल संबंधी। इस अंचल-विशेष के अपने सुख-दुःख, अपनी गतिशील परंपराएँ एवं मान्यताएँ, रीति-रिवाज तथा अपनी जीवन-प्रणाली होती है, जिनके द्वारा यह लगातार गतिशील रहता है।

अंचल शब्द से ही भाववाचक संज्ञा आँचलिकता बनी है। कुछ साहित्यकार अपनी रचना को किसी स्थान या क्षेत्र-विशेष तक सीमित कर लेते हैं तथा उस रचना को इस प्रकार विस्तार दिया जाता है, जिससे वहाँ के वासियों का जीवन उनके क्रियाकलापों से गतिमान रहकर एक कथानक रचता है। यह रचनात्मक प्रवृत्ति ही आँचलिकता कहलाती है। यह प्रवृत्ति जहाँ एक तरफ देश की भौगोलिक एवं सांस्कृतिक भिन्नता की परिचायक है तो दूसरी ओर साहित्यकार के प्रदेश तथा अंचल-विशेष के निवासियों के जीवन एवं दिनचर्या तथा उनके सुख-दुःख, समस्याओं, संस्कृति आदि का भी प्रमाण है। "परंतु देश के प्रांत भाग (देश का छोर) से यही अर्थ नहीं निकलता। कोई भी विशेष भाग, जिसकी अपनी एक संस्कृति हो, अपनी एक भाषा हो, अपनी समस्याएँ हों, को अंचल कहा जाता है। देश के प्रांत भाग या सीमांत भाग का संबंध सीमा पार के देश से रहता है। परिणामस्वरूप वहाँ अपने देश व अन्य देश की सभ्यताएँ एवं संस्कृतियाँ मिल-जुल जाती हैं।"[10]

आजकल 'आँचलिकता' तथा 'आँचलिक' में व्यंजना ही ध्वनित होती है। हालाँकि आँचलिक शब्द किसी सीमित क्षेत्र-विशेष के लिए प्रयोग किया जाता है, परंतु अब आँचलिकता में किसी सीमित क्षेत्र-विशेष की विशेषताओं से परिपूर्ण व्यक्तिगत भावों-विचारों का भी अंकन होता है।

उपर्युक्त विवेचन के आधार पर कहा जा सकता है कि आँचलिक रचनाओं

में कोई विशिष्ट अंचल या क्षेत्र व उसका कोई विशेष भाग व गाँव ही प्रतिपाद्य व विवेच्य होता है। आँचलिकता की सिद्धि के लिए स्थानीय दृश्यों, प्रकृति, जलवायु, त्योहार, लोक-गीत, बातचीत का विशिष्ट ढंग, मुहावरे, लोकोक्तियों, भाषा व उच्चारण की विकृतियाँ, लोगों की स्वभावगत व व्यवहारगत विशेषताएँ, उनका अपना रोमांस, नैतिक मान्यताएँ आदि का समावेश बड़ी सतर्कता और सावधानी से किया जाना अपेक्षित है।

आँचलिक रचना भले ही सीमित क्षेत्र से संबद्ध हो, पर प्रभाव की दृष्टि से वह सार्वजनीन हो सकती है, बशर्ते उसका सृष्टा वैसी प्राणवत्ता व तलस्पर्शी सूक्ष्म दृष्टि रखता हो तथा उसके विचारों में गरिमा और कला में सौष्ठव हो।"[11]

आँचलिकता, प्रादेशिकता और स्थानीयता

आँचलिकता और प्रादेशिकता काफी हद तक समानार्थी है। प्रादेशिकता का अर्थ परिसीमित है। प्रदेश विशेष, जिसकी अपनी भौगोलिक सीमाएँ होती हैं, उसके प्राकृतिक चित्रांकन से प्रादेशिकता जुड़ी हुई रहती है। झरने, नदी, नाले, वन, उपवन, पर्वत, घाटी, पठार, तलहटी, मैदान आदि का साहित्यिक चित्रण प्रादेशिकता का उद्घोषक है, जबकि आँचलिकता किसी अंचल या ग्राम-विशेष के सांस्कृतिक जीवन की समग्रता से आबद्ध होती है। प्रादेशिकता में भौगोलिक सीमा का आकलन प्रमुख होता है। आंतरिक रूप से प्रादेशिकता और आँचलिकता एक-दूसरे से बँधी हुई हैं, किंतु इसका बाह्य तत्त्व है—स्थानीय रंग, जो इसकी साज-सज्जा के लिए प्रयुक्त होता है। स्थानीय रंग के बिना अंचल का चित्रण अधूरा होता है। स्थानीय रंग देने से रचना में प्रभावात्मकता, स्वाभाविकता एवं यथार्थता पैदा हो जाती है। स्थानीय वातावरण आँचलिक जीवन को उभारने तथा प्रभावशाली बनाने में सहायक होता है।

"किसी भी कथात्मक रचना में जब कथावस्तु की पृष्ठभूमि के विषय में भरपूर सूचना दी गई हो और वहाँ के वातावरण का निदर्शन स्थानगत, भौगोलिक, सामाजिक एवं सांस्कृतिक परिस्थितियों की समष्टि के समन्वय के रूप में प्रयुक्त किया जाता है, तब उसे स्थानीय रंग देना कहते हैं।"[12]

इस विवेचना ये यह स्पष्ट होता है कि प्रादेशिकता और स्थानीय रंग आँचलिकता के आवश्यक तत्त्व हैं। वस्तुतः इन्हीं से आँचलिकता का बाह्य रूप निर्मित होता है। आँचलिक चित्रण में जो गहराई आती है, वह वहाँ के सांस्कृतिक जीवन की

देन है। किंतु उसमें विस्तार एवं व्यापकता प्रादेशिकता एवं स्थानीय रंग के चित्रण से ही मिलती है।

आँचलिक परंपरा और साहित्य

लगभग पिछले पाँच दशकों में उपन्यास विधा के विकास में तीव्रता आई है और नए-नए प्रयोग भी हुए हैं। स्वतंत्रता के बाद हालात बदले। गाँधी जी की प्रेरणा से प्रशासन और लेखक दोनों का ध्यान उपेक्षित अंचलों की तरफ गया। लेखक ने ऐसे समय में अंचल को पूर्ण इकाई मानकर गहनता से इसके परिवेश का अध्ययन किया, इसकी मिट्टी से संबंध बनाया, इसकी जलवायु को जिया, इसकी भाषा, बोली, परंपराओं, संस्कारों और रूढ़ियों के तल तक जाकर एक नई विधा का उद्‌घाटन किया। एक तरह से जब उपन्यासकार सामाजिक उपन्यासों में जीवन को चित्रित करते-करते थक गए और पाठक-वर्ग उन घिसे-पिटे चित्रणों से ऊब गया, तब अज्ञात जीवन और अपरिचित पात्रों एवं नवीन कथानकों से संबंधित उपन्यास का उद्‌भव हुआ।

आँचलिक उपन्यास मूलतः स्वतंत्रता पश्चात् के युग की देन हैं। यद्यपि कुछ विचारक प्रेमचंद की रचनाओं को आधार मानकर आँचलिकता का आरंभ प्रेमचंद-युग से मानते हैं। डॉ॰ प्रताप नारायण टंडन आँचलिकता का आरंभ शिवपूजन सहाय की कृति 'देहाती दुनिया' (1925) से मानते हैं, तो डॉ॰ सत्यपाल चुघ निराला की कृति 'बिल्लेसुर बकरिहा' (1941) से मानते हैं। इसी तरह अन्य विचारक जैसे डॉ॰ बदरीदास भुवनेश्वर मिश्र की कृति 'धराऊ घटना' (1893) और 'बलवंत भूमिहार' (1901) से मानते हैं। किंतु भले ही प्रेमचंद के उपन्यासों तथा अन्य उपरोक्त रचनाओं में ग्राम्य-जीवन का चित्रण हुआ है, लेकिन जिस विशिष्टता के साथ एवं सारी बारीकियों के साथ आँचलिकता का स्पष्टीकरण होता है, उन तत्त्वों का इन कृतियों में सर्वथा अभाव है।

आँचलिक उपन्यास का पहला उद्‌घोष फणीश्वर नाथ रेणु के 'मैला आँचल' (1954) से ही स्वीकार्य है। इससे पहले के जिन उपन्यासों को आँचलिक कह दिया जाता है—उनका मात्र परिवेश ही आँचलिक है। उनके परिवेश में बहती जीवनधारा विशेष समाज-केंद्रित न होने से आँचलिक नहीं कही जा सकती है। हालाँकि 'मैला आँचल' से पूर्व की कुछ कृतियों, जैसे—'झाँसी की रानी' (1946), 'मृगनयनी' (1950), 'बलचनमा' (1952) आदि को भी आँचलिक कृतियों की श्रेणी में रखा जा सकता है। वैसे आँचलिकता के साहित्यिक आंदोलन का शंखनाद

'मैला आँचल' की भूमिका से ही होता है। 'मैला आँचल' के प्रथम संस्करण की भूमिका में रेणु जी ने लिखा था—"यह है मैला आँचल एक आँचलिक उपन्यास।"[13] तभी से आँचलिकता का प्रचलन शुरू हुआ। धीरे-धीरे यह इतना व्यापक एवं लोकप्रिय हुआ कि आँचलिक शब्द में अतिव्यापकता आती गई और आँचलिकता ने एक साहित्यिक आंदोलन का रूप ले लिया। 'मैला आँचल' और 'परती : परिकथा' महज उत्कृष्ट आँचलिक उपन्यास नहीं हैं, वे भारतीय साहित्य में पहले उपन्यास हैं, जिन्होंने भारतीय उपन्यास को एक नई दिशा दिखाई थी, जो यथार्थवादी उपन्यास के ढाँचे से बिलकुल भिन्न थी¨ रेणु जी पहले उपन्यासकार थे, जिन्होंने यथार्थवादी उपन्यास में जातीय संभावनाओं की तलाश की थी।"[14]

इस प्रकार उपन्यास-साहित्य में एक नई विधा 'आँचलिकता' का प्रादुर्भाव हुआ और एक के बाद एक ऐसी अनेक कृतियाँ प्रकाश में आईं, जिनमें आँचलिक स्पर्श का समावेश है और जो देश के विभिन्न अंचलों की प्रवृत्तियों को उद्घाटित करने में सक्षम हैं।

फणीश्वर नाथ रेणु के 'मैला आँचल' उपन्यास के अतिरिक्त जिन कथाकारों ने आँचलिक उपन्यासों का सृजन कर हिंदी साहित्य को समृद्ध किया है, उनकी कृतियों का कालक्रमानुसार परिचय प्रस्तुत है—'रतिनाथ की चाची' (नागार्जुन, 1948), 'बलचनमा' (नागार्जुन, 1952), 'नयी पौध' (नागार्जुन, 1953), 'काका' (रांगेय राघव, 1953), 'रथ के पहिये' (देवेंद्र सत्यार्थी, 1953), 'बाबा बटेसर नाथ' (नागार्जुन, 1954), 'मुक्तावली' (बलभद्र ठाकुर, 1955), 'सेठ बाँकेमल' (अमृतलाल नागर, 1955), 'फाल्गुन के दिन चार' (पांडेय बेचन शर्मा 'उग्र', 1955), 'सागर, लहरें और मनुष्य' (उदयशंकर भट्ट, 1955), 'बूँद और समुद्र' (अमृतलाल नागर, 1955), 'दुःखमोचन' (नागार्जुन, 1956), 'परती : परिकथा' (फणीश्वरनाथ रेणु, 1957), 'लोहे के पंख' (हिमांशु श्रीवास्तव, 1957), 'कब तक पुकारूँ' (रांगेय राघव, 1957), 'वरुण के बेटे'(नागार्जुन, 1957), 'आदित्यनाथ' (बलभद्र ठाकुर, 1958), 'सती मैया का चौरा' (भैरवप्रसाद गुप्त, 1959), 'सूरज किरन की छाँव' (राजेंद्र अवस्थी, 1959), 'बोरीवली से बोरीबंदर' (शैलेश मटियानी, 1959), 'शेष अशेष' (उदयशंकर भट्ट, 1960), 'जंगल के फूल' (राजेंद्र अवस्थी, 1960), 'कस्तूरी' (शानी, 1960), 'देवताओं के देश में' (बलभद्र ठाकुर, 1960), 'दूब उग आई' (शिव सागर मिश्र, 1960), 'घने और बने' (बलभद्र ठाकुर, 1961), 'पानी के प्राचीर (रामदरश मिश्र, 1961), 'नदी फिर बह चली' (हिमांशु श्रीवास्तव, 1961), 'हिरना सांबरी' (मनहर चौहान, 1962), 'चौथी मुट्ठी' (शैलेश

मटियानी, 1962), 'वन के मन में' (योगेंद्र नाथ सिन्हा, 1962), 'लहरों की छाती पर' (बलभद्र ठाकुर, 1962), 'लोक-लाज खोई' (सुरेंद्रपाल, 1963), 'मोर झाल' (श्याम परमार, 1963), 'दीर्घ तपा' (फणीश्वर नाथ रेणु, 1963), 'मोतियों वाले हाथ' (मधुकर गंगाधर, 1963), 'बुरूंश तो फूलते हैं' (हिमांशु जोशी, 1965), 'माटी के लोग सोने की नैया' (मायानंद मिश्र, 1966), 'आधा गाँव' (डॉ० राही मासूम रजा, 1966), 'गगास के तट पर' (जगदीश चन्द्र पाण्डेय, 1968), 'राग दरबारी' (श्रीलाल शुक्ल, 1968), 'कोहरे में खोए चाँदी के पहाड़' (जयप्रकाश भारती, 1968), 'जाने कितनी आँखें' (राजेंद्र अवस्थी, 1969), 'सुबह होने तक' (मधुकर गंगाधर, 1969), 'तीसरा पत्थर' (रामकुमार भ्रमर, 1969), 'आठवीं भाँवर' (आनंद प्रकाश जैन, 1969), 'मोगरा' (शिव शंकर शुक्ल, 1970), 'अकाल पुरुष' (विलास बिहारी, 1971), 'अनामा' (प्रकाशवती, 1971), 'सुबह की तलाश' (नरेंद्र देव वर्मा, 1972), 'अरण्य' (हिमांशु जोशी, 1973), 'खारे जल का गाँव' (भगवती प्रसाद शुक्ल, 1973), पलटू बाबू रोड' (फणीश्वरनाथ रेणु, 1979)।

'लाजो' एक पर्वताँचलिक उपन्यास है। अतः इस संदर्भ में पर्वताँचलिक उपन्यासों के विकास पर संक्षिप्त चर्चा करना अत्यंत महत्त्वपूर्ण है। सन् 1961-62 में प्रकाश में आए शैलेश मटियानी के पाँच उपन्यास—'चिट्ठी रसैन', 'चौथी मुट्ठी', 'हौलदार', 'मुख सरोवर के हंस' और 'एक मूठ सरसों' पर्वतीय आँचलिकता के सर्वप्रथम ज्वलंत उदाहरण हैं, जो मटियानी जी को पर्वतीय आँचलिक उपन्यासकार के रूप में प्रतिष्ठित करते हैं। शिवानी सरीखे रचनाकार भी इसी श्रेणी में आते हैं। यद्यपि पर्वतीय आँचलिकता के बीज हमें बृजनंदन सहाय की रचना 'अरण्यबाला' (रचनाकाल संदिग्ध, संभवतः 1905 के आसपास) जिसमें विन्ध्याचल के पर्वताँचल का जीवन-चित्र प्रस्तुत किया है, में भी मिलते हैं।

शैलेश मटियानी की पर्वताँचलिक परंपरा को आगे बढ़ाने वाले साहित्यकारों में हिमांशु जोशी का नाम प्रमुख है। हिमांशु जी की ऐसी अनेक रचनाएँ प्रकाशित हुईं, जिनमें कुमाऊँ की आँचलिक पृष्ठभूमि का चित्रण हुआ है। 'बुरूंश तो फूलते हैं' और 'अरण्य' इसी प्रकार के उपन्यास हैं।

पर्वतीय आँचलिकता के इस क्रम में हिमांशु जोशी के बाद शांता कुमार का नाम उल्लेखनीय है। 'लाजो' (1983) इसी कड़ी को आगे बढ़ाने वाली कृति है। काँगड़ा घाटी के पहाड़ी जीवन-पक्ष के साथ वहाँ के वासियों की वैयक्तिक विवशताओं और समस्याओं का चित्रण कर पर्वतीय आँचलिकता के नए सहज रूप का शांता कुमार ने निर्वाह किया है।

आँचलिकता के तत्त्व

किसी भी अंचल-विशेष की आँचलिकता को रचना में व्यक्त करने के लिए उसके कुछ तत्त्व होते हैं। इन्हीं तत्त्वों के माध्यम से ही आँचलिकता अपनी रूप-सज्जा एवं अर्थ को रूपायित करती है। इन तत्त्वों के अभाव में आँचलिक रचना कभी फलीभूत नहीं हो सकती। अनेक विद्वानों ने आँचलिकता के तत्त्वों का उल्लेख किया है। समष्टि रूप में आँचलिकता के तत्त्व न्यूनाधिक अंतर से लगभग एक समान ही हैं। इसमें विद्वानों को अधिक मतभेद नहीं है। वे तत्त्व हैं—

1. भौगोलिक स्थिति
2. भौगोलिक परिवेश
3. स्थानीय समस्याएँ
4. लोक-सांस्कृतिक प्रभाव
5. जनपदीय परंपराएँ

1. भौगोलिक स्थिति—आँचलिकता के संदर्भ में भौगोलिक स्थिति से तात्पर्य उस ग्राम-विशेष, क्षेत्र या अंचल से है, जो आँचलिक रचना में अवस्थित है। आँचलिक उपन्यासों के प्रकाश में आने पर ही आँचलिकता के विषय में विचार-विश्लेषण शुरू हुआ। उपन्यास-साहित्य में आँचलिकता संबंधी सभी परिभाषाओं में भौगोलिक स्थिति, अविकसित अंचल-विशेष, विशेष भू-भाग, जनपद-विशेष, क्षेत्र-विशेष, प्रदेश-विशेष, प्रांत आदि के विवेचन को स्वीकारा गया है।

अंचल का भौगोलिक विस्तार कम हो सकता है, किंतु यह अंचल संपूर्ण जनजीवन की गहन अनुभूतियाँ समेटे रहते हैं। यह अंचल भौगोलिक स्थिति के अनुसार पर्वतीय भाग हो सकते हैं, पहाड़ी की तलहटी में स्थित भू-भाग हो सकते हैं अथवा घाटी में, नदी में, नालों के घेराव में, बीहड़ वनों में या सागर की लहरों से टकराते किनारों पर भी स्थित हो सकते हैं। इन अंचलों का जीवन एक सीमित परिधि में बँधा हुआ स्थिर और अपरिवर्तनशील रहता है। वास्तव में इन अंचलों की भौगोलिक स्थितियाँ और विचित्रताएँ यहाँ के जनजीवन को बाँधे रहती हैं। अंचल-विशेष का इस प्रकार का भौगोलिक वातावरण अपने अनोखेपन के कारण भू-भागों से भिन्नता रखता है।

2. भौगोलिक परिवेश—भौगोलिक परिवेश से तात्पर्य उन प्राकृतिक परिस्थितियों से है, जिनमें कोई समाज निवास करता है। भौगोलिक परिवेश ऐसी पृष्ठभूमि है, जिस पर इतिहास करवट लेता है। प्रत्येक अंचल की भौगोलिक स्थितियाँ ही वहाँ के जनजीवन को आँचलिक परिवेश प्रदान करती हैं। वस्तुतः

भौगोलिक परिवेश से ही कोई अंचल अपनी सार्थकता प्रमाणित करता है। भौगोलिक स्थिति एवं भौगोलिक परिवेश में साम्य होते हुए भी पर्याप्त भिन्नता है। भौगोलिक स्थिति प्राकृत, जड़ और स्थिर होती है, जबकि भौगोलिक परिवेश उस अंचल-विशेष की क्रीड़ा-स्थली होता है। वहाँ के निवासी अपने जीवन को इसी परिवेश में अभिव्यक्त करते हैं। प्रकृति का यह परिवेश उस अंचल-विशेष के जनजीवन की संस्कृति को आयाम देता है। विभिन्न अंचलों के भौगोलिक परिवेश भी भिन्न-भिन्न होते हैं। हमारे देश की संस्कृति मूलतः एक होते हुए भी अनदेखे गाँवों, अंचलों में बिखरी पड़ी है, जो भिन्न प्रतीत होती है। भौगोलिक परिवेश अंचल विशेष का स्थानीय परिवेश होता है। भौगोलिक परिवेश की विशिष्टता के कारण ही वहाँ के निवासियों का जीवन विशिष्ट हो जाता है। प्राकृतिक वातावरण, जैसे—ऋतुएँ, खेत-खलिहान, प्रातः-संध्या, पक्षियों का कलरव, नदी-नालों का कलकल आदि भौगोलिक परिवेश को यथार्थ पृष्ठभूमि भी प्रदान करता है।

3. स्थानीय समस्याएँ—अंचल-विशेष भू-खंडों से दूरदराज के हिस्से होते हैं। गाँवों का जीवन सर्वथा अभावों और समस्याओं का जीवन होता है। दूरदराज के इन अंचलों में आसानी से लोगों की पहुँच नहीं हो पाती है और इसी कारण उनमें बसे हुए लोग अलग-थलग पड़ जाते हैं। अतः ऐसे भूखंडों की अपनी परिस्थितियाँ होती हैं और उन्हीं परिस्थितियों के परिणामस्वरूप आँचलिक समस्याएँ उद्‌भूत होती हैं। ऐसे अंचलों या गाँवों में बसे हुए सभी निवासी इन स्थानीय समस्याओं से जूझते हैं और उनका संपूर्ण जीवन इन समस्याओं से जूझने में ही बीत जाता है। नागार्जुन के 'बाबा बटेसरनाथ' और 'बलचनमा' इसी प्रकार के उपन्यास हैं—जिनमें जमींदारी शोषण की समस्याएँ उभारी गई हैं। ये समस्याएँ अंचल-विशेष के स्थानीय परिवेश की दी देन हैं।

4. लोक-सांस्कृतिक प्रभाव—भारत में आरंभ में लोक शब्द का प्रयोग निम्न वर्ग की पार्थिव तथा मानसिक संस्कृति को अभिव्यक्त करने के लिए उपयोग किया जाता रहा है। "... लेकिन बाद में लोक शब्द का प्रयोग आदिम मानव-समाज की जनपदीय प्रथाओं, गाथाओं, रूढ़ियों, वार्ताओं, अंध-विश्वासों से संबंधित अर्थ में लिया है।"[15] हिंदी में लोक शब्द का अर्थ अंग्रेजी के फॉक (Folk) शब्द से लिया गया है। आँचलिकता के संदर्भ में 'लोक' शब्द के साथ-साथ 'संस्कृति' की भी व्याख्या आवश्यक है। जब से मानव ने जंगली अवस्था का परित्याग किया है, तभी से मानव सभ्यता एवं उन्नति के पथ पर अग्रसर है। मैकाइबर के अनुसार—"संस्कृति मनुष्य के नैतिक, आत्मिक तथा मानसिक विकास का नाम है।"[16]

लोक-संस्कृति अंचल-विशेष के जनजीवन की पद्धति की अभिव्यक्ति होती है। आँचलिक रचनाओं के पात्रों की जो दिनचर्या है, वही लोक-संस्कृति है। भाषा, पहनावा, खान-पान, उत्सव-त्योहार, रीति-रिवाज आदि इसके तत्त्व हैं।

5. जनपदीय परंपराएँ—आँचलिक जीवन को स्थिर और सघन बनाए रखने में वहाँ की जनपदीय परंपराएँ महत्त्वपूर्ण योगदान करती हैं। जनपदीय जीवन इन परंपराओं से इस प्रकार परिचालित होता है कि यदि आँचलिकता को परंपराओं का पर्याय भी कह दिया जाए तो अतिशयोक्ति नहीं होगी। जनपदीय परंपराओं का लोककथाओं से गहरा संबंध होता है। ये परंपराएँ इतिहास-विरोधी नहीं, अपितु परिवर्तन-विरोधी होती हैं। लोक-संस्कृति के तत्त्व ही जनपदीय परंपराओं के तत्त्व भी हैं। जनपदों और अंचलों का एक-सा जातीय या वर्गगत जीवन या दिनचर्या होती है।

कहा जा सकता है कि किसी भी अंचल-विशेष की अपनी संस्कृति, रहन-सहन, रीति-रिवाज, प्राकृतिक छटा, भौगोलिक परिवेश, जनजीवन की चेतना, वर्ग-भावना, परंपराओं, अंधविश्वास एवं विभिन्न आर्थिक, सामाजिक, धार्मिक, राजनीतिक अवस्थाओं का समग्र अंकन ही आँचलिकता की अभिव्यक्ति के माध्यम हैं।

आँचलिक उपन्यास 'लाजो'

'लाजो' उपन्यास पर्वतीय आँचलिक उपन्यास है। शांता कुमार ने इस कृति के माध्यम से पाठक के सामने हिमाचल प्रदेश के एक अत्यंत पिछड़े ग्राम का चित्रण प्रस्तुत किया है। 'लाजो' उपन्यास में आँचलिकता की कसौटी पर किसी रचना को परखने के लिए जो तत्त्व अनिवार्य हैं, परिलक्षित होते हैं। 'लाजो' उपन्यास में "हिमाचल प्रदेश के काँगड़ा जिले में धौलाधार के आँचल में बसे पालमपुर व खैरा क्षेत्र, उनकी समस्याएँ और विशेषताएँ बड़ी खूबी के साथ चित्रित की गई हैं।"[17] शांता कुमार कृत 'लाजो' उपन्यास में स्थान-स्थान पर आँचलिक दृश्यों, कार्य-व्यवहारों तथा संवादों का प्रयोग हुआ है। उपन्यास का परिवेश ग्राम्य है तथा पहाड़ी गाँव के रीति-रिवाजों के दर्शन भी उपन्यास में होते हैं। डॉ॰ सुषमा विज के अनुसार 'लाजो' उपन्यास के लेखक की दृष्टि आँचलिकता के निकट गई है। इसमें शांता कुमार ने सूक्ष्म से सूक्ष्म वस्तुओं का उद्घाटन सरलतापूर्वक किया है। 'लाजो' अंचल-विशेष के सामाजिक जीवन की कथा है। इसमें वहाँ की सामाजिक मान्यताओं पर आधारित समस्याओं का उद्घाटन किया गया है। उपन्यास

की प्रासंगिक कथाएँ स्थानीय लोक-मान्यताओं, अंधविश्वासों, लोक-कथाओं एवं तरह-तरह के झूठे सामाजिक बंधनों को उजागर करती हैं।''[18]

किसी भी आँचलिक उपन्यास में आँचलिक भौगोलिक स्थिति, भौगोलिक परिवेश, स्थानीय समस्याएँ, लोक-सांस्कृतिक प्रभाव और जनपदीय परंपराओं जैसे तत्त्वों का होना अनिवार्य है, जो कि शांता कुमार के 'लाजो' उपन्यास में समाहित हैं और इन्हीं तत्त्वों के समावेश से 'लाजो' उपन्यास की आँचलिकता यथार्थपरक प्रतीत होती है। अतः यह पूर्णरूपेण स्पष्ट है कि 'लाजो' उपन्यास अपने कथ्य, परिवेश, वातावरण और भाषा की दृष्टि से आँचलिक उपन्यास है। इस उपन्यास का सृजन आँचलिक पृष्ठभूमि पर हुआ है। काँगड़ा जिले के पालमपुर, खैरा क्षेत्र में प्रचलित लोक-संस्कारों, रीति-रिवाजों, मान्यताओं, लोक-बोली, मुहावरों और लोकाचारों आदि का सुंदर चित्रण 'लाजो' उपन्यास में परिलक्षित होता है। अतः शांता कुमार की इस कृति को आँचलिक कहना निर्विवाद है।

'लाजो' उपन्यास की आँचलिकता के विषय में एक बात उल्लेखनीय है कि यह कृति पार्वतीय आँचलिक है, इसलिए पार्वतीय आँचलिक उपन्यासकारों की पंक्ति में शांता कुमार को एक सफल आँचलिक उपन्यासकार स्थापित करने में 'लाजो' उपन्यास वर्णनीय है। पार्वताँचलिक उपन्यासकारों में वृंदनंदन सहाय, शैलेश मटियानी, शिवानी, हिमांशु जोशी आदि वरिष्ठ साहित्यकारों के उपरांत शांता कुमार का नाम उल्लेखनीय है। अरण्यबाला, चिट्ठी रसैन, चौथी मुट्ठी, हौलदार, एक मूठ सरसों, बरूंश तो फूलते हैं और अरण्य जैसे पार्वतीय आँचलिक उपन्यासों के क्रम में 'लाजो' इस कड़ी को आगे बढ़ाने वाली कृति है। काँगड़ा घाटी के पहाड़ी जीवन पक्ष के साथ वहाँ के वासियों की वैयक्तिक विवशताओं और समस्याओं का चित्रण कर पार्वतीय आँचलिकता के सहज रूप का शांता कुमार ने निर्वाह किया है।

'लाजो' उपन्यास का अपना विशेष अंचल है, विशेष भौगोलिक परिवेश है, निजी सांस्कृतिक विशिष्टताएँ हैं, नदी है, नाले हैं, जंगल हैं, अपनी स्थानीय समस्याएँ हैं, अपनी विशिष्ट जनपदीय परंपराएँ तथा मान्यताएँ हैं, अपनी विशिष्ट शैली है, अपना लोक है, लोकाचार, संस्कार तथा प्रथाएँ हैं। अतः 'लाजो' उपन्यास को आँचलिक उपन्यास कहने में कोई अतिशयोक्ति नहीं है।

'लाजो' उपन्यास : सामान्य परिचय

'लाजो' शांता कुमार का दूसरा उपन्यास है। रामकुमार भ्रमर द्वारा संपादित

'शांता कुमार : समग्र साहित्य' के पहले खंड में इसे संकलित किया गया है। 'लाजो' आँचलिक उपन्यास है। इस उपन्यास का सृजन शांता कुमार ने नाहन जेल-प्रवास के दौरान किया है। 'लाजो' उपन्यास पालमपुर अंचल के ग्राम्य समाज में व्याप्त पीड़ाओं की हूक है। 'लाजो' उपन्यास लेखक की करीब से देखी हुई त्रासदी का परिणाम है। शांता कुमार के शब्दों में—"जब मैं वकालत करता था, उस समय लाजो (उपन्यास) की घटना घटी। मैंने वह मुकदमा लड़ा था। एक तहसीलदार ने सैनिक की विधवा से आर्थिक सहायता के एवज में जबरदस्ती करनी चाही। तो ये सब घटनाएँ जब आसपास घटती थीं, तो मन में बहुत पीड़ा होती थी, एक टीस-सी उठती थी।"[19] शांता कुमार के हृदय में मानवीय पीड़ा के प्रति उठने वाली हूक से ही 'लाजो' प्रसूत हुआ है।

हिमाचल प्रदेश की धरती को वीरभूमि भी कहा जाता है। विशेष तौर पर काँगड़ा, हमीरपुर और ऊना जनपदों पर यह उक्ति चरितार्थ होती है। अनेक युद्धों में यहाँ के रणबाँकुरों ने अपने प्राणों का उत्सर्ग करके देश की आन की रक्षा की है। 'लाजो' ऐसे ही फौजी जवान की विधवा की कहानी है। शहीदों की जवान विधवाओं का जीवन एक उग्र प्रश्न है और शांता कुमार ने 'लाजो' उपन्यास में इसी ज्वलंत राष्ट्रीय प्रश्न का उत्तर खोजने का प्रयत्न किया है तथा इस प्रश्न का उत्तर ढूँढ़ने में काफी हद तक सफल भी हुए हैं। 1965 के भारत-पाकिस्तान युद्ध में हाजीपीर के मोर्चे पर प्यारचंद देश की रक्षा करते हुए वीरगति को प्राप्त होता है। उसकी युवा पत्नी लाजो (लाजवंती) विधवा हो जाती है। विधवा विवाह के समर्थन में 'लाजो' को केंद्रीय पात्र बनाकर शांता कुमार ने इस आँचलिक उपन्यास का सृजन किया है।

संक्षिप्त कथानक

शांता कुमार का 'लाजो' नायिका प्रधान उपन्यास है। उपन्यास का कथानक हिमाचल प्रदेश के काँगड़ा जिले की पालमपुर तहसील के अंतर्गत एक बड़े गाँव खैरा के उपगाँव में रहने वाली लाजवंती (लाजो) के इर्द-गिर्द घूमता है। शादी के तीन दिन उपरांत ही लाजो का पति प्यारचंद भारत-पाकिस्तान युद्ध के दौरान जम्मू-कश्मीर की हाजीपीर चौकी पर शहीद हो जाता है। वृद्ध ससुर सुमेर का संग भी शीघ्र छूट जाने के कारण लाजो बेसहारा हो जाती है। पति की शहादत पर मिलने वाला सरकारी अनुदान भी लाजो को समय पर नहीं मिल पाता है। ऐसे में लाजो को अपनी वैधव्यपूर्ण जिंदगी एक लंबी खामोश सड़क की तरह नजर

आती है—जहाँ दूर-दूर तक उसे कोई आश्रय नहीं दिखता है। गाँव के दो नवयुवक रमेश और प्रेम चाहते हैं कि विधवा विवाह होना चाहिए और लाजो की भी दोबारा शादी होनी चाहिए। इस दौरान प्रेम और लाजो के बीच प्रेम अंकुरित हो उठता है। प्रेम और लाजो विवाह करना चाहते हैं, लेकिन पूरा गाँव इसके विरोध में उठ खड़ा होता है। पंचायत होती है और प्रेम के पिता उसकी इस उद्दण्डता पर प्रेम को घर से निकाल देते हैं। सामाजिक विरोध के बावजूद प्रेम लाजो से विवाह करना चाहता है, लेकिन तभी उसे पता चलता है कि लाजो की पुनः शादी होने पर उसका सारा सरकारी अनुदान वापस ले लिया जाएगा। ऐसी परिस्थिति में प्रेम बेरोजगार होने की वजह से शादी नहीं कर पाता है। अंत में प्रेम गाँव छोड़कर चला जाता है और सरकारी अफसर भगतराम को गोली से भून देता है, जिसने न तो समय पर लाजो को अनुदान दिया था, बल्कि लाजो से जबरदस्ती भी करनी चाही थी, लेकिन भगतराम प्रशासनिक पकड़ होने एवं इस ढाँचे में फैल रहे भ्रष्टाचार के कारण सजा से वंचित रह गया था। प्रेम के इस जुर्म के लिए उसे फाँसी की सजा होती है। राष्ट्रपति के विशेषाग्रह पर नाटकीय रूप से फाँसी के मौके पर प्रेम की सजा माफ हो जाती है। प्रेम और लाजो के ब्याह के साथ ही उपन्यास समाप्त हो जाता है। इस प्रकार 'लाजो' एक सुखांत उपन्यास है।

'लाजो' उपन्यास के संक्षिप्त अध्ययन से जो तथ्य उभरकर सामने आता है, वह यह है कि 'लाजो' उपन्यास एक विधवा की दुःख-भरी जिंदगी का जीता-जागता दस्तावेज है। अनेक युवा सैनिक युद्धों में वीरगति को प्राप्त होते हैं और अपने पीछे अपनी विधवाओं को छोड़ जाते हैं। वे विधवाएँ किस परिवेश में जीती हैं? कैसी-कैसी सामाजिक रूढ़ियों का शिकार होती हैं? कितना तिरस्कार पाती हैं? समाज के शुभ कार्यों में किस तरह उनकी उपस्थिति को अशुभ माना जाता है? यह सब 'लाजो' उपन्यास में लाजो के माध्यम से चरितार्थ हो उठा है। साथ ही ग्राम्य परिवेश और पहाड़ी रीति-रिवाजों ने उपन्यास के कथानक की पृष्ठभूमि में चार चाँद लगा दिए हैं। 'लाजो' उपन्यास का संपूर्ण कथानक आँचलिकता के सूत्र में गुँथा हुआ है।

प्रमुख पात्र

'लाजो' उपन्यास के पात्रों में लाजवंती (लाजो), प्रेम, रमेश, बड़ी दादी, सुमेरचंद, भगतराम और कांता आदि प्रमुख हैं। इसके अतिरिक्त रवींद, वकील, ओमप्रकाश, प्यारचंद, दीनानाथ, स्वरूप चंद, भीखूराम, डॉक्टर रामलाल,

आई० ए० एस० विश्वनाथन, कृष्णदयाल, ख्यालीराम, ध्यान आदि पात्र कथानक को आगे बढ़ाने में सहायक हैं। लाजो उपन्यास की प्रमुख स्त्री-पात्र है। उपन्यास के प्रारंभ में वह सुहागिन के रूप में चित्रित है और बाद में वह बाल-विधवा के रूप में सामने आती है। लाजो शहीद प्यारचंद की विधवा है। संपूर्ण उपन्यास में लाजो के वैधव्यपूर्ण जीवन का चित्रण कर उपन्यासकार शांता कुमार ने 'लाजो' के माध्यम से भारतीय समाज में विधवा औरत की होने वाली दुर्गति का चित्र प्रस्तुत किया है। लाजो पूरे उपन्यास में दुःख भोगने वाली युवा विधवा के रूप में ही सामने आती है, जो अनेक मानसिक तथा शारीरिक कष्ट भोगती है। लेकिन उपन्यास के अंत में 'लाजो' के ब्याह के साथ ही उसके कष्टों का निवारण हो जाता है। शांता कुमार ने 'लाजो' के माध्यम से भारतीय हिंदू आदर्श महिला का चरित्र विकसित किया है, जो आँखें मूँदकर कष्टों को भोगती है और बदले में उफ तक नहीं करती है, बल्कि अपने वैधव्य को विधि का विधान स्वीकार करती हुई अपने शील, निष्ठा और मर्यादा के दायरों में सिमटी रहती है।

बड़ी दादी पूर्णतया आँचलिक एवं ग्रामीण पात्र है। बड़ी दादी रूढ़िगत परंपराओं से ग्रस्त हिंदू पात्र है। रमेश और प्रेम आधुनिक विचारों वाले पढ़े-लिखे नौजवान हैं, जो गाँव में बदलाव चाहते हैं। रमेश और प्रेम जैसे पात्रों के माध्यम से साहित्यकार शांता कुमार का सुधारवादी दृष्टिकोण साफ झलकता है। रमेश समाज-सुधार की बातें करता है, जबकि प्रेम कथनी और करनी में विश्वास करने वाला पात्र है। प्रेम जैसे पात्र को ही आधार बनाकर डॉ० सुषमा विज लिखती हैं—"लाजो में प्रयुक्त चरित्र कहते कम हैं, व्यंजित अधिक करते हैं।"[20] प्रेम सिर्फ विधवा-विवाह की बातें ही नहीं करता है, अपितु लाजो से विवाह करके अपनी कथनी को करनी में बदल देता है। इस दृष्टिकोण से प्रेम को 'लाजो' उपन्यास का सर्वोत्कृष्ट पात्र या नायक पात्र कहना अधिक उचित है। कांता, सुमेरचंद, दीनानाथ, भीखूराम, स्वरूपचंद आदि पात्र ग्राम्य जीवन के प्रतीक हैं। इन पात्रों की बातचीत का लहजा, पहनावा तथा जीवनशैली पहाड़ी आँचलिक विशिष्टताओं की प्रतीक है। आई० ए० एस० विश्वनाथन जहाँ सच्चाई और ईमानदारी से सेवा करने वाला अधिकारी है, वहीं कृष्णदयाल, डॉ० रामलाल और भगतराम जैसे पात्र बेईमानी से पैसा बटोरने वाले तथा भ्रष्टाचार फैलाने वाले पात्र हैं। साथ ही ग्राम पंचायत में निचले स्तर पर घपले करने वाले ध्यानसिंह जैसे पात्र भी हैं, जो गाँव के सुधार-कार्यों के रुपयों से अपना घर सुधारना चाहते हैं।

'लाजो' उपन्यास के पात्र विभिन्न वर्गों से उठाए गए पात्र हैं। इन पात्रों के

क्रियाकलाप यथार्थ के अधिक निकट हैं। इसका एक कारण शांता कुमार का यथार्थवादी दृष्टिकोण है तथा अन्य कारण यह है कि 'लाजो' के पात्र महज कपोल कल्पना पर आधारित नहीं हैं, अपितु उपन्यासकार के निकट से देखे हुए पात्र हैं। शांता कुमार के 'लाजो' उपन्यास के पात्र सामाजिक पक्षधरता और मानवीय आस्था के जीवंत प्रमाण प्रतीत होते हैं।

देशकाल

उपन्यास के कथानक की घटनाएँ जिस समय या स्थान पर घटित या संबंधित होती हैं, उसे देशकाल या वातावरण कहते हैं। संबंधित समय, स्थान या परिवेश के अनुरूप पात्रों, संवादों और कथानक की पृष्ठभूमि का निर्माण करना कृति को यथार्थ के नजदीक लाने के लिए अनिवार्य शर्त है। देशकाल की दृष्टि से 'लाजो' उपन्यास का कथानक 1965 के भारत-पाकिस्तान के बीच हुए युद्ध का है। इस युद्ध के परिणामस्वरूप अनेक वीर सैनिक देश की रक्षा करते हुए वीरगति को प्राप्त हुए थे और प्यारचंद भी उन्हीं सैनिकों में से शांता कुमार द्वारा कल्पित एक सैनिक पात्र है—जिसकी मृत्यु जम्मू-कश्मीर की हाजीपीर चौकी पर दुश्मनों से लोहा लेते हुए हो जाती है। प्यारचंद की मृत्यु के उपरांत लाजो की स्थिति दयनीय हो जाती है, जिसकी मात्र तीन दिन पहले शादी हुई थी। ऐसे में रूढ़िवादी भारतीय समाज का वास्तविक रूप सामने आता है तथा भारतीय हिंदू विधवा जो कुछ सहती है, वह लाजो को भी सहना पड़ता है। भगतराम द्वारा लाजो से बलात्कार की कोशिश, प्रेम तथा लाजो के बीच अव्यक्त शब्दहीन प्रेम का अंकुरित होना, गाँव तथा प्रेम के परिवार द्वारा इसका विरोध, पंचायत, प्रेम का घर छोड़कर जाना, भगतराम की गोली मारकर हत्या, प्रेम को फाँसी होना, लाजो द्वारा जेल में प्रेम से माँग भरवाना और अंत में प्रेम की सजा माफ होना तथा प्रेम और लाजो का विवाह आदि घटनाओं पर दृष्टिपात किया जाए तो 'लाजो' उपन्यास का वातावरण, स्थान, घटना और समय अस्वाभाविक प्रतीत नहीं होता है। पात्र, संवाद, कथानक, ग्राम्य-परिवेश, नदी, पर्वत, गाँव आदि सभी देशकालिक उपादान स्वाभाविक जान पड़ते हैं। उचित समय पर एक के बाद एक घटना का क्रमबद्ध घटित होते जाना जहाँ एक ओर उपन्यास में रोचकता उत्पन्न करता है, वहीं पाठक को यह कहीं अनुभव नहीं होता है कि उपन्यास किसी कपोल-कल्पित घटना का परिणाम है।

देशकाल को स्वाभाविक बनाने के लिए शांता कुमार ने एक अन्य विशेष कार्य कथानक को वास्तविक भू-खंड या भौगोलिक परिवेश से जोड़कर किया

है। पालमपुर तहसील तथा खैरा गाँव धौलाधार पर्वतशृंखला की सुरमयी तलहटी पर बसे हैं। लाजो का गाँव यही खैरा क्षेत्र है, जो प्राकृतिक सौंदर्य से परिपूर्ण है। गाँव के एक तरफ खड्ड, दूसरी तरफ जंगल, टेढ़े-मेढ़े पहाड़ी रास्ते आदि का इतना सटीक व सजीव चित्रांकन उपन्यासकार ने 'लाजो' में किया है कि बरबस ही उपन्यास की घटनाओं को यथार्थ मानने की इच्छा होने लगती है। साथ ही आँचलिक क्षेत्र की समस्याओं, रीति-रिवाजों, रूढ़िगत परंपराओं तथा स्थानीय बोली का चित्रण उपन्यास को देशकाल या वातावरण के और करीब खींच लाया है। इस बात में कोई दो राय नहीं है कि देशकाल या वातावरण की दृष्टि से 'लाजो' उपन्यास अत्यंत स्वाभाविक तथा यथार्थपरक प्रतीत होता है।

मूल प्रतिपाद्य

शांता कुमार के उपन्यास 'लाजो' में एक तरफ जहाँ लोक-संस्कृति के परिचायक आँचलिक तत्त्व मौजूद हैं, वहीं दूसरी तरफ गहरी सामाजिकता भी परिलक्षित होती है। 'लाजो' उपन्यास में उपन्यासकार जिस प्रमुख उद्देश्य को आगे लेकर बढ़ा है, वह है विधवा-विवाह। " 'लाजो' उपन्यास राजनेता एवं उपन्यासकार शांता कुमार ने विधवा-विवाह के समर्थन में लिखा है। 1965 के भारत-पाकिस्तान युद्ध में हाजीपीर के मोर्चे पर प्यारचंद मातृभूमि की रक्षा में शहीद हो जाता है। उसकी युवा पत्नी लाजो उर्फ लाजवंती विधवा हो जाती है। विधवा-विवाह के समर्थन में लाजो के पात्र को केंद्र बनाकर इस कृति की रचना की गई हैं।"[21] डॉ॰ अग्निहोत्री के इस कथन से 'लाजो' उपन्यास का मूल प्रतिपाद्य स्वतः ही स्पष्ट हो जाता है। डॉ॰ विज ने भी इसी तथ्य को स्वीकारा है। "इसमें (लाजो) विधवा की व्यथा कथा है। हिमाचल के वीर सैनिक युद्ध में शहीद हो जाते हैं, पीछे विधवा किस परिवेश में जीती है—यह कथानक में बताया गया है। मूल रूप से विधवा-पुनर्विवाह की ज्वलंत समस्या को उठाया गया है।"[22] अतः इस बात में कोई दो राय नहीं है कि 'लाजो' उपन्यास का मूल प्रतिपाद्य विधवा-विवाह ही है। साथ ही इस समस्या का समाधान प्रेम के रूप में प्रस्तुत किया है। समाजगत, जातिगत, धर्मगत और परंपरागत भेदभाव से ऊपर उठकर प्रेम (ब्राह्मण) विधवा लाजो (राजपूत) से विवाह करके समस्त भारतीय समाज के सामने इस समस्या का सरल-सा समाधान प्रस्तुत करता है। शांता कुमार ने 'लाजो' उपन्यास के मूल उद्देश्य तक पहुँचने के लिए रूढ़िगत परंपराओं का विरोध करके, आर्थिक समस्याओं और यथार्थ जीवन का चित्रण करके तथा मनोवैज्ञानिक स्तर पर युवा विधवा स्त्री

की यौन-कुंठाओं का वर्णन करके उपन्यास के मूल उद्देश्य तक पहुँचने के लिए सहारा लिया है। समाज में व्याप्त सामाजिक आडंबरों और दिखावटी तथा खोखले रीति-रिवाजों और अंधविश्वासों का परिचय लेखक ने पाठकों से करवाया है। आधुनिक पढ़ी-लिखी युवा पीढ़ी किस तरह समाज में व्याप्त कुरीतियों तथा जाति-पाँति से संबंधित बंधनों के विरोध में उठ खड़ी हुई है, उपन्यास में दर्शनीय है।

'लाजो' उपन्यास एक ओर विधवा-विवाह के समर्थन में रचा गया जीता-जागता दस्तावेज है, वहीं दूसरी तरफ इस उपन्यास में अन्य कई सामाजिक तत्त्व भी उभरकर सामने आए हैं। भ्रष्टाचार, वर्गगत विषमता, परंपरागत खोखली रूढ़ियाँ तथा पहाड़ी गाँवों की अनेक समस्याएँ, जैसे—पानी का अभाव, यातायात के साधनों का अभाव, चिकित्सा-साधनों का अभाव तथा सरकारी तंत्र में फैल रहे भ्रष्टाचार और उस पर राजनीतिज्ञों का पीठ थपथपाना आधुनिक भ्रष्टाचार का पुराना रूप देखने को मिलता है। गाँवों के लोग आज भी पिछड़ा हुआ जीवन जी रहे हैं। लेखक का मत है कि आजादी सिर्फ शहरों तक ही सीमित होकर रह गई है, देश की आन पर जान देने के लिए वीर तैयार रहते हैं, अनाज गाँव उगाते हैं तथा सुविधाएँ शहरों को मिलती हैं। पाठक वर्ग का इन ग्रामीण समस्याओं की ओर ध्यान दिलाना इस उपन्यास का अन्य उद्देश्य स्पष्ट परिलक्षित होता है।

शांता कुमार का प्रगतिवादी तथा सुधारवादी दृष्टिकोण इस उपन्यास में द्रष्टव्य है। शांता कुमार उन साहित्यकारों में से नहीं है जो कृतियों में समस्या तो उठाते हैं, किंतु समाधान ढूँढ़ पाने में असमर्थ से नजर आते हैं। शांता कुमार ने यदि विधवा की समस्या को उठाया है तो प्रेम से लाजो का विवाह करवाकर इस समस्या का समाधान भी प्रस्तुत कर दिया है। यदि उद्देश्य की दृष्टि से 'लाजो' उपन्यास पर दृष्टिपात करें तो उपन्यास का उद्देश्य सफल है। एक बेहतर और सुधरे हुए समाज की कल्पना तो हर उपन्यासकार कर सकता है, परंतु उसका निर्माण किस प्रकार हो, यह तय कर पाना कठिन होता है। लेकिन शांता कुमार ने इसका हल प्रस्तुत किया है। रूढ़ियों, सामाजिक परंपराओं, जाति-पाँति के बंधनों तथा शोषण के खिलाफ किस तरह लड़ा जा सकता है और भ्रष्टाचार फैलाने वाले लोगों का क्या हश्र होना चाहिए—इन सब समस्याओं का समाधान उपन्यासकार ने 'लाजो' उपन्यास के माध्यम से सामने रखा है। भारतीय रूढ़िवादी समाज को बुरी तरह पछाड़ने वाली विधवा-विवाह समस्या का इतना आसान समाधान उपन्यासकार ने प्रस्तुत किया है कि विधवा-विवाह का विरोध करने वालों के सामने समर्थन के अलावा और

कोई तर्क शेष नहीं रह जाता है। स्पष्ट है कि शांता कुमार अपनी कृति 'लाजो' की सोद्देश्यता पाठक के सामने चित्रित करने में सफल सिद्ध हुए हैं।

शिल्प पक्ष

हिंदी साहित्य की उपन्यास विधा में पिछले अर्द्धशतक में विस्तृत फैलाव आया है। यह फैलाव उपन्यास के शिल्प पक्ष को विस्तृत रूप से प्रभावित कर रहा है। रचनाकार तो स्वयं रचना रच देता है, किंतु उसे व्यापक रूप से समझने के लिए उस रचना के विविध पक्षों का अध्ययन अनिवार्य हो जाता है। वस्तु पक्ष और शिल्प पक्ष को जानने के लिए मुख्यतः संवाद, भाषा और शैली इत्यादि का अध्ययन आवश्यक है।

संवाद को कथोपकथन भी कहते हैं। पात्रों द्वारा परस्पर आपस में जो वार्तालाप किया जाता है, उसे संवाद या कथोपकथन कहते हैं। कथोपकथन द्वारा कथानक आगे बढ़ता है और कथानक में रोचकता उत्पन्न होती है। शांता कुमार के 'लाजो' उपन्यास के संवाद स्वाभाविक पात्रानुकूल तथा छोटे हैं। संवादों का लघु होना औपन्यासिक शिल्प की विशिष्टता है, जिन्हें पाठक जल्द समझ जाते हैं। इन संवादों की भाषा भी पात्रानुकूल है। 'लाजो' उपन्यास के संवादों की एक अन्य विशेषता जो स्पष्ट परिलक्षित होती है, वह यह है कि पात्र जिस भाव को कहना चाहता है, वह उसके संवादों में सहज ही व्यंजित हुआ है। 'लाजो' उपन्यास के संवाद सरल, सहज और जीवंत हैं। साथ ही संवादों में संक्षिप्तता, तथ्यपरकता, सजीवता द्रष्टव्य है। कहीं-कहीं गंभीर संवाद भी परिलक्षित होते हैं जो कि कथानक में यथार्थता लाने में सहायक हैं। पात्रानुकूलता का पुट 'लाजो' उपन्यास में विशेष उल्लेखनीय है। बड़ी दादी द्वारा स्थानीय बोली, लौकिक मुहावरों, गालियों आदि के प्रयोग के प्रभाव से संवाद अधिक प्रभावोत्पादक सिद्ध हुए हैं। शांता कुमार ने 'लाजो' उपन्यास के संवादों में आँचलिक शब्दों का प्रयोग भी किया है।

भाषा उपन्यास की ही नहीं, अपितु सभी साहित्यिक विधाओं का प्राणतत्त्व है। भाषा भावनाओं और विचारों की संवाहिका होती है। इसके संवाहक तत्त्व मुहावरे, लोकोक्तियाँ, सूक्तियाँ, बिंब, अलंकार आदि होते हैं। 'लाजो' उपन्यास की भाषा अत्यंत सरल, सुबोध तथा भावगम्य है। शांता कुमार के 'लाजो' उपन्यास की भाषा को मुहावरेदार तो नहीं कहा जा सकता है, परंतु आम बोलचाल के मुहावरों का प्रयोग दृष्टिगत होता है। सूक्तियों का प्रयोग शांता कुमार की शैलीगत विशिष्टता है। 'लाजो' उपन्यास में प्रयुक्त सूक्तियाँ आम जीवन की व्यथा-पीड़ा

के दर्शन से संबंधित हैं। एक अन्य बात 'लाजो' उपन्यास की भाषा में उल्लेखनीय है, वह है—आँचलिक भाषा तथा आँचलिक शब्दों का प्रयोग। स्वाभाविक है कि आँचलिक उपन्यासों में आँचलिक भाषा का प्रयोग अनिवार्य रूप से होता है। 'लाजो' उपन्यास में काँगड़ा जिले के पालमपुर तथा खैरा क्षेत्र के इर्द-गिर्द की लोक-संस्कृति, भाषा और प्रकृति को उकेरा गया है। इसी कारण शुद्ध आँचलिक पात्र बड़ी दादी का प्रत्येक संवाद स्थानीय बोली में ही है, साथ ही साथ स्थानीय मुहावरों और सूक्तियों का प्रयोग भी आँचलिक भाषा में द्रष्टव्य है। संपूर्ण उपन्यास की भाषा पर अगर दृष्टिपात किया जाए जो स्पष्ट होता है कि पूरे उपन्यास में भाषा निरंतर प्रवहमान है, जो अपने साथ भावों, पात्रों तथा घटनाओं का विशेष प्रभाव लेकर चलती है। शांता कुमार की भाषा सार्थक शब्दों में अपने आशय को स्पष्ट करने में सफल है।

प्रत्येक साहित्यकार के सृजन की अपनी विशिष्ट शैली होती है—जिसमें वह अपनी कृति को अभिव्यक्ति प्रदान करता है। शैली को अंग्रेजी में 'स्टाइल' कहा जाता है। किसी भी कृति में कथ्य को प्रस्तुत करने के ढंग को शैली कहा जाता है। शैली के कई भेद होते हैं—जैसे प्रतीकात्मक, वर्णनात्मक, खंडन-मंडन, पत्रक, भावनात्मक, मनोविश्लेषणात्मक, व्यंग्यात्मक, आत्मपरक, डायरी, दार्शनिक, पूर्वदीप्तिपरक, आलंकारिक और सूक्तिपरक आदि। 'लाजो' उपन्यास में वर्णनात्मक शैली दिखाई पड़ती है। डॉ० विज के अनुसार—''यह उपन्यास वर्णनात्मक शैली पर आधारित है, जो व्यक्ति के मनोविश्लेषण से होता हुआ समाज-सापेक्ष हो जाता है।''[23] भावनात्मक, व्यंग्यात्मक, दार्शनिक तथा आलंकारिक शैली के दर्शन भी यत्र-तत्र होते हैं। उपन्यास में मुख्यतः वर्णनात्मक शैली की ही प्रधानता है। शांता कुमार की इस शैली में गद्यत्व का गुण है, जिससे शैली रोचक एवं आकर्षक बन पड़ी है। प्रकृति के वर्णन में आलंकारिक तथा वर्णनात्मक शैली का समन्वय विशेष दर्शनीय है।

'लाजो' के उपर्युक्त अध्ययन से यह तथ्य सामने आता है कि 'लाजो' एक मौलिक कृति है। 'लाजो' का कथानक, पात्र, प्रतिपाद्य तथा परिवेश सर्वथा नवीन तथा मौलिक हैं। उपन्यास में आँचलिक तत्त्व मौजूद हैं, जो कि शांता कुमार को एक आँचलिक साहित्यकार स्थापित कराने के लिए पर्याप्त हैं। शांता कुमार नें नजदीक से देखे तथा जाँचे-परखे पात्र इस उपन्यास में विकसित किए हैं। कला पक्ष पर संक्षिप्त अध्ययन से यह स्पष्ट है कि लेखक की शैली, संवाद सर्वथा निजी हैं।

'लाजो' उपन्यास में आँचलिक परिवेश होने के कारण लोक-संस्कृति का संग्रहण भी हुआ है, जो हमारे विवेच्य विषय के लिए नितांत आवश्यक है। निष्कर्षतः 'लाजो' एक उद्देश्यपरक, सुधारवादी, प्रगतिवादी कृति है।

लोक-जीवन का परिचायक उपन्यास 'मृगतृष्णा'

राजनीति के प्रति शांता कुमार की गहरी समझ-बूझ है तथा राजनीति के क्षेत्र में वे तल तक पहुँचे हैं। वे उन राजनीतिज्ञों में से नहीं हैं, जिन्हें राजनीति में गद्दी का मोह रहता है। यही कारण है कि वे राजनीति में रहते हुए भी राजनीति के रंग में नहीं रँग पाए हैं, अपितु एक समीक्षक की तरह राजनीति को समझते-परखते रहे हैं और अनुभव जुटाते रहे हैं।

भारतीय लोकतंत्र की राजनीति में इस समय विखंडन का दौर चल रहा है। अनेक राजनीतिक व्यक्ति गद्दी पाने के लिए जोड़-तोड़ की राजनीति खेल रहे हैं। भारतीय जीवन-मूल्यों और आदर्शों से आधुनिक राजनीतिज्ञों का दूर-दूर तक कोई सरोकार नहीं रह गया है। भ्रष्टाचार फैलाना, घपले-घोटाले करना आज का राजनीतिज्ञ अपना सर्वप्रथम कार्य समझने लगा है, जिससे पूरे विश्व में भारतीय राजनीति और प्रजातंत्र की छवि धूमिल हुई है। इसी कारण भारतीय लोकतंत्र आज विखंडन के दौर से गुजर रहा है। लेकिन राजनीति में इन सबसे दूर रहकर अपनी राजनीतिक छवि पर कोई आँच न आने देने वाले राजनीतिज्ञों में से शांता कुमार का नाम उल्लेखनीय है। दल-बदल, खरीद-फरोख्त तथा व्यापार की राजनीति से शांता कुमार हमेशा दूर रहे हैं। यही कारण है कि राजनीति के इन दुर्दिनों में भी शांता कुमार का दामन बिलकुल पाक-साफ है।

राजनीति में इस समय जो कुछ घट रहा है तथा स्वतंत्रता के पश्चात् राजनीति का जो स्तर गिरा है, शांता कुमार ने यह सब करीब से देखा है तथा साक्षात् अनुभव किया है। 'राजनीति की शतरंज' इसका जीता-जागता प्रमाण है। लेकिन शांता कुमार ने स्वीकार किया है कि यह सब नाकाफी था। फलतः 'मृगतृष्णा' उपन्यास का सृजन हुआ। 'मृगतृष्णा' उपन्यास राजनीति में व्याप्त धन, सुरा और सुंदरी का दस्तावेज है। राजनीतिज्ञों के भोग-विलास तथा ऐशपरस्त जीवन का चित्रांकन 'मृगतृष्णा' में हुआ है। 'मृगतृष्णा' में चित्रित राजनीतिज्ञ अपने धर्म से पूर्णतः हटकर, लोक-सेवा की भावना को ताक पर रखकर सुरा-सुंदरी में इतने खो गए हैं कि उन्हें किसी कानून या नियम का डर नहीं है। राजनीति की आज की विडंबना 'मृगतृष्णा' में प्रत्यक्ष दिखाई देती है।

यही कारण है कि विद्वानों ने 'मृगतृष्णा' को 'राजनीतिक उपन्यास' सिद्ध करने का प्रयत्न किया है। लेकिन मैं 'मृगतृष्णा' उपन्यास को राजनीतिक उपन्यास स्वीकार करने में तनिक हिचकिचाहट अनुभव कर रहा हूँ। यह निर्विवाद सत्य है कि 'मृगतृष्णा' उपन्यास में राजनीतिक भोग-विलास का सजीव अंकन हुआ है। लेकिन इस तथ्य को दरकिनार नहीं किया जा सकता है कि 'मृगतृष्णा' का परिवेश आँचलिक है। उसके कई पात्र, यहाँ तक कि नायिका भी आँचलिक है। कथानक की अनेक घटनाएँ, प्रकृति, पर्व तथा आधे से अधिक वातावरण पूर्णतः आँचलिक है। हिमाचल प्रदेश के काँगड़ा, कुल्लू तथा लाहौल-स्पीति घाटियों के लोक-जीवन तथा प्रकृति के दर्शन भी 'मृगतृष्णा' में उल्लेखनीय हैं। कहने का आशय यह है कि 'मृगतृष्णा' का आधे से अधिक परिवेश, घटनाएँ, प्रकृति व कुछ पात्र आँचलिक हैं। इसका अभिप्राय यह कतई नहीं है कि 'मृगतृष्णा' आँचलिक उपन्यास है। लेकिन मैं इस पर राजनीतिक उपन्यास की मोहर नहीं लगा सकता। 'मृगतृष्णा' को एक सफल औपन्यासिक कृति अवश्य माना जा सकता है, लेकिन राजनीतिक उपन्यास का लेबल चिपकाना मुझे अतिशयोक्ति प्रतीत होती है।

हमारा विवेच्य विषय लोक-संस्कृति है। 'मृगतृष्णा' उपन्यास की यदि संपूर्ण राजनीतिक घटनाओं को अलग करके अध्ययन किया जाए तो शेष जो बचता है— वह है हिमाचल प्रदेश का आँचलिक परिवेश और गहरी मानवीय संवेदनाएँ। इस आँचलिक परिवेश में काँगड़ा, कुल्लू तथा लाहौल-स्पीति जनपदों के प्राकृतिक सौंदर्य, लोक-जीवन, मेले तथा अंचल की ऐतिहासिक विवरणात्मकता दर्शनीय है। यही कारण है कि शांता कुमार के 'मृगतृष्णा' उपन्यास को मैंने अपने विवेच्य विषय के लिए चुना है। अतः 'मृगतृष्णा' उपन्यास का संक्षिप्त अध्ययन यहाँ आवश्यक है।

'मृगतृष्णा' उपन्यास : सामान्य परिचय

'मृगतृष्णा' शांता कुमार का चौथा उपन्यास है। यह 1986 में प्रकाशित हुआ है। रामकुमार भ्रमर द्वारा संपादित 'शांता कुमार : समग्र साहित्य'[24] के प्रथम खंड में भी 'मृगतृष्णा' का संकलन हुआ है। 'मृगतृष्णा' एक लंबा उपन्यास है। शांता कुमार ने इसे छियासठ भागों में विभक्त किया है। डॉ॰ अग्निहोत्री ने 'मृगतृष्णा' को कालजयी कृति माना है। उनका मत है कि "शांता कुमार एक प्रतिष्ठत राजनेता ही नहीं हैं, बल्कि उन्होंने 'मृगतृष्णा' के रूप में एक कालजयी उपन्यास की रचना करके हिंदी साहित्य के इतिहास में अपना स्थान अमर कर लिया है।"[25] वास्तव

में 'मृगतृष्णा' जहाँ एक ओर राजनीतिक उपभोग तथा धन, सुंदरी और सुरा के उपभोग की कहानी है, वहीं दूसरी ओर इसमें मानवीय संवेदनाओं की गहरी अनुभूति है। इस उपन्यास में राजनीति में फैल रही बुराइयों की बखिया उधेड़ी गई है। साथ ही एक कोमल, शरद समीर-सी प्रेमकथा का मंद प्रवाह भी 'मृगतृष्णा' में हुआ है। राजनीति में साँप की तरह फन फैलाकर बैठे भ्रष्टाचार ने वर्तमान सामाजिक जीवन को सर्वाधिक प्रभावित और त्रस्त किया है, जिसके चलते आम व्यक्ति की बहुमूल्य राजनीतिक, सामाजिक तथा आर्थिक मान्यताओं को गहरी ठेस पहुँची है। राजनीतिक भ्रष्टाचार के कारण जनसाधारण की लोकतंत्र से आस्था समाप्त होती जा रही है तथा उसके जीवन आदर्श भी बदल रहे हैं। उसकी संवेदनाएँ आहत हो रही हैं। शांता कुमार ने स्वयं स्वीकार किया है कि " 'मृगतृष्णा' मानवीय संवेदनाओं की सूक्ष्म अनुभूति है। पिछले चार दशकों में देश की राजनीति को जितना करीब से देखा है, उससे कहीं और निकट से राजनीति से त्रस्त समाज की दुर्दशा को मैंने महसूस किया है।"[26] यही कारण है 'मृगतृष्णा' में राजनीति से प्रभावित समाज का सुंदर चित्रांकन हुआ है। अतः राजनीतिक और सामाजिक दोनों ही दृष्टि से 'मृगतृष्णा' एक महत्त्वपूर्ण कृति है।

स्वाधीनता के पश्चात् भारतीय राजनीति और भारतीय समाज में जो परिवर्तन हुए हैं तथा जिस प्रकार भारतीय लोकतंत्र की आधार राजनीतिक संस्थाओं का नैतिक पतन हुआ है, 'मृगतृष्णा' में इन सब घटनाओं का चित्रण है। भारत की दलीय राजनीति का भयंकर रूप इस उपन्यास में दृष्टिगोचर होता है।

'मृगतृष्णा' प्रभावोत्पादक तथा रोचक उपन्यास है। लेखक का यथार्थवादी दृष्टिकोण उपन्यास में परिलक्षित होता है। शांता कुमार की सुदृढ़ राष्ट्र-निर्माण की निष्ठा 'मृगतृष्णा' में दिखाई देती है। उपन्यास में राजनीतिक घटनाओं को यथार्थ के धरातल पर उतारा गया है। स्त्री के प्रति गहरी संवेदना उपन्यास को जीवंतता प्रदान करती है। समाज में फैल रहे भ्रष्टाचार में भोला-भाला अनजान व्यक्ति किस प्रकार फँस जाता है, यह उपन्यास में दिखाया गया है। शांता कुमार अपने अन्य उपन्यासों की भाँति अपने आँचलिक मोह से 'मृगतृष्णा' में भी अछूते नहीं रह पाए हैं।

संक्षिप्त कथानक

शांता कुमार ने 'मृगतृष्णा' उपन्यास का कथानक फ्लैश बैक पद्धति (पूर्व-दीप्ति शैली) में प्रस्तुत किया है। 'मृगतृष्णा' नायक-प्रधान उपन्यास है। उपन्यास

का आरंभ दिल्ली से होता है, जहाँ एक वृद्ध औरत प्रधानमंत्री से मिलने के असफल प्रयासों से हताश होकर आत्महत्या कर लेती है। इसके उपरांत उपन्यास की मूल कहानी प्रारंभ होती है। दिल्ली निवासी प्रमोद भारतीय पुलिस अधिकारी चयनित हुआ है और उसकी प्रथम नियुक्ति कुल्लू नगर में हुई है। कुल्लू जाते वक्त सफर में प्रमोद की मित्रता रीता नाम की स्त्री से होती है। रीता एक उच्छृंखल, सुविधाभोगी, भोग-विलास में लिप्त शादीशुदा औरत है, जो पति के साथ तो रहती है, लेकिन दोनों में पति-पत्नी जैसा संबंध नहीं है। रीता को वेश्या कहने के बीच एक महीन लकीर खींची हुई है।

कुल्लू के दशहरा मेले में प्रमोद की मुलाकात सावित्री नामक युवती से होती है। औपचारिक परिचय तक न होने के बावजूद प्रमोद के मन में सावित्री के प्रति प्रेम पनप उठता है। इसी दौरान प्रमोद अपने थाने के कर्मचारी खुशहाल को ड्यूटी के दौरान झगड़ा करने और हुड़दंग मचाने के लिए हवालात में डाल देता है। क्योंकि खुशहाल स्थानीय एम॰ एल॰ ए॰ बुधसिंह ठाकुर का भतीजा है, इसलिए वरिष्ठ अधिकारी तथा ठाकुर और शर्मा (जो मंत्री है) जैसे नेता खुशहाल को रिहा करने के लिए प्रमोद पर दबाव डालते हैं। खुशहाल अकसर शराब पीकर लोगों को तथा अपने अधिकारियों को डराता-धमकाता था। अतः प्रमोद उसे रिहा करने से इंकार कर देता है। बदले की भावना से प्रमोद को निलंबित करके उसका स्थानांतरण दुर्गम पहाड़ी क्षेत्र केलांग कर दिया जाता है। प्रमोद केलांग रवाना होने से पूर्व मेले में मिली अनजान लड़की से मिलना चाहता है। प्रमोद का सहयोगी कर्मचारी शंकर उस लड़की को ढूँढ़ने की नाकाम कोशिश करता है।

रीता का ठाकुर से आत्मीय संबंध है। असंतुष्ट विधायकों ने मुख्यमंत्री विशाल सिंह के समर्थक विधायकों को तोड़ने के लिए बैठक बुलाई है। ठाकुर रीता को साथ लेकर बैठक में शामिल होता है। बैठक में मुख्यमंत्री के समर्थक विधायकों को तोड़ने के लिए अपनाए जाने वाले हथकंडों पर विचार होता है। धन, सुरा तथा रीता की कमनीय काया को विधायकों को तोड़ने के लिए मुख्य हथियार के रूप में पेश किया जाता है।

खुशहाल प्रमोद का तबादला केलांग से भी अधिक पिछड़े और अति दुर्गम पहाड़ी क्षेत्र काजा में करवा देता है। काजा एक ऐसा क्षेत्र है जो भयंकर बर्फबारी के कारण महीनों शेष प्रदेश से अलग-थलग पड़ जाता है। बर्फ पिघलने पर डाक और अखबार प्रमोद को मिलती है। अखबार द्वारा प्रमोद को ज्ञात होता है कि सावित्री कुल्लू के एक सरकारी स्कूल में अध्यापिका है। प्रमोद तुरंत शंकर व

सावित्री को पत्र भेजता है कि वह शीघ्र ही कुल्लू पहुँच रहा है। उत्साह व प्रसन्नता से कुल्लू के लिए प्रमोद अपना पैदल सफर शुरू करता है, किंतु रास्ते में बर्फीले तूफ़ान में फँस जाता है। इधर सावित्री पत्र पाकर प्रसन्न तो होती है, लेकिन कई दिन बीतने पर भी प्रमोद कुल्लू नहीं पहुँचता है तो वह चिंतित हो जाती है। शंकर प्रमोद का पता लगाने के लिए हरसंभव कोशिश करता है और अंत में यह मान लेता है कि प्रमोद उस तूफानी बवंडर में खो गया है, जहाँ कोई जीवित नहीं बचता है। सावित्री यह मानने को तैयार नहीं होती है और वह प्रमोद के जीवन के लिए मंदिरों में दुआएँ माँगती है।

राजनीतिक उथल-पुथल अपने चरम पर है। मुख्यमंत्री के समर्थक विधायकों को तोड़ने में शर्मा और ठाकुर जुटे हैं। ठाकुर तथा पवन आदि विधायक शर्मा को मुख्यमंत्री बनाना चाहते हैं, इसलिए विशाल सिंह के खिलाफ शिकायत-पत्र तैयार करते हैं। असंतुष्ट विधायक अपनी पार्टी के अखिल भारतीय सचिव से मिलकर विशाल को अपदस्थ करने की बात करते हैं तथा अन्य संसदीय सदस्यों को पटाने के लिए रीता के यौवन का इस्तेमाल करते हैं। शर्मा मुख्यमंत्री बनने के सपने सँजो रहा है। इसी बीच रीता विधायक पन्नालाल से मिल गई है। राजनीतिक उठा-पटक होती है। अनेक कुचक्रों का दौर चलता है। धन-दौलत, शराब और यौवन के दाँव धड़ाधड़ चलते हैं। अंत में हाईकमांड पवनलाल को मुख्यमंत्री नियुक्त करता है।

बर्फ पिघलने पर सीमा सुरक्षा बल के जवान प्रमोद को खोज निकालते हैं, जो महीनों ग्लेशियरों से घिरे एक कमरे में कैद था। प्रमोद और सावित्री का कुल्लू के ऐतिहासिक हिडिम्बा मंदिर में मिलन होता है। तत्पश्चात् पारिवारिक सहमति से दोनों का विवाह हो जाता है। विवाह के बाद प्रमोद पुलिस की नौकरी छोड़कर सेना का अधिकारी हो जाता है तथा दोनों पति-पत्नी दिल्ली में अपना सुखी जीवन व्यतीत करने लगते हैं।

सेना में प्रमोद की मित्रता ऐशपरस्त किशोर गुप्ता से होती है। किशोर और उसकी पत्नी उन तथाकथित आधुनिक लोगों में से हैं, जिनका हर दिन, हर रात क्लबों में व्यतीत होती है। एक पुरुष या एक स्त्री का होकर रहना उनकी संस्कृति में शामिल नहीं है। प्रमोद किशोर के रंग में रँगता जाता है। उसका शराब पीना, देर रात तक घर से बाहर रहना, शराब पीकर घर आना आम बात हो गई है। प्रमोद सावित्री को भी अपनी तरह आधुनिक बनाने के लिए उकसाता है; लेकिन सावित्री आदर्श भारतीय नारी है, जिसे यह सब कबूल नहीं है। प्रमोद की पूरी जीवन-शैली बदल गई है। अब वह अन्याय के खिलाफ एक शब्द भी नहीं बोलता है।

उसके खर्चों का पैर चादर से बाहर हो रहा है। किशोर के साथ मिलकर वह अनुचित तरीके से धन भी कमाने लग गया है।

सावित्री उसे बहुत समझाती है, लेकिन वह सही राह पर आने को कतई तैयार नहीं है। इसी बीच सावित्री तीन पुत्रियों को जन्म दे चुकी है। प्रमोद की हरकतों से परेशान होकर वह आत्महत्या करना चाहती है, परंतु मासूम तीन बच्चियाँ उसे ममतापाश में बाँधे रखती हैं। समय अबाध गति से बीतता जाता है। तीनों बेटियाँ जवान हो रही हैं। घर का खर्च बढ़ गया है, परंतु प्रमोद घर की जिम्मेदारी से भी अनभिज्ञ है। उसकी सारी तनख्वाह ऐशपरस्ती में खर्च हो जाती है।

प्रमोद का परिचय गुरुचरन नामक व्यक्ति से होता है, जो दिल्ली का एक प्रभावशाली राजनीतिज्ञ है। गुरुचरन का प्रमोद के घर आना-जाना शुरू हो गया है। सावित्री और प्रमोद की मँझली बेटी ऋतु गुरुचरन के प्रति आकर्षित हो रही है। प्रमोद के भोग-विलासी जीवन का असर ऋतु पर परिलक्षित होता है। वह रात-रात-भर घर नहीं आती है। इसी बीच प्रमोद और किशोर के काले चिट्ठे खुलते हैं। दोनों को गिरफ्तार कर लिया जाता है। सावित्री पर मुसीबतों का पहाड़ टूट पड़ता है। ऋतु की हरकतों से सावित्री पहले ही अधिक परेशान थी, उस पर प्रमोद की गिरफ्तारी उसके मर्म को भेद देती है। अपने सुहाग की अंतिम निशानी मंगलसूत्र तक बेचकर भी वह प्रमोद को सजा होने से नहीं बचा पाती है। प्रमोद और किशोर को अदालत चार वर्ष के कारावास की सजा देती है। जड़ होती जा रही सावित्री अपनी तीनों पुत्रियों को लेकर अंबाला आ जाती है तथा अध्यापन-कार्य करके अपनी गुजर-बसर शुरू करती है। सावित्री कभी-कभार जेल जाकर प्रमोद से मिल आती है। प्रमोद जेल में पश्चात्ताप की ज्वाला में धधक रहा है।

गुरुचरन का राजनीतिक दौरों में अंबाला आना-जाना है तथा ऋतु से बदस्तूर उसके शारीरिक संबंध जारी हैं। ऋतु गर्भवती हो जाती है, लेकिन गुरुचरन उसे मंत्री बनने के बाद शादी करने का बहाना बनाकर टालता रहता है। ऋतु गुरुचरन का मंतव्य समझ जाती है और उसे बेनकाब करने की बात करती है। योजनाबद्ध तरीके से गुरुचरन ऋतु की हत्या करवा देता है। इसी बीच सावित्री अपनी बड़ी बेटी सुरेखा की शादी करवाकर तनिक सुकून अनुभव करती है कि तभी ऋतु की मृत्यु का समाचार उसे पूरी तरह झकझोर देता है। गुरुचरन को सजा दिलवाने की सावित्री भरसक कोशिश करती है, परंतु हत्या का आरोप साबित न होने पर गुरुचरन बच जाता है। प्रमोद जेल से रिहा होता है, परंतु सावित्री अब उसके पास

रहने से इंकार कर देती है। अपनी सबसे छोटी बेटी पुनीता प्रमोद को सौंपकर वह अपने अंतिम उद्देश्य, गुरुचरन को सजा दिलवाने के लिए दिल्ली की सड़कों पर घूमने लगती है। अपनी बेटी के हत्यारे को सजा दिलवाने के लिए वह प्रधानमंत्री से मिलना चाहती है, किंतु गुरुचरन उसके मार्ग में आ जाता है। हताश अवस्था में सावित्री प्रधानमंत्री निवास के बाहर आत्महत्या करके मृत्यु का वरण कर लेती है और गुरुचरन को मंत्री बना दिया जाता है।

'मृगतृष्णा' के कथानक से स्पष्ट है कि इस उपन्यास का कथानक एक विस्तृत पटल पर फैला हुआ है। कथानक घटनाप्रधान है। राजनीतिक उपभोग का चित्रण दर्शनीय है। प्रासंगिक कथाओं की इस उपन्यास में जैसे बाढ़ आ गई है। उपन्यासकार ने यथार्थवादी दृष्टि से राजनीति की नग्नता को उघाड़ कर रख दिया है। "कथानक की दृष्टि से दोनों कहानियाँ समांतर चलती हैं। संयोग दोनों कहानियों का बहुत कम है। ऐसा लगता है कि जैसे दो उपन्यास हों। प्रेम-कहानी समस्यात्मक-कहानी के समानांतर चलती है। कभी-कभी पाठक का ध्यान असामान्य रूप से कहानी से अलग होता प्रतीत होता है।" प्रमोद और सावित्री की एक अलग कथा है; जबकि राजनीति के दाँव-पेचों में उलझी एक अन्य कथा है। डॉ॰ विज का मानना उपयुक्त है कि दोनों कहानियों में न कोई सामंजस्य है, न ही कोई संबंध।

प्रमुख पात्र

हिमाचली साहित्यकार शांता कुमार के 'मृगतृष्णा' उपन्यास में पात्रों की भरमार है। प्रमुख पात्रों में प्रमोद तथा सावित्री हैं। ऋतु, गुरुचरन, रीता, बुधसिंह ठाकुर, धनवंतराम शर्मा, प्रणधीर, किशोर गुप्ता, शंकर, खुशहाल, विशालसिंह, सुरेखा, पवनलाल, प्रकाश वर्मा, प्रेम, रंजीत कपूर, नंबरदार, मुंशी, राधाकृष्ण, हरिशंकर, बनवारीलाल, रोशनसिंह, सुरेखा, पुनीता, सुनील, संपादक, विमल, प्रवीण, प्रतिभा, सुनीता, प्रणीता आदि उपन्यास के अन्य पात्र हैं। प्रमोद उपन्याास का नायक है। ईमानदारी और कर्तव्यपरायणता भारतीय पुलिस अधिकारी प्रमोद को जब निलंबन और स्थानांतरण के अलावा कुछ नहीं देती है तो वह अपने उच्चादर्शों, कर्तव्यों और ईमानदारी को ताक पर रखकर सेना का अधिकारी बनकर गैरकानूनी तरीके से धन कमाने में भी गुरेज नहीं करता है। प्रमोद के समग्र चारित्रिक अध्ययन से स्पष्ट होता है कि प्रमोद सर्वभोगी है। प्रेम, खुशी, वैभव, धन, ऐश्वर्य तथा अंत में जेल तक को प्रमोद भोगता है। अंत में पश्चात्ताप ही उसके हिस्से आता है। प्रमोद के माध्यम से शांता कुमार ने आज के उच्चाकांक्षी युवा वर्ग का उदाहरण

प्रस्तुत किया है। धन-दौलत तथा भोग-विलास की चाह किस प्रकार पारिवारिक खुशियों में ग्रहण लगाती है तथा मनुष्य को भटकाती हुई वहाँ पहुँचा देती है—जहाँ असंतुष्टि के अलावा कुछ नहीं प्राप्त होता है, मात्र पश्चात्ताप ही हिस्से आता है। प्रमोद के माध्यम से शांता कुमार ने समाज को यह समझाने का प्रयत्न किया है।

सावित्री 'मृगतृष्णा' उपन्यास की प्रमुख नारी पात्र है। सावित्री एक ऐसी नारी है जो अपने प्रेमी प्रमोद के लिए सर्वस्व न्योछावर कर देती है, परंतु बदले में प्रमोद से उसे जिल्लत, घुटन, अकेलापन और दुःख ही मिलता है। वह सारी उम्र कष्ट भोगती है। पत्नी धर्म को निभाते हुए वह प्रमोद को बचाने के लिए अपने सुहाग के चिह्न आभूषणों को भी बेच देती है। सावित्री के रूप में शांता कुमार ने भारतीय आदर्श नारी का चित्र प्रस्तुत किया है। ऋतु जैसी औलाद, जो सारी उम्र सावित्री को सिवाय बदनामी के कुछ नहीं देती है, अंत में उसी के हत्यारे को सजा दिलवाने में नाकाम होने पर सावित्री अपने प्राणों का उत्सर्ग कर देती है। "शांता कुमार की सहानुभूति नारी वर्ग के प्रति रही है। 'मृगतृष्णा' उपन्यास में रीता तथा ऋतु जैसे सन्दर्भ उनकी इस सहानुभूति के परिचायक हैं।''[27] युवावस्था में कदम रखने वाली नवयुवतियों को सचेत बने रहने के लिए ऋतु का उदाहरण काफी है। भारत की संसदीय और दलीय राजनीति से पहचान कराने वाले ठाकुर तथा शर्मा जैसे पात्र भी इसी समाज के अंग हैं। पवनलाल जैसे नेताओं की आज की राजनीति में भरमार है, जो मौका देखकर दाँव लगाते हैं और कुर्सी हासिल कर लेते हैं। उपन्यास के लगभग सभी राजनीतिज्ञ पात्र भ्रष्ट तथा चोर हैं। गुरुचरन सिंह हमारी भ्रष्ट राजनीति के लिए मोहर के समान है जो अपनी झूठी प्रतिष्ठा तथा मान को बनाए रखने के लिए खून तक करवा सकता है। गुरुचरन के माध्यम से शांता कुमार ने कामजनित राजनीतिज्ञों की भ्रष्टता और कमीनेपन का चित्र प्रस्तुत किया है।

'मृगतृष्णा' उपन्यास के पात्रों का यदि विभाजन किया जाए तो इसमें एक तरफ सामाजिक पात्र हैं तथा दूसरी तरफ राजनीतिक पात्र। सामाजिक पात्र प्रमोद, सावित्री आदि हैं तथा ठाकुर, शर्मा, पवन आदि राजनीतिक पात्र हैं। संपूर्ण कथानक में ये पात्र अपने-अपने क्षेत्र में होने वाली घटनाओं के प्रमुख घटक हैं, इसलिए डॉ० अग्निहोत्री ने 'मृगतृष्णा' उपन्यास को सामाजिक तथा राजनीतिक दोनों ही दृष्टियों से अमूल्य माना है।

देशकाल

शांता कुमार ने 'मृगतृष्णा' का सृजन उस समय किया है, जब वे हिमाचल

प्रदेश के मुख्यमंत्री पद पर आसीन थे। स्वयं राजनीति का अंग होने के कारण ही शांता कुमार 'मृगतृष्णा' उपन्यास में राजनीतिक घटनाओं का इतना सजीव और यथार्थपरक चित्रांकन करने में सफल हुए हैं। आपातकाल के दौरान अनेक गैर-कांग्रेसी राजनेता जेल के भय से कांग्रेस में चले गए। आपातकाल के बाद देश में सत्ता-परिवर्तन तो अवश्य हुआ, लेकिन जनता दल के विभाजन ने दल-बदल की राजनीति को जन्म दिया। जनता दल शासन के दौरान भी शांता कुमार हिमाचल प्रदेश के मुख्यमंत्री थे तथा अपने ही राजनीतिक दल के विधायकों के विरोध, असंतोष और षड्यंत्र का शिकार उन्हें होना पड़ा था। शांता कुमार के संस्मरणों 'राजनीति की शतरंज' के अध्ययन से यह स्पष्ट होता है। शांता कुमार स्वयं लिखते हैं, ''राजनीति की शतरंज के बाद भी बहुत कुछ अभी था, जो संस्मरणों के दायरे से बाहर था, लेकिन जिंदगी के बहुत करीब था। उसे भी पाठकों से साँझा करने का लोभ संवरण नहीं कर पाया। बहुत-से अनुभव संस्मरणों के दायरे में रहते अभिव्यक्त नहीं हो पाए। उन्हें पाठकों तक पहुँचाने के लिए दिल छटपटाता रहा... तब मैंने 'मृगतृष्णा' उपन्यास लिखा है।''[28] स्पष्ट है कि भले ही 'मृगतृष्णा' 1986 में प्रकाशित हुआ है, लेकिन इसका कथानक तथा देशकाल आपातकाल के बाद का प्रतीत होता है। आपातकाल के बाद का काल देश में राजनीतिक पतन का काल भी कहा जा सकता है।

शांता कुमार ने पात्रों, घटनाओं, स्थानों तथा प्रकृति के जिन उपादानों का चयन उपन्यास के लिए किया है, वह सर्वथा देशकाल या वातावरण के अनुकूल हैं। शांता कुमार ने स्वयं भोगा है तथा अनुभव किया है कि प्रमोद जैसे साहसी तथा कर्मठ अधिकारियों को राजनेता जब चाहें, अपने स्वार्थों तथा सगे-संबंधियों के तथाकथित हित के लिए निलंबित या स्थानांतरित कर सकते हैं। विधायक स्तर के राजनेता 'येन-केन-प्रकारेण' किसी भी प्रदेश की सत्ता को हिला सकते हैं। जनहित से उनका कोई सरोकार नहीं रह गया है। मंत्री-पद की लालसा और उसे हासिल करना ही उनका ध्येय है। यदि देशकाल की दृष्टि से 'मृगतृष्णा' उपन्यास के राजनीतिक धरातल को देखा जाए तो यह बिलकुल उचित है, क्योंकि तब से लेकर अब तक राजनीति और राजनेता सुरा, सुंदरी और धन के मोहपाश में ही बँधे हुए हैं। 'मृगतृष्णा' को देशकाल या वातावरण के अनुकूल बनाने में उपन्यास का आँचलिक परिवेश भी अत्यधिक महत्त्वपूर्ण है। प्रमोद का कुल्लू पहुँचना, प्रकृति की सुंदरता से प्रभावित होना, कुल्लू के दशहरा मेले में सावित्री का मिलना, मनाली से रोहतांग दर्रा पार करके केलांग तथा काजा पहुँचना, वापसी में बर्फानी

तूफान में उलझना, प्रमोद और सावित्री का मंदिर में मिलना आदि ऐसी घटनाएँ हैं जो हिमाचल प्रदेश के अंचलों में यथार्थ रूप से घटती हैं। इन्हीं आँचलिक घटनाओं के कारण इस उपन्यास का वातावरण सजीव हो उठा है।

प्रमोद का विलासी हो जाना तथा ऋतु का गुरुचरन के चंगुल में फँसना आज के माहौल की परिचायक घटनाएँ हैं, जो उपन्यास को वातावरण के दृष्टिकोण से और भी अधिक यथार्थवादी बना देती हैं। 'मृगतृष्णा' उपन्यास को हम आधुनिक, राजनीतिक और सामाजिक दशाओं का दो-ढाई दशक पुराना संस्करण कह सकते हैं।

मूल प्रतिपाद्य

एक सफल साहित्यकार वही है जो अपनी रचना के उद्देश्य को सहजता से पाठकों तक पहुँचा दे। उद्देश्य यदि कथित ही हो तो वह उपदेश बन जाता है, अतः आवश्यक है कि रचना का उद्देश्य व्यंजित हो। इस दृष्टिकोण से यदि देखा जाए जो 'मृगतृष्णा' का उद्देश्य मात्र कथित नहीं है, अपितु व्यंजित भी हुआ है। यहाँ एक अन्य बात को स्पष्ट कर देना भी परमावश्यक है कि 'मृगतृष्णा' किसी एक उद्देश्य को सम्मुख रखकर रची गई कृति नहीं है। एक साथ अनेक उद्देश्य उपन्यास में परिलक्षित हैं।

शांता कुमार का 'मृगतृष्णा' में सर्वप्रथम उद्देश्य दूषित राजनीति का पर्दाफाश करना है। आज की राजनीतिक संस्थाएँ, भ्रष्टाचार, गद्दी, धन, वैभव, सुरा और सुंदरी का पर्याय मात्र रह गई हैं। वर्तमान राजनीति 'तुलसीदास' से नहीं, अपितु 'कुर्सीदास' से प्रेरित है। कुर्सी के लिए नेता खून-हत्या, दल-बदल, नवयुवतियों का इस्तेमाल, नौकरशाही का अनुचित प्रयोग आदि कुछ भी करने को तत्पर हैं। जनता-जनार्दन का जनकल्याण से कोई सरोकार नहीं रह गया है। राजनीति दो गुटों की लड़ाई मात्र रह गई है। राजनीति राजतंत्रात्मक होती जा रही है। राजनीति में फैल रही इन विसंगतियों को उजागर करना ही 'मृगतृष्णा' उपन्यास का परम उद्देश्य है। इन विसंगतियों ने कानून-व्यवस्था के ढाँचे को भी हिलाकर रख दिया है। कानून-व्यवस्था की दयनीय स्थिति का चित्रण भी उपन्यास में दर्शनीय है। स्वतंत्र भारत में कानून व्यवस्था में सुधार होने की आशा हर भारतीय कर रहा है। पर आज भी कानून बड़े-बड़े नेताओं तथा पूँजीपतियों के अनुकूल बनकर ही रह गया है। खुशहाल जैसे कर्मचारी शराब पीकर थाने में कोहराम मचाते हैं, अधिकारियों को गाली देते हैं और बड़े-बड़े नेताओं के हस्तक्षेप से निष्कलंक बच जाते हैं और

फिर पहले से दुगना हुड़दंग मचाते हैं। यदि प्रमोद जैसा कोई कर्तव्यनिष्ठ और ईमानदार अधिकारी कोई कानूनी कार्रवाई करता है तो उसे न केवल निलंबित कर दिया जाता है, अपितु अति पिछड़े क्षेत्रों में स्थानांतरित कर दिया जाता है।

राजनीतिक व्यक्ति भोली-भाली युवतियों को 'येन-केन-प्रकारेण' अपने चंगुल में फँसाकर उनका भोग करते हैं और ऋतु जैसी लड़कियों की हत्या तक करवाने से भी नहीं चूकते हैं। ऐसी स्थिति में हत्यारे को सजा के बदले मंत्री पद से नवाजा जाता है। सावित्री जैसे न्याय के फरियादियों को कुचल दिया जाता है और बहादुर जैसे गवाहों को प्राणों से हाथ धोने पड़ते हैं। कहने का पर्याय यह है कि राजनीतिक तंत्र की भ्रष्टता ने पूरे ही ढाँचे को गर्त में धकेल दिया है और आम व्यक्ति का सामाजिक जीवन भी इससे प्रभावित हुआ है। अत: यह निर्विवाद है कि मात्र राजनीति की त्रासद लीलाओं को नग्न यथार्थ रूप में सामने लाना ही उपन्यास का उद्देश्य नहीं है, अपितु न्यायिक, सामाजिक स्थितियों को उभारना भी उपन्यास का अन्य उद्देश्य है।

शांता कुमार की गहरी सहानुभूति नारी के प्रति है। 'मृगतृष्णा' ही नहीं, उनके अन्य उपन्यास 'लाजो' आदि से भी यह स्पष्ट है। 'मृगतृष्णा' में सावित्री, ऋतु तथा रीता जैसे स्त्री पात्र इसी सहानुभूति के परिणाम हैं। सावित्री की मनोस्थिति और रीता की मानसिकता को उपन्यासकार ने नारी को सम्मान तथा न्याय दिलाने के परिप्रेक्ष्य में चित्रित किया है। नारी आज भी शोषित है और वह उपभोगात्मक प्रवृत्ति के पुरुषों के भोग की वस्तु है—ऋतु तथा रीता इसके उदाहरण हैं। नारी का 'स्टेटस' किस प्रकार व्यभिचार और अनाचार में लिप्त हो रहा है, 'मृगतृष्णा' में साफ झलकता है।

भोगवादी प्रवृत्ति के कारण सुखद पारिवारिक जीवन का बिखराव प्रमोद द्वारा विलासितापूर्वक जीवन व्यतीत करने के उपरांत उपन्यास में स्पष्ट दिखाई पड़ता है। प्रमोद की विलासितापूर्ण जीवन-शैली पूरे परिवार को बिखेर कर रख देती है। ऋतु प्रमोद के पदचिह्नों पर चलकर मृत्यु को प्राप्त होती है। सावित्री शेष जीवन जिल्लत, घुटन और गरीबी में व्यतीत करती है। सर्वभोग करने के लिए प्रमोद अनुचित तरीके से धनार्जन करने से भी परहेज नहीं करता है और अंत में जेल की सजा भुगतता है। यहाँ शांता कुमार की पैनी दृष्टि ने भोग-विलास में डूबे लोगों की अंतिम परिणति को भी उजागर किया है। तथाकथित विलासी सुख मानसिक सुख प्रदान नहीं कर सकता। भोग की लिप्सा सुरसा के मुँह की तरह बढ़ती ही जाती है और मानव किस प्रकार अपने स्वर्गिक पारिवारिक जीवन को नरक में

तब्दील कर देता है, मालूम ही नहीं पड़ता है और जब आँख खुलती है तो पश्चात्ताप और मानसिक असंतुलन के अलावा कुछ भी शेष नहीं बचता है। सर्वभोग की लिप्सा मनुष्य को बर्बादी के गर्त में ले जाती है, उपन्यासकार ने प्रमोद के चरित्र द्वारा यह प्रमाणित किया है।

स्पष्ट है कि 'मृगतृष्णा' उपन्यास में "राजनीतिक भ्रष्टाचार, राजनीतिज्ञों की पद-लिप्सा, उनमें पनपती हुई तानाशाही की प्रवृत्ति, जनहित के लिए किए जाने वाले उनके खोखले वायदे और मूल्यहीनता को शांता कुमार ने अपनी पैनी दृष्टि और व्यंग्य की तीखी धार से अंकित किया है।... इसके अतिरिक्त कामसंबंधों के प्रति खुली दृष्टि डालते हुए स्त्री-पुरुष संबंधों की विसंगतियाँ, विवाह और प्रेम-संबंधों में बिगाड़ को शांता कुमार जी ने बखूबी चित्रित किया है।"[29] मूल्यविहीन होती जा रही न्यायिक, राजनीतिक, सामाजिक, पारिवारिक संस्थाओं का यथार्थ रूप शांता कुमार ने 'मृगतृष्णा' के माध्यम से प्रस्तुत किया है। यही इस उपन्यास का मूल उद्देश्य है।

शिल्प पक्ष

उपन्यास के शिल्प पक्ष को उजागर करने के लिए संवाद, भाषा और शैली आदि उपादानों का अध्ययन अपेक्षित होता है। शांता कुमार के 'मृगतृष्णा' उपन्यास में संवाद या कथोपकथन स्वाभाविक भावों को व्यंजित करने वाले हैं। संवाद कहीं-कहीं छोटे, मध्यम और कहीं-कहीं लंबे हैं। शांता कुमार कवि भी हैं, अतः उनके पात्रों के संवादों में कवि तत्त्व या काव्यात्मकता दर्शनीय है। काव्यात्मक गुण के कारण संवाद सजीव, प्रभावोत्पादक एवं रोचक हो गए हैं। शांता कुमार अपने संपूर्ण उपन्यास साहित्य में आँचलिक मोह से बँधे हुए हैं। यही कारण है कि 'मृगतृष्णा' के नायक प्रमोद पर प्रकृति का गहरा प्रभाव द्रष्टव्य है। प्राकृतिक सौंदर्य से प्रभावित होकर प्रमोद के संवाद कवितामयी हो उठे हैं। कभी-कभी यह काव्यमय संवाद अधिक जटिल प्रतीत होते हैं। 'मृगतृष्णा' उपन्यास के संवादों की अन्य विशेषता यह है कि संवाद परिस्थिति, घटना, भाव और पात्र के अनुकूल हैं। इसी कारण कौतूहल, सहजता और संक्षिप्तता आदि गुण स्वाभाविक रूप से संवादों में समाहित हो गए हैं। डॉ॰ विज का मत है कि " 'मृगतृष्णा' उपन्यास के कथोपकथन में सहजता के साथ एक पैनापन है, जिससे पात्रों के तेवर, उनकी मनःस्थिति और उनके चरित्र में निहित धूर्तता तथा दोगलापन साफ निखर आता है। सहज और नाटकीय संवादों के माध्यम से सही चित्र अंकित हुए हैं। शासन की कार्यप्रणाली

और भ्रष्टाचार को उभारने में संवाद पूरी तरह सफल रहे हैं।''[30] डॉ॰ विज के इस मत को हम इन शब्दों में कह सकते हैं कि संवाद पात्रानुकूल, रहस्योद्घाटक और कथा के अनुरूप हैं।

'मृगतृष्णा' के पात्र विभिन्न आयु, जाति, क्षेत्र तथा वर्गों से संबंधित हैं। मजदूर, राजनीतिज्ञ, स्त्री, पुरुष, बालक, वृद्ध आदि के अनुरूप ही शांता कुमार ने पात्रों के संवाद गढ़े हैं। भाषा संवादों की जीवनदायिनी होती है। उपन्यास की भाषा भी पात्रों की परिस्थिति और वातावरण के अनुकूल है। आम व्यक्ति के मुँह से खड़ी बोली या विशिष्ट शुद्ध हिंदी तथा आभिजात्य वर्ग के पात्रों की भाषा में अंग्रेजी शब्दों की बहुलता स्वाभाविक है। भाषा मुहावरों से परिपूर्ण है तथा आँचलिक शब्दों का प्रयोग भी कहीं-कहीं दृष्टिगोचर होता है। 'मृगतृष्णा' उपन्यास की भाषा सुबोध, प्रवाहमयी, अर्थगांभीर्य आदि गुणों से युक्त है। कहीं-कहीं भाषा तत्सम शब्दों से और कहीं-कहीं ठेठ आँचलिक या स्थानीय बोली के शब्दों से सुसज्जित है। अभद्र गाली-गलौच और अपशब्दों का प्रयोग संवाद में पात्रों की वृत्ति के अनुरूप हुआ है। लेकिन इन अपशब्दों के प्रयोग से भाषा कहीं भी लचर नहीं हुई है, अपितु उपन्यास को यथार्थ के नजदीक़ लाने में सहायक सिद्ध हुई है।

शैली रचना लेखन की लेखकीय पद्धति होती है जो प्रत्येक साहित्यकार को दूसरे साहित्यकार से भिन्न और विशिष्ट साबित करती है। 'मृगतृष्णा' सृजन के लिए शांता कुमार ने 'फ्लैश बैक' शैली का प्रयोग किया है। 'फ्लैश बैक' पद्धति को पूर्व-दीप्तिपरक शैली भी कह सकते हैं। किसी पात्र की पूर्व में घटित हो चुकी घटनाओं को साहित्यकार जब उस पात्र के चिंतन-स्मरण के माध्यम से वर्तमान में उद्घाटित कर प्रस्तुत करता है, वहाँ पूर्व-दीप्ति शैली होती है। 'मृगतृष्णा' को सावित्री की वृद्धावस्था में चित्रित करके प्रारंभ किया है, जहाँ उसकी मृत्यु हो जाती है। इसके उपरांत उपन्यास में सावित्री के जीवन में शेष पूर्व घटित घटनाओं का चित्रण हुआ है। स्पष्ट है कि उपन्यास को पूर्व दीप्ति शैली में चित्रित किया गया है। इसके अतिरिक्त भावनात्मक, डायरी, विश्लेषणात्मक, दार्शनिक तथा सूक्तिपरक आदि शैलियों के उदाहरण भी परिलक्षित होते हैं।

'मृगतृष्णा' उपन्यास के अध्ययन से स्पष्ट है कि यह शांता कुमार की मौलिक कृति है। संवेदनशीलता तथा आँचलिकता से उपन्यास गहराई से जुड़ा हुआ है। कथ्य और शिल्प की दृष्टि से 'मृगतृष्णा' अत्यंत सफल उपन्यास है।

निष्कर्षतः 'लाजो' और 'मृगतृष्णा' उपन्यासों के संक्षिप्त विश्लेषण करने के उपरांत हम दोनों उपन्यासों पर समग्र दृष्टिपात करें तो पाते हैं कि 'लाजो'

उपन्यास में जहाँ विधवा स्त्री की व्यथा को चित्रित करके समाज के सामने विधवा विवाह की समस्या को मुख्य रूप से उभारा है, वहीं 'मृगतृष्णा' उपन्यास के माध्यम से शांता कुमार ने पाठकों को स्पष्ट किया है कि संसदीय शासन में कुछ कमियों के चलते राजनीतिक संस्थाएँ भ्रष्टाचार के चरम तक पहुँच चुकी हैं और इन कमियों के कारण हमारा देश भयंकर गरीबी, निरक्षरता, बेरोजगारी, भ्रष्टाचार आदि समस्याओं से जूझ रहा है। दोनों उपन्यासों में एक समानता परिलक्षित होती है— और वह है आँचलिकता। 'मृगतृष्णा' भले ही आँचलिक न हो, किंतु आँचलिकता के कुछ तत्त्व इस उपन्यास में द्रष्टव्य हैं। लोक-संस्कृति का परिचायक आँचलिक परिवेश या घटनाएँ 'लाजो' में नजदीक से घटित हैं। इसलिए 'लाजो' अंचल विशेष का उपन्यास है। 'मृगतृष्णा' उपन्यास में आँचलिकता के कुछ तत्त्वों यथा भौगोलिक परिवेश, भौगोलिक स्थितियों आदि का सुंदर चित्रांकन हुआ है। हिमाचल प्रदेश के लोक-नृत्यों, मेलों, धार्मिक विश्वासों, वेशभूषा, खान-पान तथा ऐतिहासिकता आदि लोक-जीवन के उपादानों की अभिव्यक्ति 'मृगतृष्णा' में मिलती है।

संदर्भ

1. आँचलिक उपन्यास : संवेदना और शिल्प, डॉ॰ ज्ञानचंद गुप्त, पृष्ठ 11
2. हिंदी उपन्यास : एक अंतर्यात्रा, डॉ॰ रामदरश मिश्र, पृष्ठ 190
3. मानक हिंदी कोश, रामचंद्र वर्मा, पृष्ठ 9
4. पद्मचंद्र कोश, महामहोपाध्याय पं॰ गणेश दत्त शास्त्री, पृष्ठ 8
5. हिंदी राष्ट्रभाषा कोश, सं॰ श्रीवास्तव एवं चतुर्वेदी, पृष्ठ 129
6. आधुनिक परिवेश और नवलेखन, डॉ॰ शिवप्रसाद सिंह, पृष्ठ 115
7. वही, पृष्ठ 115
8. आधुनिक हिंदी गद्य साहित्य, डॉ॰ हरदयाल, पृष्ठ 80
9. नयी कविता में आँचलिकता बोध, प्रभा खत्री, पृष्ठ 48
10. हिंदी के आँचलिक उपन्यास और उनकी शिल्प विधि, डॉ॰ आदर्श सक्सेना, पृष्ठ 20
11. हिंदी साहित्यकोश, भाग 1, डॉ॰ धीरेंद्र वर्मा, पृष्ठ 95
12. उपन्यास तत्त्व एवं स्वरूप विधान, डॉ॰ नारायण अग्निहोत्री, पृष्ठ 134
13. मैला आँचल की रचनाप्रक्रिया, डॉ॰ देवेश ठाकुर, पृष्ठ 19
14. दिनमान (24-30 अप्रैल, 1977), पृष्ठ 27
15. लोक-जीवन का निरूपण, रामचंद्र बोड़ा, पृष्ठ 35
16. मानवशास्त्र, प्रो॰ सत्यव्रत सिद्धांतालंकार, पृष्ठ 292
17. शांता कुमार के उपन्यासों का राजनीतिक एवं सामाजिक विश्लेषण, डॉ॰ रामअवतार अग्निहोत्री, पृष्ठ 9
18. शांता कुमार : व्यक्तित्व एवं कृतित्व, डॉ॰ सुषमा विज, पृष्ठ 68

19. शोधार्थी द्वारा शोधकार्य के दौरान लिए गए साक्षात्कार से उद्धृत
20. शांता कुमार : व्यक्तित्व एवं कृतित्व, डॉ॰ सुषमा विज, पृष्ठ 75
21. शांता कुमार के उपन्यासों का राजनीतिक एवं सामाजिक विश्लेषण, डॉ॰ रामअवतार अग्निहोत्री, पृष्ठ 211
22. शांता कुमार : व्यक्तित्व एवं कृतित्व, डॉ॰ सुषमा विज, पृष्ठ 59
23. वही, पृष्ठ 96
24. किताबघर प्रकाशन, अंसारी रोड, दरियागंज, नई दिल्ली
25. शांता कुमार के उपन्यासों का राजनीतिक एवं सामाजिक विश्लेषण, डॉ॰ रामअवतार अग्निहोत्री, पृष्ठ 181
26. मृगतृष्णा, शांता कुमार, पृष्ठ 4, भूमिका, संस्करण 2002
27. साहित्य का समाजशास्त्रीय अध्ययन : कथा-संदर्भ—डॉ॰ कशमीरीलाल, पृष्ठ 95
28. मृगतृष्णा, शांता कुमार, पृष्ठ 4, भूमिका, संस्करण 2002
29. शांता कुमार : व्यक्तित्व एवं कृतित्व, डॉ॰ सुषमा विज, पृष्ठ 78
30. वही, पृष्ठ 82

अध्याय 4

शांता कुमार के उपन्यासों में हिमाचल प्रदेश का लोक-जीवन

शांता कुमार के 'लाजो' तथा 'मृगतृष्णा' उपन्यासों में हिमाचल प्रदेश की लोक-संस्कृति के लगभग सभी उपादान परिलक्षित होते हैं। हिमाचल प्रदेश की लोक-संस्कृति में प्रचलित लोक-संस्कार, लोक-धर्म, लोक-विश्वास, प्राकृतिक छटा, लोक-स्वभाव, रीति-रिवाज, लोक-जातियाँ, वेशभूषा, दैनिक जीवन, खान-पान, प्रथाएँ एवं परंपराएँ, पर्व-त्योहार, मेले, शकुन-अपशकुन तथा स्थानीय लोक-बोली इत्यादि के रूप 'लाजो' तथा 'मृगतृष्णा' में दृष्टिगोचर होते हैं। हिमाचली लोक-संस्कृति के उपरोक्त सभी उपादानों का इस अध्याय में उदाहरण सहित शोधपरक अध्ययन किया जा रहा है।

लोक-संस्कार

हिमाचल प्रदेश के विवेच्य जनपदों में प्रचलित मानव जन्म से लेकर मृत्युपर्यंत के संस्कारों का अध्ययन हम कर आए हैं। हिमाचल प्रदेश के काँगड़ा जनपद में शादी-ब्याह से जुड़े अनेक लोक-संस्कारों का निरूपण शांता कुमार के 'लाजो' उपन्यास में हुआ है। वधू-प्रवेश जिसे काँगड़ी में 'अंद्रोन' कहा जाता है, ब्याह के उपरांत बावड़ी-पूजन आदि काँगड़ा के ब्याह संबंधी संस्कारों का सुंदर चित्र शांता कुमार ने 'लाजो' उपन्यास में प्रस्तुत किया है। 'लाजो' उपन्यास में 'अंद्रोन' का उदाहरण द्रष्टव्य है—''लाजो के विवाह के बाद उसका अंद्रोन (वधू का गृहप्रवेश) भी बड़ी दादी ने करवाया था। उसकी पालकी घर के बाहर रख दी गई थी। पुरोहित

ने ठीक लगन व मुहूर्त निकाला था।... दूल्हा प्यारचंद पीछे व दुल्हन लाजो को आगे खड़ा कर दिया गया था। एक लाल डोरी के घेरे में दोनों को घेर दिया गया था।... सभी स्त्रियाँ गीत गाती घर के मुख्य द्वार की ओर बढ़ने लगी थीं। पुरोहित मंत्र पढ़ता व मिट्टी के एक पात्र से पानी की धार गिराता आगे चल रहा था। इस प्रकार लाजो ने अपने पति के घर में प्रथम प्रवेश किया था।"[1]

काँगड़ा की नवेली दुल्हन बावड़ी-पूजन से पूर्व किसी भी तरह के गृहकार्य नहीं करती है। बावड़ी-पूजन के उपरांत सर्वप्रथम दुल्हन पानी का एक पात्र भरकर घर लाती है और इसके साथ ही उसके गृहकार्यों का शुभारंभ हो जाता है। शांता कुमार के 'लाजो' उपन्यास में काँगड़ा के इस लोक-संस्कार का इस प्रकार चित्रण हुआ है—"कुल-पुरोहित से पूजा का मुहूर्त तय करवाया गया था, फिर गाँव की सभी स्त्रियाँ बड़ी दादी के साथ बावड़ी की ओर जाने के लिए इकट्ठी हो गई थीं। ओबरी में आकर बड़ी दादी ने लाजो को कहा था—"लाड़ी घड़ोलुए चुक कने बाँई जो पूजने ताईं चल। सारियाँ जनासाँ तिज्जो निहाला कर दियाँ।"(बहू, घड़ा उठा और बावड़ी की पूजा करने के लिए चल। सब स्त्रियाँ तुम्हारी प्रतीक्षा कर रही हैं) रंग-बिरंगे कपड़े पहने स्त्रियों की वह मस्त टोली गीत गाती हुई बावड़ी की ओर चली थी।... ग्राम्य गीतों को सुरीली ऊँची धुन में गाती हुई सब स्त्रियाँ बावड़ी पर पहुँचीं। तब बड़ी दादी ने लाजो को आगे किया। फूल, धूप व अक्षत से वरुण देवता की पूजा करवाई। लाजो ने मस्तक नवाया और फिर बड़ी दादी के कहने पर अपना घड़ा पानी से भर लिया था।"[2]

हिमाचल प्रदेश के काँगड़ा जिले में ब्याह, जनेऊ, मुंडन, श्राद्ध आदि की तिथियाँ पंचांग पर आधारित होती हैं तथा जनसामान्य भी पंचांग द्वारा तिथि निर्देशन करता है। 'लाजो' उपन्यास में रमेश द्वारा बड़ी दादी से कांता के विवाह की तिथि पूछने से संबंधित वार्तालाप द्रष्टव्य है—

"दादी, विवाह कब है?"

"मन्नुआ, अगले दे सोलह प्रविष्टे (बेटा, अगले माह के सोलह प्रविष्टे)।"[3]

अंत्येष्टि संस्कार का शांता कुमार के 'लाजो' उपन्यास में आंशिक चित्रांकन हुआ है। गऊदान, गंगाजल मृत के मुँह में डालना आदि अंत्येष्टि से संबंधित संस्कार पूरे भारत में समान रूप से प्रचलित हैं। किंतु चिताग्नि या मुखाग्नि के समय के लोक-संस्कार का शांता कुमार ने चित्रांकन किया है। इस संस्कार को स्थानीय भाषा में 'लकड़ी डालना' कहते हैं। सुमेरचंद की मुखाग्नि के समय का एक उदाहरण द्रष्टव्य है—"अब तक चिता पूरी जल चुकी थी। सब उठे और पास की

खड्ड के पानी में बारी-बारी हाथ-पैर धोए। जूते उतारे। पास पड़ी लकड़ियों में से एक छोटी लकड़ी उठाई। चिता के पास जाकर वह लकड़ी चिता में डालकर नमस्कार कर दिया। फिर सब अपने-अपने जूते पहनकर गाँव के रास्ते पर चल पड़े।''[4]

हिमाचल प्रदेश के काँगड़ा जिले में प्रचलित उपर्युक्त लोक-संस्कारों के अध्ययन से स्पष्ट है कि शांता कुमार के 'लाजो' उपन्यास में विवाह, अंत्येष्टि आदि से संबंधित लोक-संस्कारों का चित्रण हुआ है।

लोक-धर्म

लोक-संस्कार के अंतर्गत बावड़ी-पूजन का जो अध्ययन हमने किया, उसे हम लोक-धर्म के अंतर्गत भी रख सकते हैं। बावड़ी-पूजन् मुख्य रूप से जल-देवता (वरुण) की ही उपासना है। अतः कहने की आवश्यकता नहीं है कि बावड़ी-पूजन भी लोक-धर्म का ही एक रूप है। काँगड़ा जिले की ही लोक-धर्म से संबंधित एक अन्य बात उल्लेखनीय है कि नवेली दुल्हन एक साल तक प्रातःकाल रास्ते की पूजा करती है। इसे स्थानीय भाषा में 'बत पूजन' भी कहते हैं। रास्ते की पूजा में दुल्हनों की यह आस्था जुड़ी है कि उनका परदेश गया पति इसी रास्ते से होकर वापस आएगा। इसलिए यह रास्ता प्रेम-स्नेह और पावनता का द्योतक है। एक अन्य धारणा के अनुसार दुल्हनों का मानना है कि प्रदेश जाते वक्त पति के चरण इसी रास्ते पर पड़े थे। अतः पति के चरणों के समान ही रास्ता भी वंदनीय है। 'लाजो' उपन्यास के आरंभ में ही शांता कुमार ने रास्ते की पूजा का सुंदर चित्र प्रस्तुत किया है—''मुर्गों की आवाज प्रातःकाल की सूचना दे रही थी। लाजो अपने नियम के अनुसार उठ गई थी। हाथ-मुँह धोकर उसने थाली सजाई, सामने के आँगन में लगे फूल तोड़कर रखे, एक दीपक जलाया, कुमकुम रखा और लाल दुपट्टा ओढ़ा।... लाजो अपने घर से निकलकर कच्चे रास्ते पर आई।... रास्ते के बिलकुल बीच में वह अपना लाल दुपट्टा व रेशमी वस्त्र सँभालती हुई बैठ गई। थाली धरती पर रख दी। रास्ते के बीच की थोड़ी-सी जगह उसने हाथ से साफ की।... साफ की हुई जगह पर उसने थोड़ा पानी छिड़का। फिर गोबर से उसे लीपकर उस पर अल्पना बना दी। कुछ फूल, अक्षत, कुशा रखी। जलते हुए दीपक को इस जगह पर रख आँखें बंद कीं, मन ही मन कुछ गुनगुनाती रही और फिर सिर झुकाकर प्रणाम कर दिया।''[5]

हिमाचल प्रदेश का जन सामान्य साफ-सुथरे, उजले पत्थर को भी भगवान्

का रूप मानकर उसे घर के अंदर स्थापित कर लेता है और उसकी आराधना करता है। 'लाजो' में काँगड़ा के लोक की इस भक्ति-भावना का चित्रण मिलता है—"अंधकार में उसके हाथ वहाँ पर पहुँचे, जहाँ लकड़ी की एक चौखट में दो-तीन पत्थर के देवता रखे थे, जिन्हें लाजो प्रतिदिन धूप देती थी।"[6]

अपने वैधव्य और ग्राम-समाज के मानसिक उत्पीड़न से जब लाजो हतोत्साहित हो उठती है, तो वह इन्हीं देवताओं के सामने फरियाद करती है—"बोलो, इस प्रकार का जीवन देकर भी तुम दयालु और कृपालु कैसे हो? मेरे ससुर प्रतिदिन तुम्हें नहलाते थे। तुम्हारी पूजा करते, आरती उतारते और भोग लगाते थे। तुमने उनका पुत्र छीन लिया, मुझे विधवा बना दिया!"[7]

हिमाचली लोक यदि पत्थर को भगवान् का रूप समझकर उस पर अपनी अगाध भक्ति, आस्था रख सकता है तो रामायण या महाभारत से जुड़े धार्मिक स्थानों के प्रति उसकी अगाध गहरी आस्था और विश्वास के प्रति कोई अचरज नहीं होना चाहिए। शांता कुमार ने 'मृगतृष्णा' उपन्यास में मनाली स्थित हिडिम्बा मंदिर की ऐतिहासिकता और लोगों की उस मंदिर के प्रति गहरी श्रद्धा और विश्वास का चित्रण किया है—

"तो यह है वह मंदिर?"

"हाँ।"

"क्या नाम बताया था?"

"इसे हिडिम्बा का मंदिर कहते हैं। महाभारत के कुरुक्षेत्र युद्ध के बाद पांडव इस तरफ आए थे। हिडिम्बा यहीं की रहने वाली थी और भीम ने हिडिम्बा के साथ विवाह किया था। उसी हिडिम्बा के नाम पर यह मंदिर है। देखो, कितना पुराना लगता है!" हरि ने मंदिर की तरफ देखते हुए कहा।[8]

भीम और हिडिम्बा के प्रेम का प्रतीक यह मंदिर आज भी प्रेमी-प्रेमिकाओं को विरह स्थिति में सहारा प्रदान करता है। लोगों का मानना है कि भीम और हिडिम्बा का मिलन यहाँ हुआ है तो बिछुड़े प्रेमियों के लिए यह मक्का-मदीना से कम नहीं है। इसी लोक-आस्था से वशीभूत होकर 'मृगतृष्णा' का नायक प्रमोद अपनी प्रेयसी सावित्री के मिलन की आस लेकर मंदिर में फरियाद करता है—"हिडिम्बा को भीम मिल गए थे और भीम को हिडिम्बा मिल गई थी। चलो, मैंने भी एक याचना की है, वह कभी पूरी हो गई तो यहाँ आकर फिर से एक बार हिडिम्बा के दर्शन करूँगा।"[9]

प्रमोद के बर्फीले तूफान में फँस जाने पर सावित्री भी इसी मंदिर की शरण

लेती है। प्रमोद की मृत्यु से आशंकित, वियोग में मरणासन्न सावित्री जब हिडिम्बा देवी के दर्शन करने से ठीक हो जाती है तो शंकर का हिडिम्बा के प्रति विश्वास और भी दृढ़ हो जाता है—"शंकर को बहुत हैरानी हुई। शंकर के घर और गाँव के लोग देवी-देवताओं पर बहुत भरोसा करते थे। किसी भी बीमारी में सबसे पहले देवता के पास जाते थे। डॉक्टर और वैद्य के पास बहुत कम लोग जाते थे। शंकर को दैवीय शक्तियों पर अधिक भरोसा नहीं था, परंतु सावित्री के स्वस्थ होने से उसे भी लगा कि हिडिम्बा मंदिर की दैवीय शक्ति से ही सावित्री ठीक हुई है।"[10]

हिमाचल प्रदेश की 95 प्रतिशत से अधिक जनसंख्या हिंदू धर्मानुयायियों की है, लेकिन लाहौल-स्पीति के केलांग तथा काजा आदि क्षेत्रों में बौद्ध धर्मानुयायी लोग भी रहते हैं। इनकी धार्मिक मान्यताओं और संस्कृति पर बौद्ध के अलावा हिंदू तथा शैव धर्म का प्रभाव भी है। स्पीति घाटी में अधिकतर 'लामा' समुदाय के लोग रहते हैं तथा काजा क्षेत्र में भी बौद्ध धर्म से जुड़े लोग निवास करते हैं, जिनका हिंदू धर्म से गहरा संबंध है। "काजा से कुछ दूरी पर एक स्थान है—शिचलिंग। यह तो सीधा शिवलिंग का अपभ्रंश है।"[11] काजा स्थित एक बौद्ध मंदिर का शांता कुमार ने 'मृगतृष्णा' में अंकन किया है—"काजा से सात किलोमीटर की दूरी पर एक ऊँची पहाड़ी है। उस पर एक प्रसिद्ध बौद्ध विहार 'की' है।... लगभग दो सौ लामा उसमें रहते हैं।... यह विहार पाँच सौ वर्ष पुराना है। बौद्ध विहारों की गणना में ल्हासा और लेह के बाद काजा का 'की विहार' विश्व में तीसरे स्थान पर है।"[12]

प्राचीन ऐतिहासिक मंदिर, बौद्ध विहार, पत्थर के देवता तथा आंतरिक चेतना से स्फुटित भक्ति भावना का द्योतक 'वत पूजण' आदि सभी लोक-सांस्कृतिक उपादान लोक-धर्म से जुड़े हुए हैं। लोक-धर्म में मानव और समाज की मंगल भावना प्रमुख होती है। उपर्युक्त लोक-धर्म से संबंधित अनुष्ठानों या पूजा आदि के माध्यमों के अध्ययन से स्पष्ट है कि इन सबसे लोक की गहरी विश्वास भावना जुड़ी हुई है, जो लोक को मानसिक ऊहापोह में सांत्वना ही नहीं देती अपितु उनके दुःखों का निराकरण भी करती है। हिमाचली लोक-संस्कृति में लोक-धर्म का यह रूप हिंदू धर्म का एक रूप होकर भी कुछ निजी विशिष्टताओं के कारण हिमाचली लोक-संस्कृति का निजी रूप है। रास्ते का पूजन इसका ज्वलंत उदाहरण है। शांता कुमार के 'लाजो' तथा 'मृगतृष्णा' उपन्यासों में लोक-धर्म का यह स्वरूप न्यूनाधिक रूप में देखा जा सकता है।

लोक-विश्वास

दृश्य और अदृश्य चीजों के प्रति लोक के हृदय में जिस भय का निवास होता है, वह लोक-विश्वास होता है। लोक-विश्वास वास्तव में लोक में प्रचलित अंधविश्वास का ही पर्याय है। लोक में प्रचलित इन विश्वासों या अंधविश्वासों की गणना संभव नहीं है। काँगड़ा लोक-जीवन में सुहागिन के हाथ में चूड़ी का टूटना अपशकुन का चिह्न है। इस अंधविश्वास को शांता कुमार ने 'लाजो' में उभारा है। जैसे—"पूजा की थाली उसके हाथों से नीचे गिरी। सारा सामान बिखर गया। उसके हाथ की एक लाल चूड़ी टूटकर रास्ते के धूलकणों में चमकने लगी। लाजो चौंक उठी। उसके दिल में किसी ने गहरी हूक भरी—यह कैसा अपशकुन¨ रास्ते की पूजा के समय चूड़ी क्यों टूट गई!"[13]

इसी प्रकार के अपशकुन का एक अन्य उदाहरण—"बड़ी दादी हर रोज कोई न कोई सीख देती थी। एक दिन उसने लाजो को समझाते हुए कहा था—'बिड़ी लाड़ी, हत्थे दियाँ, सूईयाँ चूड़ियाँ सम्हाली-सम्हाली रखेयाँ, एह टुटी जाण ताँ बुरा सगुण हुंदा।' (अरी बहू, हाथ की लाल चूड़ियाँ सँभालकर रखना। ये टूट जाएँ तो अपशकुन होता है।)"[14]

काँगड़ावासियों के घर में किसी दिन चूल्हा न जलना, रोटी, सब्जी आदि न पकना भी अपशकुन का पर्याय है। बड़ी दादी के निम्न संवाद इस दृष्टि से विचारणीय हैं—" 'लाजो' को जगाते हुए बोली—'ओ लाड़ी, उठ। दिख गृहस्थ बिच चूल्हे दा सुन्नापन ठीक नीं हुंदा, अग बाली दे। रोटी मैं भेजी दिंदी।' (बहू, उठ। गृहस्थी में चूल्हा न जलना ठीक नहीं होता। आग जला दे, रोटी मैं भेज देती हूँ।)"[15]

काँगड़ा या हिमाचल प्रदेश में ही नहीं, बल्कि पूरे हिंदू समाज के शुभ कार्यों में विधवा की उपस्थिति भी एक अपशकुन है। "वह किसी विवाह या शुभ काम में सब जगह शामिल नहीं हो सकती थी। गाँव की रीति-नीति के अनुसार शुभ काम में विधवा का दिखाई देना अपशकुन समझा जाता था।"[16]

स्थानीय रूढ़िवादी लोगों का विश्वास है कि विधवा-विवाह होना भी धर्म के विरुद्ध है और भगवान् द्वारा दंडनीय कार्य है। विधवा लाजो कांता के मुँह से अपनी शादी की बात सुनकर इसी तरह के विचार प्रकट करती है—"तू भी रमेश की तरह पागल हो गई है। लोग क्या कहेंगे? बिरादरी वाले क्या सोचेंगे? धर्म कहाँ जाएगा? भगवान् दंड नहीं देंगे?"[17]

बड़ी दादी द्वारा रमेश से विधवा-विवाह के प्रसंग पर कहे गए शब्द इस बात को और अधिक पुष्ट करते हैं—"तू बोलदा भई विधवा दा ब्याह होणा चाई दा?... फिटे मुँह तेरा! ओ दाड़ी जलेयो तुसाँ जो कुछ भगवाने दा कने धर्मे दा डर भी है की नीं? जे फिरी बोलेया ता तेरी जीह्व खिंची लेंगी।"[18] (तू बोलता है कि विधवा का विवाह होना चाहिए? तेरा मुँह काला, ओ जली दाढ़ी वाले, तुमको भगवान् या धर्म का डर भी है या नहीं। यदि फिर कहा तो तेरी जबान खींच लूँगी।)

'लाजो' उपन्यास की बड़ी दादी रूढ़िवादी हिंदू महिला की प्रतीक है। वह मुसलमान या नीच जाति के लोगों द्वारा छू लिए जाने पर स्वयं को अपवित्र मानती है। बड़ी दादी के माध्यम से शांता कुमार ने काँगड़ा जनपद के लोक में प्रचलित छुआछूत तथा ऊँच-नीच आदि से संबंधित विश्वासों का चित्र खींचा है। यात्रा के दौरान बड़ी दादी के साथ यदि कोई मुस्लिम बैठ जाता है तो वह विचलित हो उठती है—"बड़ी दादी वाली सीट पर दाढ़ी वाले दो यात्री आकर बैठ गए थे तो दादी को शक हुआ था कि वे मुसलमान हैं। वह घबराई थी। मुसलमानों के छूने पर उसका धर्म भ्रष्ट हो जाएगा। उसके थैले में रखी रोटियाँ भी खराब हो जाएँगी।"[19] बड़ी दादी का विश्वास है कि गंगाजल हर छूत व नीचता को पवित्र कर देता है—"जब भी उसे संदेह होता कि कोई हरिजन या मुसलमान छू गया है तो वह गंगाजल छिड़क लेती थी।"[20]

प्रेम अपने पति दीनानाथ से जब लाजो से विवाह का प्रसंग छेड़ता है तो दीनानाथ की निम्न जातियों के संबंध में मान्यता सामने आती है—"जिस प्रकार पैर की जूती सिर पर नहीं रखी जा सकती, उसी प्रकार अछूत व हरिजन को सिर पर नहीं चढ़ाया जा सकता। हर व्यक्ति का और हर बिरादरी का एक स्थान निश्चित है। हर कोई अपने स्थान पर रहे, तभी समाज ठीक प्रकार से चल सकता है।"[21]

अदृश्य शक्तियों यथा—भूत-प्रेत और जादू-टोनों पर भी यहाँ का लोक-समाज अंधविश्वास करता है। प्रेम के मुँह से दीनानाथ जब लाजो से विवाह की बात सुनता है तो उसे लगता है कि प्रेम पर किसी ने जादू-टोना कर दिया है—"जोर से 'शिवओम-शिवओम' पुकारता हुआ बोला—'प्रेम, पता नहीं तुझे किसने बहका दिया है, या तो तुझ पर कोई जादू-टोना कर दिया है या कुछ खिला दिया है। उसके प्रभाव से ही तू यह सब बक रहा है।' "[22]

लाजो भगतराम से अपनी इज्जत बचाने के लिए रात के अँधेरे में भागती है तो रवींद्र और लाजो रात में भूत की-सी वस्तु देखकर डरते हैं। शांता कुमार

ने इस घटना के माध्यम से काँगड़ा के लोक-मानस में बसे भूत-प्रेत संबंधी विश्वास का चित्र प्रस्तुत किया है—"रवींद्र डर से चीख मारकर लाजो से लिपट गया। लाजो ने सामने की तरफ देखा तो वह भी सहम उठी। एक विशालकाय भीम जैसी भयंकर आकृति अपनी बाँहें फैलाए आसमान को छूती हुई सड़क के बीच खड़ी थी। डर के मारे लाजो ने आँखें हटाईं और हलकी-सी चीख निकल पड़ी। उसने अपने को सँभालने की कोशिश की। रवींद्र का मुँह भी उसने उस तरफ से मोड़ दिया, ताकि उसे वह भूत दिखाई न दे।"[23]

भूत-प्रेत जैसी परामानवी चीजों से बचने का उपाय भी काँगड़ा के लोक के पास है। यहाँ के लोगों का मानना है कि दैवी शक्तियों के वैदिक मंत्रोच्चारण द्वारा भूत, पिशाच या प्रेतात्मा से छुटकारा पाया जा सकता है—

"भाभी जी, पिता जी कहते हैं कि भूत दिखाई दे तो अपनी आँखें बंद करके मन ही मन 'ओ३म्' का जाप करना चाहिए।" लाजो के साथ लगकर बैठे रवींद्र ने धीरे से कहा।

"ठीक है, तुम भी आँखें बंद करके 'ओ३म्' का जाप करो, मैं भी कर रही हूँ।"[24]

काँगड़ा के रूढ़िगत लोक-विश्वास की अपेक्षा स्पीति घाटी या काजा आदि क्षेत्रों के लोगों के विश्वास अधिकतर धर्मादि से संबंधित हैं। यहाँ के बौद्ध विहारों में देशी शराब (छाँग) पिलाने का प्रचलन है। यदि कोई व्यक्ति विहार में आकर छाँग नहीं पीता है तो लामा उसे अपना अपमान समझते हैं। 'मृगतृष्णा' उपन्यास में इस लोक-विश्वास संबंधी पक्तियाँ द्रष्टव्य हैं—"प्रमोद जी, बात ऐसी है कि बौद्ध विहार में छाँग को लगभग चरणामृत की तरह समझा जाता है। यदि आप बिलकुल नहीं लेंगे तो इस बात को बुरा समझा जाएगा। इसे देवता का अपमान समझा जाता है।"[25]

काजा जाने के लिए रास्ते में समुद्र-तल से बारह हजार फुट की ऊँचाई पर कोकसर के आसपास भारी बर्फबारी के कारण कोई भी वनस्पति नहीं उग पाती है और यहाँ के स्थानीय लोग भी पेड़ आदि का रोपण नहीं करने देते हैं। स्थानीय लोगों का विश्वास है कि यहाँ पेड़-पौधे रोपने वाला व्यक्ति मृत्यु को प्राप्त हो जाएगा—"यहाँ लोगों में एक अजीब धारणा है। यह क्यों पैदा हुई, कुछ मालूम नहीं। लोगों का अंधविश्वास है कि जो भी कोई व्यक्ति वृक्ष लगाएगा, वह मर जाएगा।"[26]

लोक-धर्म के अंतर्गत कुल्लूवासियों का हिडिम्बा देवी के प्रति अगाध विश्वास

भी लोक-विश्वास का ही रूप है। लोक-विश्वास से संबंधित उपर्युक्त विश्लेषण से स्पष्ट है कि शांता कुमार ने अपने उपन्यासों 'लाजो' और 'मृगतृष्णा' में हिमाचल प्रदेश के लोगों में प्रचलित उनके लोक-विश्वासों का सुंदर निरूपण किया है। सामाजिक रूढ़िवादी लोक-विश्वास, धर्म संबंधी लोक-विश्वास, प्रकृति संबंधी लोक-विश्वास तथा अदृश्य शक्तियों से संबंधित लोक-विश्वासों आदि का अंकन इन उपन्यासों में हुआ है।

भौगोलिक स्थिति

भौगोलिक स्थिति से अभिप्राय उस भू-खंड से है जिस पर लोक-समाज निवास करता है। 'लाजो' उपन्यास की भौगोलिक स्थिति शांता कुमार ने स्वयं स्पष्ट कर दी है—"लाजो का गाँव एक ऊँची पहाड़ी पर था, जहाँ से चारों ओर की बस्तियाँ उसी प्रकार नजर आती थीं, जैसे हवाई जहाज में बैठे यात्रियों को धरती की वस्तुएँ नजर आती हैं। धौलाधार के नीचे बसी मनोरम पालमपुर तहसील का एक बड़ा गाँव खैरा था और उसी का एक भाग वह गाँव था।"[27]

'लाजो' उपन्यास का लोक-समाज पालमपुर तथा खैरा के भौगोलिक खंडों पर पसरा हुआ है। यह क्षेत्र पूर्णतया पहाड़ी क्षेत्र है। 'मृगतृष्णा' का आँचलिक परिवेश भी पहाड़ी ही है। कहने की आवश्यकता नहीं है कि हिमाचल प्रदेश पहाड़ी राज्य है। 'मृगतृष्णा' की आँचलिक भौगोलिक पृष्ठभूमि, धर्मशाला, पालमपुर, कुल्लू, मनाली, स्पीति घाटी के केलांग तथा काजा आदि क्षेत्रों में बिखरी हुई है। और ये सभी क्षेत्र पहाड़ियों और घाटियों के ही पर्याय हैं। कुल्लू घाटी के मनाली क्षेत्र से स्पीति घाटी के प्रवेश-द्वार रोहतांग दर्रे तक की पैदल यात्रा के परिदृश्य को शांता कुमार ने इस प्रकार स्पष्ट किया है—"मनाली लगभग सात हजार फुट की ऊँचाई पर स्थित है। मनाली नगर से निकलकर दोनों ने व्यास नदी के पुल को पार किया और रोहतांग दर्रे की तरफ जाती हुई सड़क पर चल पड़े। शुरू में रास्ता भी अच्छा था। धीरे-धीरे रास्ता तंग होता गया। चढ़ाई बढ़ती गई। मोड़ पर मोड़ काटते हुए ऊँची-नीची पहाड़ियों पर से यह रास्ता ऊपर की तरफ जाने लगा। प्रमोद के लिए यह पहला पैदल पहाड़ी सफर था।"[28]

समुद्र-तल से 13 हजार फुट की ऊँचाई पर स्थित रोहतांग दर्रा स्पीति घाटी का प्रवेश-द्वार है। कुल्लू और काँगड़ा घाटियों को मनोरमता प्रदान करने वाली व्यास नदी यहीं से निकलती है। 'मृगतृष्णा' में प्रमोद और हरि के संवादों के माध्यम से शांता कुमार ने इस तथ्य को उजागर किया है—

"प्रमोद, वह देखो, सामने बहुत बड़ा पत्थर।"

"हाँ, देख रहा हूँ।"

"इस पत्थर के नीचे व्यास कुंड है। यहाँ महर्षि व्यास ने तपस्या की थी। 13 हजार फुट की ऊँचाई पर इस कुंड से पानी निकलता है। वह देखो, छोटी-सी बारीक पानी की धारा, यही आगे जाकर व्यास नदी बन जाती है।"[29]

रोहतांग दर्रे से लगभग तीन हजार फुट स्पीति घाटी की तरफ उतरने पर कोकसर नामक स्थान है। कोकसर के भौगोलिक परिदृश्य का अंकन 'मृगतृष्णा' में इस प्रकार हुआ है—"लगभग तीन हजार फुट की ऊँचाई उतरने के बाद वह कोकसर में पहुँचे... शाम हो चुकी थी। पास में चंद्रा नदी बह रही थी। यही चंद्रा नदी कोकसर के पास से बहते-बहते केलांग के पास भागा नदी से मिलकर चंद्रभागा नदी बनती है और फिर आगे जाकर चनाब नदी बन जाती है।"[30]

केलांग से स्पीति घाटी के मुख्यालय काजा तक की पैदल यात्रा बहुत ही दुर्गम, मुश्किल और जटिल होती है। शांता कुमार 'मृगतृष्णा' में स्पष्ट करते हैं—"कोकसर से ग्रामचू होकर चंद्रा नदी के किनारे-किनारे सड़क स्पीति की ओर जाती थी। कोकसर से स्पीति के मुख्यालय काजा की यात्रा बड़ी कठिन थी। कई घंटों की यात्रा के बाद कुंजम दर्रा आया।... इसकी ऊँचाई रोहतांग दर्रे से अधिक थी। 15500 फुट की ऊँचाई पर जब प्रमोद काफिले के साथ कुंजम दर्रे के ऊपर पहुँचा तो उसकी साँस फूलने लगीं। वह बैठ गया। ऑक्सीजन कम होने के कारण उसे साँस लेना कठिन हो गया था।"[31]

लगभग 15000 फुट की ऊँचाई पर स्थित उपरोक्त क्षेत्र हिमाचल प्रदेश के दुर्गमतम क्षेत्रों में से है। ऑक्सीजन की कमी, बर्फ के पहाड़, वनस्पति-विहीन पर्वत यहाँ का भौगोलिक परिदृश्य है। कुंजम दर्रे के आसपास स्थित शिगरी ग्लेशियर की भौगोलिक स्थिति को स्पष्ट करने के लिए शांता कुमार ने अपने 'मृगतृष्णा' उपन्यास में प्रमोद और हरि के संवादों को माध्यम बनाया है—"वह देखो, सामने शिगरी ग्लेशियर है।" सामने के पहाड़ की तरफ इशारा करते हुए हरि ने प्रमोद से कहा।

"ग्लेशियर—यानी बर्फ—यह तो पूरा पहाड़ लग रहा है!" हैरान होकर प्रमोद ने कहा।

"हाँ-हाँ, ग्लेशियर! यह शिगरी ग्लेशियर एशिया का सबसे बड़ा और विश्व का द्वितीय ग्लेशियर है। इसकी लंबाई बीस से तीस मील तक है। बर्फ का सदियों से जमा हुआ विशाल पहाड़। यह वर्ष में कुछ इंच सरकता है। चंद्रा नदी इसी से जल लेती है।"[32]

कुंजम दर्रे से काजा तक के भूखंड का शांता कुमार के 'मृगतृष्णा' में इस प्रकार चित्रण हुआ है—"यह सारा क्षेत्र दस से लेकर बारह हजार फुट की ऊँचाई पर था। कुछ इलाका बिलकुल रेगिस्तान की तरह था। सड़क पर रेत उड़ती थी। रेत के टीले ऐसे खड़े थे, जैसे किसी रेगिस्तान में खड़े होते हैं। प्रकृति का बिलकुल नया और विचित्र रूप प्रमोद ने वहाँ देखा। ऊँचे-ऊँचे पहाड़ सूर्य की तेज किरणों से जलकर लाल हो गए थे। सूर्य की गर्मी और बर्फ की तेज हवाओं के कारण पहाड़ निरंतर झरते रहते थे।...यहाँ वर्षा नहीं होती, बस बर्फ पड़ती है। धूप बहुत तेज होती है। हवा तेज चलती है। पहाड़ों के पत्थर भी जलकर लाल हो गए हैं। सब कुछ रेत बनकर नीचे आता रहता है।"[33]

शांता कुमार ने 'मृगतृष्णा' तथा 'लाजो' उपन्यासों में हिमाचल प्रदेश की जिन भौगोलिक स्थितियों का तथ्यपरक चित्रण किया है, वे उपन्यासों के कथानक, घटनाओं तथा कथ्य आदि को यथार्थ के अधिक नजदीक ले आए हैं। हिमाचल प्रदेश के पहाड़ी क्षेत्रों का लोक इन्हीं भौगोलिक स्थितियों में निवास करता है। पालमपुर, मनाली, रोहतांग, केलांग, काजा आदि क्षेत्र पहाड़ी लोक-संस्कृति के पोषक भौगोलिक स्थल हैं। शांता कुमार ने इन्हीं भौगोलिक स्थितियों का चित्रण अपने उपन्यासों में किया है, जिनमें यहाँ का लोक-समाज दम भरता है, जीता है। वास्तव में ये भौगोलिक इकाइयाँ ही यहाँ के लोक-समाज को चलायमान रखती हैं। उनके पहनावे, दिनचर्या, खान-पान को प्रभावित करती हैं, जो लोक-जीवन के आवश्यक अंग हैं।

प्राकृतिक सौंदर्य

भौगोलिक परिवेश में बिखरे प्रकृति के अनेक उपादान उस भौगोलिक परिवेश को सौंदर्य प्रदान करते हैं। भौगोलिक परिदृश्य को सुंदरता प्रदान करने वाले प्रकृति के अनेक उपादान हो सकते हैं, जैसे—नदी-नालों की कल-कल, पेड़-पौधे, पक्षियों का कलरव, खेत-खलिहान, बर्फ के पहाड़, फूल-बगीचे इत्यादि। शांता कुमार ने प्रकृति को सँवारने वाले प्रकृति के इन उपादानों का सजीव चित्रण करके अपने उपन्यासों के आँचलिक परिवेश तथा उपन्यासों के लिए सौंदर्य अर्जित किया है। लाजो के गाँव का सुंदर और सुरमयी अंकन शांता जी ने इस प्रकार किया है—"दिनभर का थका सूर्य अपने घर की ओर प्रस्थान कर रहा था।... दूर पहाड़ी से बाँसुरी की मधुर धुन गूँज रही थी। रमेश अपने घर की गायों और भैंसों को लेकर जंगल चराने चला जाता। वह बाँसुरी बजाते हुए जाता था और बाँसुरी बजाते हुए

वापस आता था। शाम को जब दूर से बाँसुरी की धुन सुनाई देती तो सब समझ जाते थे कि रमेश वापस आ रहा है।''[34]

शांता कुमार ने 'लाजो' उपन्यास में आँचलिक गाँव का चित्रण इस प्रकार किया है—''साँझ ढल रही थी। सूर्य पहाड़ियों के उस पार जा चुका था। छोटे-छोटे बच्चे सड़क के किनारे गुल्ली-डण्डा खेल रहे थे। गाँव की दुकानों पर सामान लेने वालों की भीड़ थी। कुछ ग्वाले गाय, भैंसों, बैलों को लेकर अपने घरों को जा रहे थे।''[35]

धौलाधार पर्वतश्रृंखला से घिरा पालमपुर और खैरा क्षेत्र प्रकृति की मनोरम कृति है। शांता कुमार ने इस क्षेत्र का मनोरम चित्र 'लाजो' उपन्यास में आलंकारिक शैली में खींचा है—''आसमान पर बादल घिरे थे। वे गड़गड़ाने लगे। इधर-उधर से गोर-काले बादलों के झुंड इकट्ठे होकर धौलाधार की ओर बढ़े चले जा रहे थे। थोड़ी देर में धौलाधार की ऊँची पहाड़ी चोटियाँ बादलों में ऐसे घिर गईं, जैसे घूँघट में गोरी का मुखड़ा छुपा रहता है। बादल कुछ और गहरे होने लगे। इधर रात का अँधेरा बढ़ रहा था, उधर काले बादलों ने मिलकर एक घने अंधकार की परत और डाल दी।''[36]

'मृगतृष्णा' उपन्यास में शांता कुमार ने धौलाधार के प्राकृतिक सौंदर्य का चित्रण छायावादी साहित्यकारों की भाँति मानवीकरण के माध्यम से किया है—''सामने दूर ऊँचे पहाड़ और उन पर बर्फ की मोटी चादर। कहीं-कहीं पहाड़ की चोटी बर्फ के बिना खड़ी थी। उसे देख लगता था, कोई श्याम वर्ण नवयौवना श्वेत धवल घूँघट में अपना मुखड़ा छिपाने की कोशिश कर रही हो।''' यहाँ की छटा निराली है। सारी प्रकृति हरी साड़ी पहने मानो नाचती व गाती ही रहती है। कितने भाग्यशाली हैं यहाँ के लोग!''[37]

पालमपुर और धौलाधार का मनोहारी प्राकृतिक सौंदर्य शांता कुमार ने प्रमोद और रीता के संवादों के माध्यम से इस प्रकार प्रकट किया है—

''अरे सामने देखो—वाह! यह कितना सुंदर पहाड़ है। बर्फ की सफेद चादर''' उस पर अठखेलियाँ करती सुबह के सूरज की कुँवारी किरणें''' रीता, यह तो सच कमाल हो गया।'' प्रमोद सामने के पहाड़ को देखते ही जैसे सब भूलने-सा लगा।

''यह धौलाधार है प्रमोद। इसी की मनोहारी गोद में सारी काँगड़ा वादी बसी है। इन दिनों बर्फ पड़ने के बाद इसकी छटा ही निराली हो जाती है।''

''ये पहाड़ तो इतने समीप लग रहे हैं कि लगता है, मैं खिड़की से हाथ निकालकर बाहर फैलाऊँ तो इन्हें छू लूँगा।''

"हाँ, इतने समीप से बर्फ से लदे पहाड़ों का दृश्य बस यहीं पर मिलेगा। मैं बहुत घूमी हूँ, भारत तो सारा देखा ही है, लगभग आधी दुनिया भी घूम ली है। पर सच में प्रमोद, पालमपुर की इस समतल वादी से धौलाधार का यह दृश्य मुझे और कहीं भी नजर नहीं आया। जी चाहता है, यहीं कहीं एक छोटा-सा कमरा हो और उसी में बाकी जिंदगी के दिन काट दूँ।"[38]

धौलाधार की प्राकृतिक सुंदरता का एक अन्य उदाहरण द्रष्टव्य है—"धौलाधार का यह दृश्य पालमपुर बाजार से चार-पाँच किलोमीटर की दूरी पर था। ऊँचे बर्फ से चमकते पहाड़ बिलकुल पास नजर आते थे। पहाड़ की ऊँची-नीची टेढ़ी चोटियाँ बर्फ से लदी हुई दूर से देखने पर कई प्रकार की आकृतियों में बदल जाती थीं। देखने वालों की आँखों में कल्पना की कोई भी रेखा साकार हो उठती थी। दोनों तरफ बाजार की छोटी-छोटी दुकानों के बिलकुल बीच में सामने धूप की किनारी गोट वाली बर्फ की चादर पहने यह धौलाधार यूँ लगता था, जैसे सुहागरात के नशे में किसी ने अपनी दोनों भुजाओं में अपनी प्रियतमा को भरकर ऊपर उठा लिया हो।"[39]

काँगड़ा घाटी के धर्मशाला, पालमपुर आदि क्षेत्रों में सर्दियों के मौसम में कड़ाके की ठंड पड़ती है। शांता कुमार इसी ठंडे मौसम को 'मृगतृष्णा' में चित्रित करते हुए लिखते हैं—"फरवरी का महीना था। ठंड अपने यौवन पर थी। प्रमोद के पास जितने भी गर्म कपड़े थे, वे सब उसने पहन रखे थे, फिर भी कभी-कभी उसके दाँत किटकिटा जाते थे।... सुबह की ठंडी हवा का झोंका ज्यों ही उसके शरीर को छूता, उसके अंग-अंग जमने लग जाते। लगता, जैसे उसने कपड़े पहने ही नहीं हों। यदि कपड़ों का आभास होता भी तो लगता, जैसे ये ठंडे पानी में भीग गए हों।"[40]

पालमपुर क्षेत्र की प्राकृतिक छटा में चार-चाँद लगाने वाले यहाँ की धरती पर बिखरे चाय के बागान हैं। शांता कुमार ने इन चायबागानों का चित्रांकन एक कुशल 'फोटोग्राफर' की तरह किया है—"थोड़ी देर के बाद वे दोनों चाय के एक बाग में से गुजरने लगे। प्रमोद ने चाय का बाग भी जीवन में पहली बार देखा था। छोटे-छोटे पत्तों से भरी छोटी-छोटी चाय की झाड़ियाँ एक पंक्ति में दूर-दूर तक ऐसे लग रही थीं, जैसे किसी समूह नृत्य में नर्तकियाँ थिरक रही हों। बीच-बीच में ऊँचे-ऊँचे वृक्ष जैसे उनकी रक्षा के लिए पहरेदारी का काम कर रहे हों।"[41]

हिमाचल प्रदेश में पालमपुर, धर्मशाला, कुल्लू, मनाली इत्यादि सुंदर पर्यटन स्थल हैं। प्रकृति यहाँ पूरी तरह से मेहरबान है। शांता कुमार के उपन्यासों में काँगड़ा घाटी के अतिरिक्त कुल्लू घाटी के प्राकृतिक सौंदर्य का चित्रण भी 'मृगतृष्णा' में

किया गया है—"कुल्लू की आज की सुबह बहुत प्यारी लग रही थी। तीन तरफ से ऊँचे-ऊँचे पर्वतों में कुल्लू की छोटी-सी नगरी सिमटकर बैठी हुई थी। दाईं तरफ व्यास नदी गीत गाती, शोर मचाती नीचे की तरफ जा रही थी। व्यास के साथ एक ढलानदार छोटी पहाड़ी तह पर तह बनाते हुए ऊपर की तरफ बढ़ी हुई थी। धूप की गर्मी में आज पक्षी भी अपने घोंसलों से बाहर निकलकर चहचहा रहे थे।"[42]

पालमपुर क्षेत्र की प्राकृतिक छटा में यदि चाय के बागान चार-चाँद लगाते हैं तो कुल्लू घाटी की पहाड़ियों में फैले सेब के बगीचे यहाँ के प्राकृतिक सौंदर्य के लिए सोने पर सुहागा हैं। शांता कुमार लिखते हैं—"सामने ऊँचा पहाड़ नजर आ रहा था। पहाड़ के बीच-बीच में थोड़ी-सी समतल भूमि थी। उसमें कहीं-कहीं छोटे-छोटे मकान दिख रहे थे। कहीं-कहीं खेत भी दिखाई पड़ रहे थे। पहाड़ के बिलकुल बीच एक घने जंगल के पास सेब का एक बाग बहुत ही सुंदर लग रहा था। पंक्ति में लगे सेबों के पेड़ दूर से यूँ दिखाई दे रहे थे, जैसे किसी स्कूल में छोटे बच्चे प्रातःकाल की प्रार्थना के लिए हाथ जोड़े खड़े हों।"[43]

कुल्लू नगर के बगल से होकर कल-कल बहती नदी व्यास की निर्मल जलधारा और पहाड़ियों पर खड़े वृक्षों का शांता कुमार जी ने सुंदर चित्रांकन किया है—"बड़े-बड़े पत्थरों के बीचोबीच और ऊपर से रास्ता बनाते हुए व्यास नदी का शीतल निर्मल पानी उछलता-कूदता, गाता हुआ बह रहा था। पानी की आवाज में संगीत का सुरीलापन भी था और हिमालय की गंभीरता भी थी।... सामने ऊँचे-ऊँचे पहाड़ लगता है, आसमान से बातें करने के लिए ऊपर ही ऊपर पहुँच गए हैं।... देवदार के सीधे ऊँचे वृक्ष चुपचाप खड़े हैं। पता नहीं कब से किसका इंतजार कर रहे हैं। और इनके यह बारीक नुकीले पत्ते—हवा ज्यों ही इनको छूती है, त्यों ही एक नशीला-सा राग निकलने लगता है। और यह कल-कल निनाद करती हुई व्यास नदी, इसका उजला साफ पानी, ये गोल-गोल सफेद पत्थर—क्या मनोरम दृश्य है! यही तो है, जिसे कभी स्वर्ग का नाम दिया जाता था।"[44]

काँगड़ा-कुल्लू के अलावा केलांग की प्रकृति का परिचय हरि और प्रमोद के संवादों में झलकता है—

"केलांग कैसा नगर है?"

"नगर नहीं, एक छोटा-सा पहाड़ी गाँव है।" प्रमोद की बात पर हरि कुछ मुस्करा उठा। आज मौसम साफ था। धूप चमक रही थी। धूप की गर्मी से मौसम की सर्दी थोड़ी-थोड़ी गर्मा रही थी। काफिले के बाकी लोग आगे-आगे चल रहे थे और ये दोनों बातें करते पीछे-पीछे चल रहे थे।

"तो लाहौल-स्पीति का वह सबसे बड़ा स्थान छोटा-सा गाँव ही है?"

"हाँ, बिलकुल गाँव!"

"कितनी आबादी है वहाँ की?"

"होगी कुल मिलाकर पाँच सौ के लगभग।"

"केलांग में क्या-क्या है?

"कुछ भी नहीं। छोटे-छोटे लोगों के घर। कुछ सरकारी दफ्तर हैं। चारों तरफ ऊँचे-ऊँचे पहाड़। पत्थर और बहते हुए छोटे-छोटे नाले। ऊँचे-ऊँचे पहाड़ों पर सफेद बर्फ के ढेर।"[45]

रोहतांग दर्रे के आसपास के क्षेत्रों में भयंकर बर्फबारी होती है। फलतः दर्रा बंद हो जाता है और स्पीति घाटी शेष देश से अलग-थलग पड़ जाती है। रोहतांग क्षेत्र में बर्फबारी का दृश्यांकन शांता कुमार ने इस प्रकार किया है—"हवा की तेजी धीरे-धीरे निकट आने लगी। रास्ते पर बर्फ उसके सारे शरीर पर छाने लगी।... उसके देखते-देखते बर्फ के बड़े-बड़े पहाड़ खड़े होने लगे। दोनों तरफ का रास्ता बर्फ से ढक गया। अभी-अभी उसे जो छोटे-छोटे पत्थर दिखाई दे रहे थे उन सबने बर्फ के मोटे कपड़े पहन लिए। दाएँ-बाएँ, आगे-पीछे सब कुछ बर्फ से लिपट गया। ऊँचे लाल पहाड़ भी बर्फ की सफेदी से ढकने लगे।"[46]

भौगोलिक स्थितियों या भौगोलिक परिवेश का किसी भी लोक-समाज के रहन-सहन, खान-पान और वेशभूषा पर गहरा प्रभाव देखा जा सकता है। प्रकृति के उपादान एक ओर तो लोक-संस्कृति और लोक-समाज को सौंदर्य के रस से भाव-विभोर करते हैं, लेकिन दूसरी ओर यही उपादान उसके दैनिक जीवन के ढंग को निर्धारित भी करते हैं। 'लाजो' और 'मृगतृष्णा' उपन्यासों में प्रकृति के सौंदर्य को बढ़ाने वाले उपादान—जैसे नदियों की कल-कल, बाँसुरी के स्वर, सूर्य की लालिमा, वर्षा की छम-छम, बादलों की गर्जन, बर्फ गिरने के दृश्य, चाय और सेबों के बागान इत्यादि के प्राकृतिक परिदृश्य पाठक को इस लोक से परे स्वर्गिक लोक की-सी अनुभूति कराते हैं। इन प्राकृतिक दृश्यों के चित्रांकन से एक तरफ जहाँ शांता कुमार के उपन्यासों में प्रकृति का सुंदर चित्रण हुआ है, वहीं लोक-संस्कृति की दृष्टि से प्रकृति के ये दृश्य पात्रों को घटनाओं के अधिक करीब तथा स्वाभाविक वातावरण में ले आए हैं। वास्तव में हिमाचल प्रदेश का लोक-समाज ऐसे ही प्राकृतिक सौंदर्ययुक्त स्थलों पर निवास करता है और इसी का सुंदर उदाहरण शांता कुमार ने अपने इन उपन्यासों में प्रस्तुत किया है।

रहन-सहन

रहन-सहन से अभिप्राय है—लोक-जीवन की दिनचर्या या दैनिक जीवन। सुबह से लेकर शाम तक लोक-जीवन जिस प्रकार परिचालित होता है, वह रहन-सहन के अंतर्गत आता है। हिमाचल प्रदेश के लोगों का जीवन अत्यंत साधारण, शांत और सुखद है। 'लाजो' उपन्यास के माध्यम से शांता कुमार ने काँगड़ा वासियों के दैनिक जीवन पर प्रकाश डालने का सफल प्रयास किया है। लाजो के क्रियाकलापों से काँगड़ा की ग्राम्य नारी के दैनिक गृहकार्यों का सुंदर चित्रण शांता जी ने किया है—"घर पहुँचकर उसने प्रातः का सारा कामकाज किया। उसके ससुर 'जंगल'(सुबह उठकर शौचादि के लिए जाना) हो आए थे। लाजो ने हुक्का साफ किया, उस पर चिलम भर कर रख दी और अपने ससुर को दे दिया। वह बरामदे में बैठकर हुक्के की गुड़गुड़ करने लगा। लाजो चूल्हे के पास बैठ चाय बनाने लगी।

...अपने ससुर को चाय पिलाकर वह सीधी 'घराल' (पशु बाँधने का अलग कमरा) गई। गाय-बछड़े को बाहर बाँधा, गोबर इकट्ठा किया, उसे एक टोकरी में डाला, टोकरी सिर पर उठाकर, लंबा घूँघट निकाले हुए लाजो कुछ दूरी पर गई और वह गोबर 'मलहूँ (खाद के लिए बनाया हुआ गड्ढ़ा) में फेंक दिया। फिर घराल के अंदर ऊपर की छत पर बाँस की बनी एक सीढ़ी से चढ़कर सूखी घास उतारी और वह घास दोनों पशुओं के सामने डाल दी। दूध वह बहुत प्रातः ही दुह चुकी थी।

...सूरज की प्रथम किरण अभी निकली ही थी कि लाजो ने घड़ा उठाया और 'बावड़ी' (पानी का चश्मा, जहाँ से पीने के लिए पानी लाया जाता है) की ओर चल पड़ी। हाथ में एक बिन्ना (पत्तों का बना हुआ नरम गोल गिद्दा, जिसे सिर पर घड़े के नीचे रखा जाता है, ताकि घड़ा सिर में न चुभे) व घड़ा लिए लाजो गोल-गोल पत्थरों के बने रास्ते पर बढ़ती गई...।"[47]

साँझ बेला के कार्यकलापों का 'लाजो' उपन्यास में शांता कुमार ने इस प्रकार चित्र खींचा है—"जब साँझ ढलने लगी तो लाजो ने एक लंबा-सा झाड़ू लेकर बरामदे और कमरे में भी झाड़ू लगाया। बाहर का सामान अंदर रखा। घराल की तरफ गई। गाय और बछड़े को बरामदे से खोलकर अंदर बाँधा। दूध दुहा, घास डाली और रसोई में अंदर आकर बैठ गई।"[48]

उपर्युक्त उदाहरण में बाहर के सामान से अभिप्राय धूप में सुखाने के लिए रखे हुए सामान से है। यह सामान क्या है? शांता कुमार 'लाजो' में ही लिखते हैं—"लाजो भी सायंकाल के काम में व्यस्त थी। गऊ व बछड़े को उसने बाहर

से खोला और अंदर घराल में बाँध दिया। दूध दुहा, गाय को पानी पिलाया, घास सामने रखी, फिर आँगन में रखी हुई 'चंगेरी' (बाँस की बनी हुई चौड़ी टोकरियाँ, जिनमें चीजें धूप में सुखाई जाती हैं) को उठाकर अंदर रखने लगी। उस चंगेरी में दाल की बड़ियाँ सुखाने के लिए रखी हुई थीं।''[49]

दिनभर गृह-कार्यों के उपरांत शाम का भोजन बनाना काँगड़ा की नारी का प्रमुख कार्य होता है। जैसे—''चूल्हे के पास बैठकर वह भोजन बनाने लगी।''[50]

हिमाचल प्रदेश की लोक-संस्कृति अपने में अनेक भिन्नताएँ समाहित किए हुए है। एक ओर तो काँगड़ा के लोगों का दैनिक जीवन अत्यंत सरल और सीधा-सादा है। वहीं लाहौल-स्पीति के काजा, केलांग आदि दुर्गम क्षेत्रों के लोगों का दैनिक जीवन अत्यंत ही कठिन है। भयंकर बर्फबारी यहाँ के लोक-जीवन को और अधिक कठिन बना देती है। 'मृगतृष्णा' में इसका चित्रांकन करते हुए शांता कुमार लिखते हैं—''यहाँ की जिंदगी कितनी कठिन है। आधुनिक जीवन की कोई सुविधा नहीं। वर्ष में लगभग आठ मास बर्फ पड़ी रहती है—तब लोग घरों में लगभग कैद हो जाते हैं। सारी दुनिया से कट जाते हैं। खाने को कुछ नहीं, देखने को कुछ नहीं।''[51]

हिमाचल प्रदेश का लाहौल-स्पीति जिला चीन की सीमा से सटा हुआ है। यहाँ के लोगों के नयन-नक्श चीनियों की तरह के ही हैं। भयंकर बर्फबारी से ये लोग इस कदर प्रभावित होते हैं कि कई-कई दिन नहाते नहीं हैं। शांता कुमार 'मृगतृष्णा' में लिखते हैं—''इतनी अधिक ऊँचाई पर बसे हुए छोटे-से गाँव के गोल-मटोल बारीक आँखों वाले लोग। लोगों ने मोटे ऊनी कपड़े पहन रखे थे। प्रमोद को सबसे बड़ी कठिनाई यह अनुभव हुई कि जो स्थानीय व्यक्ति उसके निकट आता था, उससे एक अजीब गंध आती थी। लोग प्रायः नहाते नहीं थे। भयंकर ठंड में शायद नहाने की आवश्यकता भी अनुभव नहीं होती थी और रोज नहाने का वहाँ रिवाज नहीं था। हर व्यक्ति से एक अजीब उबाने वाली गंध-सी आती थी।''[52]

उपरोक्त अध्ययन से स्पष्ट है कि शांता कुमार के उपन्यासों में हिमाचल प्रदेश के रहन-सहन का चित्रांकन हुआ है। काँगड़ा जिले के सुबह तथा शाम के गृह-कार्यों का 'लाजो' में सुंदर रूप दिखाई पड़ता है। खाना आदि बनाने के अलावा मवेशियों की देखभाल, घर की साफ-सफाई आदि लोक-कार्यों का यथार्थपरक चित्रण 'लाजो' में मिलता है। इन उपन्यासों के अध्ययन से स्पष्ट है कि काँगड़ा के लोगों का जीवन सादा, सरल और शांतिमय तथा काजा, केलांग आदि क्षेत्र के लोगों की अपेक्षा अधिक सुखमय है।

वेशभूषा

भौगोलिक परिस्थितियों का सीधा प्रभाव लोक-समाज की वेशभूषा पर परिलक्षित होता है। हिमाचल प्रदेश के लगभग सभी पहाड़ी क्षेत्रों में कड़ाके की ठंड पड़ती है। अतः इन क्षेत्रों के लोग ऊनी या गर्म कपड़ों का प्रयोग अधिक करते हैं। ऊनी कोट, पाजामे, शॉलें, कुल्लूवी टोपियाँ तथा कंबल यहाँ के पुरुष प्रायः ओढ़ते-पहनते हैं। स्त्रियाँ गर्म स्वेटर, सूट-सलवार तथा सिर पर ऊन का बना स्कार्फ आदि पहनती हैं। शांता कुमार के 'मृगतृष्णा' उपन्यास में हिमाचल प्रदेश की इस वेशभूषा का चित्रांकन हुआ—''पुरुषों ने मोटे ऊनी कोट पहन रखे थे। कुछ के पाजामे भी ऊनी ही थे। कुछ कोट-पैंट में थे। अधिकतर ने कोट के ऊपर भी मोटे कंबल ओढ़ रखे थे। कुछ के सिरों पर रंग-बिरंगी गोल हिमाचली टोपियाँ थीं। कुछ ने गले का मफलर ही सिर पर लपेट रखा था। वर्षा व हिमपात के बाद खुली धूप का मौसम था।''' पिछले दो दिन खूब वर्षा हुई थी। पहाड़ों पर खूब बर्फ भी पड़ी थी''।

महिलाएँ सलवार-कमीज में थीं। केवल दो-तीन ने ही साड़ी पहन रखी थी। बहुत कम ने बड़े कोट पहने थे। कुछ पहाड़ी महिलाएँ मोटे ऊनी कपड़े पहने थीं। सिर पर भी गर्म ऊनी कपड़ा लपेटा था। अधिकतर ने शॉल ले रखे थे।''[53]

काँगड़ा जिले की औरतें प्रायः बड़े-बुजुर्गों के सामने बिना सिर ढके नहीं आती हैं। सिर पर चुन्नी या दुपट्टा ओढ़ना आदरसूचक वेश समझा जाता है। इसी धारणा के वशीभूत 'लाजो' उपन्यास की नायिका कहती है—''मुझे नंगे सिर कोई देख लेगा तो क्या कहेगा?''[54]

काँगड़ा के ग्रामीण क्षेत्रों में बुजुर्ग या वृद्ध लोग कंधे पर तौलिए की तरह का एक कपड़ा प्रायः रखे रहते हैं, जिसे स्थानीय भाषा में 'परना' कहते हैं। परने का प्रयोग अकसर आँख, नाक, हाथ आदि पोंछने के काम में लाया जाता है। दूसरे शब्दों में कहें तो परना रूमाल का काम देता है। 'लाजो' उपन्यास में वृद्ध सुमेरचंद हमेशा अपने कंधे पर परना धारण किए रहता है—''पुत्र की याद ताजा हो गई। दिल का घाव फिर हरा हो गया। कंधे पर रखा परना वह बार-बार आँखों पर मलता था, पर मोटे खद्दर का वह परना भी उसकी आँखों की बरसात को सोख न पा रहा था।''[55]

काँगड़ा की नारी बहुत ही शृंगार-प्रिय है। वह चूड़ियाँ, लौंग (तीली), नथली, अँगूठी, पाजेब तथा सुहाग के प्रतीक अनेक आभूषणों से अपना शृंगार

करती है। लेकिन रूढ़ियों से ग्रस्त यहाँ का समाज विधवा औरत के लिए इन शृंगार माध्यमों के प्रयोग के लिए वर्जनाओं का पक्ष लेता है तथा विधवा औरत इन गहनों को पहन नहीं पाती है। विधवा लाजो का उदाहरण द्रष्टव्य है—"तभी लाजो का ध्यान अपनी कलाई पर गया। अब वहाँ लाल चूड़ियाँ नहीं थीं। उसने अपनी नाक पर हाथ रखा तो नाक की तीली भी न थी। उसकी बेहोशी की हालत में ही सुहाग के ये सभी चिह्न उतार लिए गए थे। अपने वैधव्य की प्रथम अनुभूति पर वह हाहाकार कर उठी।"[56]

स्पष्ट है कि 'लाजो' तथा 'मृगतृष्णा' दोनों ही उपन्यासों में हिमाचली लोक-संस्कृति की परिचायक स्थानीय वेशभूषा का चित्रण शांता कुमार ने किया है।

खान-पान

शीतयुक्त वातावरण होने के कारण काँगड़ा तथा अन्य हिमाचली क्षेत्रों के लोग चाय पीने के विशेष शौकीन हैं। शांता कुमार 'लाजो' में पहाड़ी लोगों के इसी शौक का उद्घाटन करते हुए लिखते हैं—"दिन-भर की थकी लाजो शाम को घर की रसोई में गई और चाय बनाने लगी। उसके ससुर चाय के बड़े शौकीन थे।"[57] 'लाजो' उपन्यास के अनेक पात्रों को शांता कुमार ने बार-बार चाय पीते हुए दर्शाया है। एक अन्य उदाहरण—"गर्म चाय से पीतल का गिलास गर्म हो गया था। रमेश ने जेब से रूमाल निकाला और चाय पीने लगा। सुमेरचंद के कंधे पर परना पड़ा था। उसे हाथ में लेकर गिलास के चारों ओर लगाया और गिलास उठाकर लंबी 'सूडूँ' की आवाज करते हुए वह चाय पीने लगा।"[58] बस-सफर के दौरान जहाँ भी बस रुकती है, स्थानीय लोग चाय पर टूट पड़ते हैं। 'मृगतृष्णा' का एक उदाहरण—"अब तक बस पालमपुर पहुँच गई। बस अड्डे पर बहुत-सी बसें खड़ी थीं। खूब चहल-पहल थी। पास की चाय की दुकानों पर भीड़ थी। कुछ लोग दुकानों के भीतर बैठकर चाय पी रहे थे। पर बैठने के लिए पर्याप्त जगह न थी, इसलिए बहुत-से बाहर खड़े-खड़े ही चाय पी रहे थे। कुछ पुरुष अपने साथ की महिला यात्रियों के लिए चाय के कप उठाकर बसों की ओर ला रहे थे।"[59]

केलांग के बौद्ध धर्म अनुयायी लोग मक्खन मिलाकर एक विशेष प्रकार की चाय पीते हैं। 'मृगतृष्णा' उपन्यास का नायक प्रमोद जब बौद्ध मंदिर में जाता है तो स्थानीय लोग उसे नमकीन चाय पिलाते हैं—"उनके सामने छोटे-छोटे मेज रख दिए गए। फिर प्याले रखे गए और गर्म-गर्म चाय उन प्यालों में डाल दी गई।

यह नमकीन चाय थी। प्रमोद के पूछने पर साथ आए स्थानीय कर्मचारी ने बताया कि वहाँ अधिकतर नमकीन चाय पी जाती है और इस बनाने का भी एक विशेष तरीका है। चायपत्ती भी अलग ही इस्तेमाल की जाती है। बाँस के एक लंबे खोखले पोर के अंदर चाय डाल दी जाती है। उसमें मक्खन मिलाया जाता है और काफी देर तक एक और चीज से मथा जाता है और जब मक्खन पूरी तरह से मिल जाता है तो उसे निकालकर फिर आग में गर्म किया जाता है।''[60]

'भटूरू' काँगड़ा की एक प्रसिद्ध रोटी है। प्रायः घरों में इसे पकाया और खाया जाता है। 'भटूरू' खमीरा डालकर बनाई जाने वाली गेहूँ के आटे की रोटी होती है। 'लाजो' में शांता कुमार ने काँगड़ा के इसी खाद्य पदार्थ की ओर इंगित करते हुए लिखा है—''रात को ही लाजो ने 'भटूरू' (खमीरा डालकर बनाई जाने वाली रोटी) बनाए और करेले की सब्जी बना ली। प्रातः उठकर रोटी कपड़े में बाँधी, थैले में डाली और रवींद्र के साथ घर से चल पड़ी।''[61]

मक्की की रोटी भी काँगड़ा आदि पहाड़ी क्षेत्रों में चाव से खाई जाती है—''दोनों रसोई में पहुँचे। चाय बन गई। लाजो ने सुबह की बनाई हुई एक मक्की की रोटी निकाली। चाय दो गिलासों में डाल दी।

''मुझे तो अब भूख लगी है। यह सुबह की रोटी पड़ी है, इसे ही खाऊँगी।'' फिर रुककर लाजो ने पूछा—''आपने रोटी खाई या नहीं?''

''लाजो, यह संयोग कैसे हो गया! आज मैंने भी रोटी नहीं खाई थी और इधर तुम भी भूखी थीं।''

''पर आपने क्यों नहीं खाई?''

''अच्छा, पहले तुम रोटी खाओ, फिर बताता हूँ।''

चाय के साथ सुबह की सूखी मक्की की रोटी खाकर दोनों रसोई से निकले और कमरे में आ गए।''[62]

शराब और मांस बर्फीली पहाड़ियों में निवास करने वाले हिमाचली लोगों के भोजन का प्रमुख अंग है। शांता कुमार हिमाचल प्रदेश के लोगों की मांस संबंधी इसी रुचि का उद्‌घाटन करते हुए लिखते हैं—

''...सुना है, पहाड़ के लोग खूब मांस खाते हैं?''

''जी जनाब! बहुत कम लोग हैं, जो मांस नहीं खाते। यहाँ तो शादियों में भी बकरे काटे जाते हैं।''[63]

शराब पीना हिमाचल के वातावरण के अनुकूल है। विशेष तौर पर उन पहाड़ी क्षेत्रों में जहाँ साल में आठ से दस महीने बर्फ जमी रहती है। ठंड के मौसम

में शराब शरीर को गर्मी प्रदान करती है—"शराब तो इनकी जिंदगी का एक हिस्सा है, जिसे अलग नहीं किया जा सकता। कुछ ऊँची पहाड़ियों पर तो सर्दी भी इतनी होती है कि इनके लिए शराब एक जरूरत बन जाती है।"[64] स्पीति घाटी के अनेक बौद्ध विहारों में शराब को चरणामृत के समान पवित्र मानकर पीया जाता है। इस शराब को स्थानीय लोग स्वयं बनाते हैं तथा स्थानीय भाषा में इसे 'छाँग' या 'आरा' कहा जाता है। 'मृगतृष्णा' उपन्यास के इन संवादों से इस तथ्य की पुष्टि होती है—

"यह क्या है? अजीब दुर्गंध आ रही है।" हैरान होकर प्रमोद ने पूछा।

"इसे छाँग कहते हैं।" साथ आए एक व्यक्ति ने कहा।

"छाँग! इसमें तो दुर्गंध है?"

"हम इसी के सहारे तो यहाँ की भयंकर सर्दी को सहन करते हैं।"

"क्या मतलब?"

"यह जौ से बनाई हुई एक हलकी शराब है। इसे 'छाँग' कहते हैं और इसे सब लोग पीते हैं। इससे ज्यादा नशा नहीं होता।"

"छाँग (शराब) और मंदिर में?" चौंककर प्रमोद ने पूछा।

"हाँ, मंदिर में। शराब यहाँ की जिंदगी का एक जरूरी हिस्सा है। शराब घर में भी और मंदिर में भी चलती है। लेकिन मंदिर में सिर्फ छाँग दी जाती है, आरा नहीं।"

"आरा! यह क्या है?"

"पूरी शराब। यहाँ अपने घरों में लोग शराब बनाते हैं। आरा तो वर्षों पुरानी घरों में रखी रहती है। बहुत तेज शराब होती है। कुछ घरों में तो पचास वर्ष पुरानी आरा रखी हुई है। जिस घर में जितने वर्ष पुरानी आरा शराब होती है, उस घर को उतना ही अधिक प्रतिष्ठित समझा जाता है।"[65]

शराब पीना भले ही अनुचित बात है, लेकिन यह शराब हिमाचल प्रदेश के लाहौल-स्पीति आदि बर्फानी क्षेत्रों में रहने वाले लोगों के लिए जीवनदायिनी है, अमृत से भी बढ़कर है, क्योंकि—"यहाँ जिंदगी ही ऐसी है...अभी तो आप नए-नए आए हैं, कुछ दिन ठहरिए। बर्फ पड़ने दीजिए, यहाँ कुछ नहीं दिखाई देगा। बर्फ, केवल बर्फ। ठंड और सिर्फ ठंड। लोग घरों में बंद हो जाएँगे और बाहर बर्फ के पहाड़ खड़े होने लगेंगे। कई-कई दिन तक दरवाजा बंद करके अपने-अपने घरों में रहना पड़ेगा। जब कभी बर्फ पड़नी बंद होगी, धूप निकलेगी तो लोग दरवाजा खोलेंगे। सामने की बर्फ हटाएँगे। धीरे-धीरे रास्ता बनाएँगे, तब कहीं बाहर

निकल पाएँगे। कई-कई महीने इसी प्रकार अपने-अपने घर की चारदीवारी में व्यतीत करने पड़ते हैं। साँस जम जाती है। खून जमने लगता है। तब बस यह छाँग और आरा, यही तो हमारे शरीर को गर्म रखती है।··· आप जिसे शराब कहकर नाक सिकोड़ रहे हैं, यह तो हम लोगों की जिंदगी है, जिंदगी। इसीलिए तो हमारे देवता भी इसे पीते हैं।''[66]

काजा, कोकसर के आसपास के इलाकों की मुख्य फसल जौ है। अतः इस क्षेत्र के लोगों के भोजन में जौ की रोटी और सत्तू प्रमुख हैं। प्रमोद और हरि का परस्पर संवाद इस तथ्य की पुष्टि करता प्रतीत होता है—

''···यहाँ के लोग खाते क्या हैं?''

''साल में एक ही फसल होती है। जौ के सत्तू, जौ की शराब और उसकी रोटी।''[67]

काँगड़ा जिले के लगभग सभी क्षेत्रों में शादी-विवाह या अन्य खुशी के अवसरों पर एक विशिष्ट पकवान 'मधरा' बनाया जाता है। ब्याह आदि अन्य अवसरों पर मधरा का पकाया जाना खाने की शोभा बढ़ा देता है। मधरा को पकाने की विधि तथा स्वाद 'मृगतृष्णा' के निम्नलिखित उदाहरण से स्पष्ट है—

''···यह देखिए, एक विशेष पकवान है काँगड़ा जिले का। इसे 'मधरा' कहते हैं।'' गर्म-गर्म चावलों में मधरा मिलाते हुए ठाकुर जी ने कहा।

''भई, सुगंधि तो खूब मजेदार है।''

''हमारी चीजों की सुगंधि ही नहीं, स्वाद भी मजेदार होता है।''

''चखकर बताएँगे ठाकुर!''

''बिलकुल!''

''वाह खूब! सचमुच लाजवाब चीज है। ऐसी सब्जी आज तक नहीं खाई। पर यह बताओ कि यह सब्जी है या दाल?''

''न सब्जी, न दाल।''

''तो क्या है?''

''मधरा।''

''ठाकुर, यह कैसे बनती है?''

''एक विशेष तरीके से दही भूना जाता है, फिर उसमें पहले से तलकर आलू मिलाए जाते हैं। आलू की जगह गोभी आदि भी डाली जा सकती है। पर सब नहीं बना सकते इसे।''

''हाँ भई, खूब स्वादिष्ट है।''[68]

हिमाचल प्रदेश के जनजीवन में प्रचलित खान-पान संबंधी इन बातों से स्पष्ट है कि शराब या छाँग आदि पेय पदार्थ भले ही नुकसानदेह चीजें हैं, किंतु यहाँ के लोगों के लिए यह जीवनदायी ही हैं। शीतयुक्त वातावरण होने के कारण शराब और चाय जैसे पेय पदार्थों का हिमाचल प्रदेश के वासियों के लिए विशेष महत्त्व है। इसके अतिरिक्त जौ के सत्तू, मधरा, मक्की की रोटी, भटूरू इत्यादि पकवान हिमाचल के निजी विशिष्ट पकवान हैं, जो यहाँ की लोक-संस्कृति के प्रमुख अंग हैं। शांता कुमार के उपन्यासों में हिमाचलवासियों के खान-पान का सुंदर चित्रण हुआ है।

लोक-स्वभाव

प्रकृति के सौंदर्य का प्रभाव यहाँ के वासियों के स्वभाव से भी झलकता है। हिमाचल प्रदेश के लोग सुंदर तथा गोरे रंग के होते हैं। सरल, सीधा-सादा स्वभाव इस क्षेत्र के लोगों की विशिष्टता है। हिमाचल प्रदेश के लोग शांतिप्रिय, मृदुभाषी, परिश्रमी, निष्कपट और ईमानदार होते हैं। हास्यवृत्ति भी यहाँ के लोगों का एक गुण है—"सुना है, पहाड़ी लोग बड़े सीधे-सरल होते हैं।" प्रमोद ने बात बदलने की कोशिश की।

"गरीब और पिछड़े इलाके के लोग और हो भी क्या सकते हैं?"

"नहीं, ऐसी बात नहीं है, पंजाब में भी गाँव हैं। पिछड़े व गरीब लोग हैं, पर वे इतने सरल नहीं।"

"वह तो ठीक है।"[69]

'मृगतृष्णा' में शांता कुमार जी ने स्थानीय लोगों के स्वभाव का सुंदर चित्रांकन किया है। आपराधिक वृत्तियाँ यहाँ के लोक-स्वभाव से कोसों दूर हैं। लालच, लोभ, मोह के जाल में यहाँ का लोक नहीं उलझा है। कठिन परिश्रम यहाँ के लोक का सर्वोत्कृष्ट गुण है। यहाँ के लोग "पूरा साल परिश्रम करते हैं। अपने खेत की मिट्टी में पसीना बहाते हैं। मिट्टी के साथ मिट्टी बनते हैं। धरती की छाती चीरकर उपज का अमृत निकालते हैं।... इस इलाके में अपराध बहुत कम होते हैं। कई गाँव ऐसे हैं, जहाँ अब भी लोग अपने घरों में ताला नहीं लगाते हैं। मनाली के पार रोहतांग पास से परे लाहौल-स्पीति की एक अलग दुनिया है। वहाँ कुछ दिन पहले तक ताला नाम की किसी वस्तु का लोगों को पता ही न था।"[70]

हिमाचली लोगों की भलमनसाहत, भोलेपन और सुंदरता का बखान करते हुए शांता कुमार लिखते हैं—"कितनी भोली हैं ये युवतियाँ भी! मामूली-सी बात

और धन्यवाद करने चली आईं। भोलेपन के साथ-साथ सौंदर्य भी कितना है इन पहाड़ी युवतियों में। प्रकृति ने यहाँ के पेड़-नदियाँ ही सुंदर नहीं बनाईं, यहाँ की युवतियों में भी सौंदर्य है।''[71] हिमाचल प्रदेश के लोग दुनियावी प्रपंचों से दूर संतुष्ट जीवन जीते हैं—''लोग संतुष्ट हैं। जीवन की कोई सुविधा नहीं, परंतु अभाव की कोई पीड़ा भी नहीं। उनकी अपनी ही सामाजिक मान्यताएँ हैं। अपने ही मूल्य हैं और अपनी ही व्यवस्थाएँ हैं।''[72]

हिमाचल प्रदेश के लोगों का मुख्य व्यवसाय कृषि है। टेढ़े-मेढ़े ढलानदार खेतों में यहाँ के लोग गेहूँ, मक्का, धान, जौ, आलू आदि उगाते हैं। हिमाचल के लोग भोले-भाले, सीधे-सादे होने के साथ वीर भी हैं। ''यह सुंदरता की ही नहीं, अपितु वीरता की भी धरती है।''[73] काँगड़ा आदि जिलों को 'वीरभूमि' नाम से भी पुकारा जाता है। यहाँ के हजारों वीर सैनिक देश की सरहदों पर दुश्मनों से लोहा लेकर देश की रक्षा करते हैं। यही कारण है कि देश-सेवा के साथ-साथ फौज की नौकरी स्थानीय लोगों की जीविकोपार्जन का एक माध्यम भी बन गई है। अतः फौज की नौकरी भी यहाँ के लोगों के लिए जीविका का माध्यम है। भारत-चीन और भारत-पाक युद्धों में हिमाचल से सैकड़ों वीरों ने अपने प्राण न्योछावर किए हैं। वीरत्व भाव यहाँ के लोक-स्वभाव में विद्यमान है।

शांता कुमार का 'लाजो' उपन्यास एक प्रकार से हिमाचली लोगों के वीर स्वभाव की ही अभिव्यक्ति है। 'लाजो' का पति शादी के अगले दिन ही हाजीपीर की चौकी पर लड़ाई में चला जाता है और वीरगति को प्राप्त होता है। लाजो का पति प्यारचंद सुमेरचंद का इकलौता पुत्र था। ''अस्सी साल का बूढ़ा सुमेरचंद, जिसके जीवन की एकमात्र आशा हाजीपीर पर बुझ जाती है।''[74] लेकिन उसका वीरहृदय तब भी विचलित नहीं होता है, क्योंकि सुमेरचंद स्वयं एक भूतपूर्व सैनिक रह चुका है, उसका पूरा खानदान फौज में रहा है—''जनाब, यह मत समझिए कि मैं हिम्मत हार बैठा हूँ। मैं भी फौज में रहा हूँ। हमारा परिवार ही फौजियों का है। आपको यह सुनकर आश्चर्य होगा कि मेरे दादा भी फौज में थे और 1914 की लड़ाई में मारे गए थे। मेरे पिता और चाचा भी फौज में थे।''[75]

यह बात सिर्फ सुमेरचंद की ही नहीं है, अपितु हिमाचल प्रदेश के काँगड़ा आदि जिलों में ऐसे अनेक उदाहरण मिल जाएँगे—जहाँ एक ही परिवार के सभी पुत्र फौज में हैं तथा कई ऐसी माताएँ मिल जाएँगी, जिनके दो या दो से अधिक बेटे फौज में शहीद हुए हैं। शांता कुमार के 'मृगतृष्णा' तथा 'लाजो' उपन्यासों के आधार पर यह कहा जा सकता है कि हिमाचली लोक का स्वभाव संयमित,

संतुष्ट, शांत, मृदुल होने के साथ-साथ वीरतापरक भी है, इसकी पुष्टि इन उपन्यासों में भी होती है।

जातियाँ

भारतीय वर्ण-व्यवस्था के अनुसार सभी जातियाँ हिमाचल प्रदेश में पाई जाती हैं। हिमाचल प्रदेश की प्रत्येक जाति अपने धर्म-कर्म तथा सामाजिक परंपराओं का पालन करती आ रही है। शांता कुमार ने अपने उपन्यास 'लाजो' में हिमाचल प्रदेश के काँगड़ा जनपद की ब्राह्मण और राजपूत जातियों तथा बिरादरियों का सुंदर चित्रण किया है। लाजो राजपूत की विधवा है, जबकि प्रेम ब्राह्मण जाति का लड़का है। ब्राह्मण और राजपूतों का ग्राम में एक-दूसरे के घर आना-जाना तो है, किंतु एक बिरादरी की बहू दूसरी बिरादरी के लड़के से बात तक नहीं कर सकती। लाजो पहली बार जब प्रेम से बात करती है तो शांता कुमार ने उसके मन की शंका को इस प्रकार प्रकट किया है—"उसे सबसे बड़ी चिंता यह थी कि यदि बड़ी दादी को पता लग गया कि दूसरी बिरादरी के लड़के से लाजो ने बात की है तो उसे अच्छी डाँट पड़ेगी।"[76]

प्रेम के पिता "दीनानाथ एक कर्मकांडी ब्राह्मण थे। ब्राह्ममुहूर्त में जाकर 'मौल खड्ड' के पास के झरने पर स्नान करके संध्या-पाठ करना उनका नित्यकर्म था। गाँव में सभी उनका आदर करते थे। वह ईश्वरभक्त, ईमानदार, सद्चरित्र थे; परंतु उनका धर्म जात-पाँत, खान-पान व छुआछूत की सीमाओं से बँधा हुआ था।"[77] जबकि प्यारचंद के पिता उस राजपूत परिवार से थे, जो परंपरा से चली आ रही देश-सेवा-भावना को निभाते चले आ रहे थे। इसी परंपरा का अनुकरण करते हुए प्यारचंद देश की रक्षा के लिए सीमा पर अपने प्राणों का उत्सर्ग कर देता है। आशय यह है कि गाँव की जातियाँ अपनी सामाजिक तथा अन्य परंपराओं को निभाती चली आ रही हैं। प्रेम जब दीनानाथ से लाजो से विवाह करने की अपनी मंशा बतलाता है तो प्रेम तथा दीनानाथ का वार्तालाप इस दृष्टि से उदाहरणीय है—

"प्रेम, जानता है, तू क्या कर रहा है?"

"खूब जानता हूँ, पिता जी।"

"एक ब्राह्मण के लड़के का विवाह अपनी बिरादरी से बाहर—राजपूत के घर—और वह भी एक विधवा से—यह कैसे हो सकता है? आखिर यह सब तूने सोच कैसे लिया?… देख प्रेम, हमारा श्रेष्ठ ब्राह्मण-कुल है। हमारा रिश्ता तो साधारण

ब्राह्मण परिवार में भी नहीं हो सकता। केवल उच्चकुल के ब्राह्मण परिवार से ही हमारा रिश्ता हो सकता है। वह तो राजपूत है, फिर विधवा है।''[78]

लाजो की बिरादरी अपनी जातिगत मर्यादाओं में बँधी है तो प्रेम की बिरादरी भी। दोनों बिरादरियाँ किसी भी सूरत में यह सहन नहीं कर सकतीं कि प्रेम और लाजो का विवाह हो। पूरा गाँव इस विवाह के विरोध में उठ खड़ा होता है। प्रेम के लाजो से कहे गए संवादों का एक उदाहरण—''सारा गाँव विरोध पर तुल गया है। दोनों बिरादरियों ने मुझे व तुम्हें बिरादरियों से निकालने की धमकी दी है। कल दोनों बिरादरियों ने यह भी निर्णय कर दिया कि जो कोई मेरे व तुम्हारे विवाह में सहायक बनेगा, उसे भी बिरादरियों से निकाल दिया जाएगा।''[79]

इन उदाहरणों से स्पष्ट है कि शांता कुमार ने 'लाजो' उपन्यास में काँगड़ा के लोक-समाज की ब्राह्मण और राजपूत जातियों के जातिगत-सामाजिक संघर्ष का सुंदर चित्रण किया है। वास्तविकता यही है कि आज भी इन बिरादरियों में भले ही वैमनस्य की भावना बनी हुई है, मगर अंतर्जातीय विवाह के नाम पर दोनों पक्षों की अब भी नाक-भौंहें चढ़ आती हैं।

प्रथाएँ, परंपराएँ एवं रीति-रिवाज

लोक-विश्वासों की तरह ही किसी लोक-समाज में व्याप्त प्रथाओं, परंपराओं या रीति-रिवाजों की गणना कर पाना संभव नहीं है। प्रथाएँ, परंपराएँ या रीति-रिवाज वास्तव में लोक-संस्कारों को क्रियान्वित करने की लौकिक विधियाँ मात्र ही हैं। मानव के सोलह संस्कारों से लोक-समाज के रीति-रिवाजों और प्रथाओं का संबंध होता है। लोक जिस क्रिया, रूप या विधि से शास्त्रीय संस्कारों को पूर्णता प्रदान करते हैं, वही लौकिक रीति-रिवाज हो जाते हैं। प्रथाएँ, परंपराएँ या रीति-रिवाज बहुत समय पूर्व से लोक-समाज में प्रचलित होते हैं। इन्हीं के कारण लोक परिचालित होकर विशिष्ट हो जाता है।

अंद्रोन, बावड़ी-पूजन तथा रास्ते का पूजन आदि जिन लोक-संस्कारों का अध्ययन हम पीछे कर आए हैं, उन सबको भी लोक-परंपराओं के अंतर्गत रखा जा सकता है। इसके अतिरिक्त 'लाजो' और 'मृगतृष्णा' उपन्यासों में हिमाचली प्रदेश के लोक-समाज में प्रचलित अनेक प्रथाओं, परंपराओं और रीति-रिवाजों का अंकन हुआ है। काँगड़ा जनपद में नववधू घूँघट नहीं उठाती है। इसे पर्दा-प्रथा का ही एक रूप कहा जा सकता है। यहाँ लाजो का पानी लेने जाने का प्रसंग उदाहरणीय है—''उसे धीरे-धीरे चलना पड़ रहा था। एक तो रास्ता भी परिचित न था, फिर उसे पूरा घूँघट निकालना पड़ता था।''[80]

लाजो के दस्तखत करते समय सुमेरचंद का संवाद भी द्रष्टव्य है—"प्रेम, इसे दूसरे कमरे में ले जाकर तुम बता दो कि कहाँ पर दस्तखत करने हैं। मेरे सामने यह घूँघट न उठाएगी और इतने लंबे घूँघट में यह कुछ देख न सकेगी।"[81]

घूँघट का यह प्रचलन सिर्फ नई दुल्हनों तक ही सीमित नहीं है। गाँव की बूढ़ी औरतें भी बड़ों या मर्दों से प्रायः पर्दा करती हैं। बड़ी दादी 'लाजो' उपन्यास में सुमेरचंद से पर्दा करती है। सुमेरचंद जब भी उसके सामने आता है तो "बड़ी दादी एक तरफ घूँघट निकालकर बैठ जाती है।"[82]

गाँव में वधू अपनी ननद को तू कहकर नहीं पुकारती है। भले ही ननद छोटी क्यों न हो, वह सम्माननीय होती है। "कांता लाजो की ननद लगती थी और ननद छोटी हो तो भी उसे तू कहकर पुकारने की रीति न थी।"[83]

काँगड़ा के गाँवों में वधू ससुर से बात नहीं करती है। शांता कुमार ने इस प्रथा का चित्रांकन प्रेम और सुमेर के बीच हुए वार्तालाप के माध्यम से किया है—

"बाबाजी, यह कैसा रिवाज है कि बहू अपने ससुर से कोई जरूरी बात भी नहीं कर सकती?"

"बेटा प्रेम, तुम ठीक कहते हो। देखो, अब इस घर में लाजो और मैं ही हैं। हम भी आपस में बात नहीं कर सकते। कई बार बड़ी मुश्किल होती है...।"[84]

उपरोक्त सभी प्रथाओं और परंपराओं का समग्र चित्रांकन 'मृगतृष्णा' उपन्यास में शांता कुमार ने इस प्रकार किया है—"उसने सुन रखा था कि पहाड़ी महिलाएँ तो पर्दा करती हैं। घर में भी अपने बड़ों के सामने घूँघट में रहती हैं। घर की बहू अपने बड़ों से बात तक भी नहीं करती। पराए मर्द से बात करने का तो सवाल ही पैदा नहीं होता।"[85] लाजो पराए मर्द भगतराम के सामने जब घूँघट नहीं उठाती है तो मजबूरन भगतराम को बोलना पड़ता है—"नंबरदार, उसे कहो कि घूँघट जरा उतार दे, तभी तो वह कागज पर हस्ताक्षर कर सकेगी।" भगतराम ने आदेश दिया। लाजो ने थोड़ा घूँघट ऊँचा किया और हस्ताक्षर करने लगी।"[86]

काँगड़ा जनपद के गाँवों के लोग घरेलू नुस्खों की चिकित्सा पद्धति पर विश्वास करते हैं। लाजो का पाँव जब गर्म चाय से झुलस जाता है तो वह प्रेम से कहती है—"साधारण-सी लगी है, मैंने हींग लगा ली है, ठीक हो जाएगा।"... गाँव में इस प्रकार जल जाने पर हींग का पानी ही लगाया जाता था।"[87]

इन प्रथाओं, परंपराओं और रीति-रिवाजों के अतिरिक्त विधवा का शुभ कार्यों में शरीक होने को अपशकुन मानना, विधवा-विवाह को रीति-नीति व धर्म के खिलाफ मानना तथा जातिगत भेद और छुआछूत आदि भी लोक-समाज में

प्रचलित प्रथाओं-परंपराओं के ही रूप हैं, जिनका शांता कुमार ने 'लाजो' में सजीव चित्रण प्रस्तुत किया है। लेकिन यह सब हिमाचली लोक-जीवन की प्रथाएँ-परंपराएँ होते हुए भी अखिल भारतीय समाज की भी प्रथाएँ-परंपराएँ हैं। अतः पर्दा आदि प्रथाओं को भी हिमाचल प्रदेश के लोक-समाज की प्रथा न मानकर मूल संस्कृति की प्रथा ही माना जाना चाहिए। वास्तव में किसी भी लोक-समाज की रीतियाँ-नीतियाँ, परंपराएँ-प्रथाएँ या रीति-रिवाज अत्यंत निजी नहीं हो सकते, क्योंकि उन सबकी जड़ें भारतीय रूढ़िवादी समाज में धँसी हुई हैं। शांता कुमार के इन उपन्यासों में भी लोक-संस्कृति से जुड़ी ऐसी ही मूल संस्कृति की रीतियों, परंपराओं और प्रथाओं का निर्वाह हुआ है।

मेले

कठिन भौगोलिक स्थितियों में रहने वाले और कठोर परिश्रम द्वारा जीविकोपार्जन करने वाले हिमाचलवासियों के मनोरंजन के साधन मेले ही हैं। हिमाचल प्रदेश में बहुत-से मेले आयोजित किए जाते हैं और इन मेलों के माध्यम से यहाँ के लोग अपने जीवन की नीरसता और थकान को मिटाने के लिए आनंद-लोक में डूब जाते हैं। यूँ तो हिमाचल प्रदेश में अनेक मेले लगते हैं, किंतु शांता कुमार के इन उपन्यासों में से 'मृगतृष्णा' उपन्यास में कुल्लू के दशहरा पर्व की सुंदर झाँकी पाठकों के समक्ष प्रस्तुत हुई है। कुल्लू का दशहरा यहाँ के वासियों की लोक-संस्कृति का सच्चा आईना है।

''कुल्लू में दशहरे का ऐतिहासिक मेला अपने पूरे यौवन पर चल रहा था। इस बार कई वर्षों के बाद इतना बड़ा मेला हो रहा था।··· सारे देश में कुल्लू का दशहरा अपनी ही प्रकार का है। जब सारे देश में दशहरा समाप्त हो जाता है, तब यहाँ शुरू होता है।··· कुल्लू का ढालपुर मैदान पूरे का पूरा भरा हुआ था। हर प्रकार की दुकानें सजी थीं।··· स्थानीय निवासी रंग-बिरंगे कपड़े पहने अपने साथियों, मित्रों व परिवार वालों के साथ इधर-उधर घूम रहे थे। कुछ दुकानों पर सामान खरीद रहे थे। कहीं नगाड़े की आवाज आ रही थी। कहीं लाउडस्पीकर पर गाना गाया जा रहा था। चहल-पहल व शोर-शराबे में एक अपार जन-समुद्र मस्ती में झूम रहा था।''[88]

दशहरा यहाँ का ऐतिहासिक पर्व है। कुल्लू के ढालपुर मैदान में इसका आयोजन होता है। मैदान के बीचोबीच रघुनाथ की स्थापना की जाती है। पूरे कुल्लू जिले से लोग अपने-अपने स्थानीय देवताओं को कंधों पर उठाकर यहाँ लाते हैं

और रघुनाथ के दरबार में देवताओं को हाजिर कर रघुनाथ की पूजा-अर्चना करते हैं। 'मृगतृष्णा' का नायक प्रमोद स्थानीय लोगों द्वारा देवताओं को कंधों पर उठाकर लाते हुए देखकर जिला पुलिस अधिकारी प्रकाश वर्मा से पूछता है—

"ये देवता कहाँ से आ रहे हैं? इतने देवता इस छोटी-सी घाटी में!" प्रमोद ने अपनी उत्सुकता प्रकट की।

"इस कुल्लू की घाटी में पूरे तीन सौ पैंसठ देवता हैं, प्रमोद। लगभग हर गाँव का देवता है। देखो, यह बड़ी मूर्ति एक आसन पर स्थापित दोनों तरफ बाँस के मजबूत डंडों पर रखी है। कंधे पर उठाए ये भक्त चले आ रहे हैं।"

"क्या सभी देवता आज यहाँ लाए जाते हैं?"

"हाँ, दशहरे के इस दिन सभी देवता रघुनाथ जी के दरबार में उपस्थित होते हैं। गाँव के भक्त लोग इन्हें उठाए यहाँ आते हैं। कुछ गाँव बहुत दूर हैं। कई तो दो-तीन दिन की लंबी यात्रा करके यहाँ पहुँचे हैं। जहाँ रात पड़ गई, वहीं पर ठहर गए। खाने-पीने का सामान साथ लिए चलते हैं। गाँव के सब लोग अपने-अपने देवता को लेकर कुल्लू के कोने-कोने से यहाँ पर आते हैं।"

"और सर, यह बाजे वाले?"

"लगभग हर देवता का अपना वाद्य होता है। कुछ के वाद्य तो चाँदी के हैं। कुछ देवताओं पर सोना चढ़ा है। सारी घाटी में इन देवताओं की संपत्ति करोड़ों रुपये की होगी।"[89]

इस उदाहरण से स्पष्ट है कि कुल्लू में दशहरे के दिन रघुनाथ की पूजा आदि में सभी स्थानीय देवता भाग लेते हैं। देवता के साथ आने वाले लोग सात दिन तक ढालपुर में ही रहते हैं। रात-रात-भर नाच-गाकर सभी उपस्थित स्त्री-पुरुष इस उत्सव को मनोरंजन का माध्यम बना लेते हैं—"इनका उत्सव नाचने-गाने से पूरा होता है। पुरुष व स्त्री साथ-साथ नाचते हैं। इनके अपने ही विशेष लोक-नृत्य व लोक-गीत हैं। इनके नृत्य में पहाड़ का-सा गांभीर्य व शालीनता होती है।··· ये मेले में जाते समय, मेले से लौटते समय भी नाचते हैं··· देवता की पूजा नाचने-गाने से होती है।"[90]

निष्कर्षत: यह कहा जा सकता है कि शांता कुमार के 'मृगतृष्णा' उपन्यास में कुल्लू के ढालपुर मैदान में आयोजित होने वाले विश्वप्रसिद्ध ऐतिहासिक दशहरा उत्सव का सुंदर चित्रण हुआ है। यह दशहरा-पर्व हिमाचल प्रदेश की कुल्लू घाटी की लोक-संस्कृति का प्रतिनिधित्व करता है। लोक-नृत्यों, लोक-गीतों और लोक-वाद्यों का सुंदर समन्वय इस अवसर पर परिलक्षित होता है, जो लोक-संस्कृति

के अभिन्न अंग हैं। कुल्लू का दशहरा भले ही आज स्थानीय उत्सव न होकर, अंतर्राष्ट्रीय स्तर का हो गया है, किंतु आज भी इस मेले का एक विशिष्ट निजीपन है और वह निजीपन है—स्थानीय लोक-संस्कृति की झलक। इसी लोक- संस्कृति को उजागर करने का प्रयत्न शांता कुमार ने 'मृगतृष्णा' उपन्यास के माध्यम से किया है और काफी हद तक अपने इस प्रयास में शांता कुमार सफल भी हुए हैं।

लोक-बोली (काँगड़ी)

शांता कुमार के 'लाजो' उपन्यास में काँगड़ा जनपद की लोक-बोली काँगड़ी का रमणीय प्रतिपादन हुआ है। काँगड़ी बोली हिमाचल प्रदेश के काँगड़ा जिले के लोगों की बोली है। यहाँ के लोग अपने सुखों-दुःखों, आशाओं-अभिलाषाओं को इसी लोक-बोली में अभिव्यक्त करते हैं। यहाँ के लोक में प्रचलित कहावतें, मुहावरे और लोकोक्तियाँ भी इसी बोली में प्रकट होती हैं।

'लाजो' उपन्यास की बड़ी दादी पूर्णतः आँचलिक पात्र है। 'लाजो' उपन्यास में जहाँ भी स्थानीय संवादों का प्रयोग हुआ है, वह बड़ी दादी के मुख से ही हुआ है। बड़ी दादी जैसे पात्र का निर्माण करके वास्तव में शांता कुमार ने 'लाजो' उपन्यास के आँचलिक परिवेश में प्राणतत्त्व का संचार किया है। इसी अध्याय के अंतर्गत हम काँगड़ी बोली के अनेक शब्दों तथा वाक्यों का अध्ययन पीछे कर आए हैं, फिर भी कुछ अन्य संवाद उदाहरणीय हैं।

प्यारचंद की मौत का समाचार पाकर लाजो और सुमेरचंद को ढाढ़स बँधाते हुए बड़ी दादी का कथन उदाहरणीय है—"तुंसा दोयो दिले जो पक्का करा। होर कुण है तुंसा दा। देरजी! इसा बचारिया जो तुंसा ही है। कने हुण तुंसा जो भी ऐ ही सहारा है। जिन्नी पाई सै निभाई भी दिन्दा। जीण-मरण माहणुए दे हथै नीं। तुंसा दा दुख तां बड़ा भारा है, उस बड्डे पहाड़े साई पर करना क्या इत्थु माहणुए दा कोई बस नीं चलदा (आप दोनों दिल पक्का करें। अब दोनों का और कौन है देवर जी! इस बेचारी के लिए आप ही हैं और अब आपके लिए भी इसका ही सहारा है। जिसने यह विपत्ति डाली है, वह निभा देगा। जीवन-मरण मनुष्य के हाथ नहीं है। आपका दुःख तो इस पहाड़ की तरह है, परंतु कुछ किया नहीं जा सकता। यहाँ मनुष्य का कोई वश नहीं चलता)।"[91]

रमेश द्वारा कांता की शादी के बारे में पूछे जाने पर बड़ी दादी का कथन प्रस्तुत है—"सच गलाया तें। ए कुड़ियाँ पराया धन हुंदा। पाला, पोसा, कने भेजी दिआ। इयाँ ई चलया ए संसार। चल भलेया अपने घरे जाण कने सुख करन (तुमने

सच कहा, ये लड़कियाँ पराया धन होती हैं। इनका पालन-पोषण करो और भेज दो। संसार ऐसे ही चल रहा है। चलो, अपने घर जाएँ और सुख करें।)।''[92]

अन्य उदाहरण—''मुन्नुआ, लाड़िया दे सिरे ते घड़ा तू उतार। ऐ भी अज जरूरी रिवाज ही है (बेटा, बहू के सिर से घड़ा तुम उतारो। यह भी जरूरी रिवाज है।)।''[93]

''प्यारूआ, ए थाली लै। इसच फल कने म्योये रखेओ कन्ने पैसे भी। आज जाई करी लाड़िए जो एह सब कुछ सबते पहले देणा। फिर कुछ होर¨ (प्यारचंद, यह थाली सँभाल, इसमें फल, सूखे मेवे और पैसे रखे हैं। अंदर जाकर अपनी पत्नी को सबसे पहले यह देना। उसके बाद कुछ और¨)।''[94]

बड़ी दादी के उपर्युक्त सभी संवादों से स्पष्ट है कि 'लाजो' उपन्यास में स्वाभाविकता लाने के लिए शांता कुमार ने काँगड़ी बोली के संवादों का सहारा लिया है। काँगड़ी बोली पर पंजाबी का प्रभाव भी यहाँ स्पष्ट झलकता है। कुड़ी, होर आदि पंजाबी शब्दों का पहाड़ी भाषा में प्रयोग अब आम हो गया है, अत: ये शब्द पहाड़ी में अखरते नहीं हैं। बड़ी दादी के संवादों में स्थानीय गालियों का प्रयोग भाषा को स्थानीयता या लोक के अधिक नजदीक ले आया है। गालियों तथा सूक्तियों आदि के प्रयोग ने काँगड़ी बोली की स्वाभाविकता को कायम रखने में सहायता दी है। फिटे मुँह, दाढ़ी जलेया आदि स्थानीय गालियों का प्रयोग हुआ है। कपड़ेयाँ ते बाहर होणा, जीह्व खिंची लेंगी, दिले जो पक्का करा आदि काँगड़ी बोली के मुहावरों का प्रयोग शांता कुमार ने पहाड़ी भाषा के संवादों में किया है। अनेक सूक्तियों यथा—जिन्नी पाई सै निभाई भी दिन्दा, जीण-मरण माणुए दे हथ नीं, कुड़ियाँ पराया धन हुन्दा आदि का सुंदर प्रयोग पहाड़ी भाषा के संवादों में जान डाल गया है। अत: स्पष्ट है कि शांता कुमार को स्थानीय लोक-जीवन की समग्रता को अभिव्यक्त करने के लिए ही स्थानीय बोली का आश्रय लेना पड़ा है। सच भी यही है कि आँचलिक उपन्यासों की भाषा में आँचलिक बोली का पुट आवश्यक है, तभी कोई आँचलिक उपन्यास लोक के अधिक नजदीक व यथार्थपरक जान पड़ता है।

स्थानीय शब्दावली

काँगड़ी बोली के प्रयोग से शांता कुमार का उपन्यास 'लाजो' आँचलिकता को अभिव्यक्त करने में अधिक सक्षम प्रतीत होता है। स्थानीय बोली के साथ ही शांता कुमार ने 'लाजो' उपन्यास में अनेक स्थानीय शब्दों का सुंदर प्रयोग किया

है। स्थानीय बोली के प्रचलित शब्दों के प्रयोग के मोह से कोई भी आँचलिक साहित्यकार बच नहीं पाया है। आँचलिक उपन्यासों में अधिकतर यह प्रवृत्ति पाई जाती है। शांता जी ने भी इसी प्रवृत्ति का निर्वाह करते हुए पहाड़ी (काँगड़ी) बोली के अनेक शब्दों का प्रयोग किया है। इन आँचलिक शब्दों की अर्थसहित संक्षिप्त शब्दावली इस प्रकार है—

अंद्रोन	— वधू का गृह-प्रवेश
घराल	— पशु बाँधने का अलग कमरा
मलहूँ	— गोबर आदि फेंकने के लिए बनाया गया गड्ढा
बावड़ी	— पानी का चश्मा जहाँ से पीने के लिए पानी लाया जाता है।
बिन्ना	— पत्तों का बना हुआ नर्म गोल गद्दा, जिसे सिर पर घड़े के नीचे रखा जाता है ताकि घड़ा सिर में न चुभे।
ओबरी	— घर के अंदर का छोटा अँधेरा कमरा
कुड़माई	— सगाई
परना	— कंधे पर रखा जाने वाला तौलिए की तरह का कपड़ा
देरजी	— देवर जी
कुण	— कौन
माहणु	— मनुष्य
लाड़ी	— बहू
म्योये	— सूखे मेवे
नूंह	— बहू
बत्त	— रास्ता
खड्ड	— छोटी नदी
चंगेर	— बाँस की बनी हुई चौड़ी टोकरी
भटूरू	— खमीरा डालकर बनाई जाने वाली रोटी
आरा	— देशी शराब
दबोठनी	— लकड़ी का एक चपटा डंडा, जिससे कपड़े धोते समय कपड़ा पीटा जाता है।
मुन्नू	— लड़का, बेटा
छोरू	— लड़का
गलाणा	— बोलना
जनासाँ	— औरतें

आँचलिक परिवेश वाले उपन्यासों की सफलता इस बात पर निर्भर होती है कि उपन्यासकार उस अंचल की लोक-संस्कृति को उपन्यास में यथार्थ की उस भूमि पर चित्रित करे, जिससे उपन्यास संबंधित हो। इस दृष्टि से देखा जाए तो शांता कुमार के 'लाजो' और 'मृगतृष्णा' उपन्यास हिमाचल प्रदेश की लोक संस्कृति के संवाहक कहे जा सकते हैं। इन उपन्यासों में हिमाचल प्रदेश के लोक-जीवन में प्रचलित मान्यताओं, परंपराओं, अंधविश्वासों, रीतियों-नीतियों आदि का विशुद्ध वर्णन मिलता है। 'लाजो' उपन्यास अंचल-विशेष की लोक-संस्कृति की कहानी है, जबकि 'मृगतृष्णा' उपन्यास काँगड़ा, कुल्लू तथा लाहौल-स्पीति घाटियों की लोक-संस्कृति का प्रतिनिधित्व करता जान पड़ता है। शांता कुमार ने इन दोनों उपन्यासों में हिमाचली लोक-जीवन से जुड़े अनेक पहलुओं का सूक्ष्म-अति सूक्ष्म अध्ययन-निरूपण किया है। स्वयं इसी लोक-जीवन का हिस्सा होने के फलस्वरूप ही इन उपन्यासों में आँचलिक परिवेश का उद्घाटन करने में शांता कुमार सफल हुए हैं।

निष्कर्षतः यह कहने में कोई अतिशयोक्ति नहीं है कि हिमाचली लोक-जीवन का सजीव चित्रण करने वाले साहित्यकार शांता कुमार के उपन्यास 'मृगतृष्णा' और 'लाजो' न केवल हिमाचली लोक-संस्कृति, अपितु भारतीय मूल संस्कृति के भी जीवंत दस्तावेज हैं। इन उपन्यासों में समाहित हिमाचली लोक-जीवन के उपादान यथा—संस्कार, विश्वास, धर्म, जातियाँ, मेले, लोक-बोली, प्रथाएँ, परंपराएँ, मान्यताएँ, वेशभूषा, खान-पान इत्यादि भारतीय शास्त्रीय संस्कृति के भी उपादान हैं। अतः इन कृतियों को हिमाचली लोक-जीवन की ही नहीं, अपितु भारतीय लोक-जीवन की अभिव्यक्ति कहना अधिक उपयुक्त होगा।

संदर्भ

1. लाजो, शांता कुमार, पृष्ठ 7-8
2. वही, पृष्ठ 10
3. वही, पृष्ठ 76
4. वही, पृष्ठ 61
5. वही, पृष्ठ 7
6. वही, पृष्ठ 90
7. वही, पृष्ठ 91
8. मृगतृष्णा (शांता कुमार : समग्र साहित्य—1, सं॰ रामकुमार भ्रमर), पृष्ठ 186
9. वही, पृष्ठ 187

10. वही, पृष्ठ 284-285
11. वही, पृष्ठ 212-213
12. वही, पृष्ठ 213
13. वही, पृष्ठ 8
14. वही, पृष्ठ 9
15. वही, पृष्ठ 38
16. वही, पृष्ठ 13
17. वही, पृष्ठ 39
18. वही, पृष्ठ 42
19. वही, पृष्ठ 67
20. वही, पृष्ठ 72
21. वही, पृष्ठ 85
22. वही, पृष्ठ 85
23. वही, पृष्ठ 51
24. वही, पृष्ठ 51
25. मृगतृष्णा (शांता कुमार : समग्र साहित्य—1, सं॰ रामकुमार भ्रमर), पृष्ठ 198-199
26. वही, पृष्ठ 211
27. लाजो, शांता कुमार, पृष्ठ 15-16
28. मृगतृष्णा (शांता कुमार : समग्र साहित्य—1, सं॰ रामकुमार भ्रमर), पृष्ठ 190
29. वही, पृष्ठ 191
30. वही, पृष्ठ 192
31. वही, पृष्ठ 210
32. वही, पृष्ठ 210
33. वही, पृष्ठ 211
34. लाजो, शांता कुमार, पृष्ठ 32
35. वही, पृष्ठ 74
36. वही, पृष्ठ 87
37. मृगतृष्णा (शांता कुमार : समग्र साहित्य—1, सं॰ रामकुमार भ्रमर), पृष्ठ 25
38. वही, पृष्ठ 34-35
39. वही, पृष्ठ 41
40. वही, पृष्ठ 28
41. वही, पृष्ठ 43
42. वही, पृष्ठ 177
43. वही, पृष्ठ 112
44. वही, पृष्ठ 188
45. वही, पृष्ठ 194

46. वही, पृष्ठ 229
47. लाजो, शांता कुमार, पृष्ठ 9
48. वही, पृष्ठ 86
49. वही, पृष्ठ 32-33
50. वही, पृष्ठ 20
51. मृगतृष्णा (शांता कुमार : समग्र साहित्य—1, सं॰ रामकुमार भ्रमर), पृष्ठ 213
52. वही, पृष्ठ 196
53. वही, पृष्ठ 35
54. लाजो, शांता कुमार, पृष्ठ 50
55. वही, पृष्ठ 50
56. वही, पृष्ठ 12
57. वही, पृष्ठ 13
58. वही, पृष्ठ 42
59. मृगतृष्णा (शांता कुमार : समग्र साहित्य—1, सं॰ रामकुमार भ्रमर), पृष्ठ 35
60. वही, पृष्ठ 197
61. लाजो, शांता कुमार, पृष्ठ 43
62. वही, पृष्ठ 92-93
63. मृगतृष्णा (शांता कुमार : समग्र साहित्य—1, सं॰ रामकुमार भ्रमर), पृष्ठ 59
64. वही, पृष्ठ 72
65. वही, पृष्ठ 197-198
66. वही, पृष्ठ 198
67. वही, पृष्ठ 212
68. वही, पृष्ठ 98
69. वही, पृष्ठ 27
70. वही, पृष्ठ 68
71. वही, पृष्ठ 71
72. वही, पृष्ठ 214
73. वही, पृष्ठ 26
74. लाजो, शांता कुमार, पृष्ठ 22
75. वही, पृष्ठ 35
76. वही, पृष्ठ 20
77. वही, पृष्ठ 22
78. वही, पृष्ठ 84
79. वही, पृष्ठ 94
80. वही, पृष्ठ 10
81. वही, पृष्ठ 15

82. वही, पृष्ठ 12
83. वही, पृष्ठ 26
84. वही, पृष्ठ 30
85. मृगतृष्णा (शांता कुमार : समग्र साहित्य—1, सं॰ रामकुमार भ्रमर), पृष्ठ 33
86. लाजो, शांता कुमार, पृष्ठ 17
87. वही, पृष्ठ 31
88. मृगतृष्णा (शांता कुमार : समग्र साहित्य—1, सं॰ रामकुमार भ्रमर), पृष्ठ 65-66
89. वही, पृष्ठ 66-67
90. वही, पृष्ठ 67
91. लाजो, शांता कुमार, पृष्ठ 12
92. वही, पृष्ठ 76
93. वही, पृष्ठ 10
94. वही, पृष्ठ 10

अध्याय 5

उपसंहार

साहित्य मानवीय संस्कृति का संवाहक एवं संग्रहालय होता है। मानव जीवन के क्रियाकलापों, कार्यों-विधियों का लेखा-जोखा आने वाली पीढ़ियों तक साहित्य ही पहुँचाता आया है और पहुँचाता रहेगा। बीते हुए युगों की संस्कृति के विकास और क्षय की कहानी हमसे साहित्य कहता-सुनाता है। कहने का अभिप्राय यह है कि संस्कृति साहित्य में ही सुरक्षित रहती है। अत: एक सफल साहित्यकार वही है जो अपने साहित्य को संस्कृति संग्रहण का माध्यम बनाता है। जिस प्रकार बिहार के अंचलों की लोक-संस्कृति फणीश्वर नाथ 'रेणु', कुमायूँ-गढ़वाल के अंचलों की लोक-संस्कृति हिमांशु जोशी के उपन्यासों में सुरक्षित है, उसी प्रकार हिमाचल प्रदेश की घाटियों की लोक-संस्कृति शांता कुमार के उपन्यासों में सुरक्षित है। शांता कुमार अंचल-विशेष की मिट्टी से जुड़े हुए साहित्यकार हैं। आँचलिकता उनकी रचनाओं की विशेषता है।

हिमाचल प्रदेश की प्राकृतिक छटा, पहनावा, खान-पान, धार्मिक पर्व-त्यौहार तथा मेले आदि लोक-संस्कृति के ऐसे तत्त्व हैं, जो प्रत्येक मनुष्य को अपने सौंदर्य-पाश में बाँध लेते हैं। वेदों, उपनिषदों और महाभारत आदि की ऐतिहासिकता को चरित्रार्थ करता यहाँ की नदियों का कल-कल निनाद, पक्षियों का कलरव, भँवरों का गुंजन और हरी-भरी वादियाँ किसी भी संवेदनशील व्यक्ति को प्रभावित करने में समर्थ हैं। प्रकृति के इन्हीं तत्त्वों का प्रभाव यहाँ के लोक-मानस और लोक-स्वभाव में भी परिलक्षित होता है। साहित्यकार शांता कुमार ने इस लोक की इन्हीं प्रवृत्तियों के कारण यहाँ की लोक-संस्कृति को अपने लेखन का विषय बनाया

है। शांता कुमार का उपन्यास साहित्य लोक-जीवन से जुड़ा है। 'लाजो' उपन्यास का लोक-जीवन कोई कपोल-कल्पना नहीं है, अपितु उपन्यासकार का करीब से देखा हुआ यथार्थ है। शांता कुमार ने हिमाचल प्रदेश के दुर्गम अंचलों के लोक-जीवन को सत्य और यथार्थ की कसौटी पर परखकर अपने साहित्य में उकेरा है।

शांता कुमार संवेदनशील व्यक्ति हैं, अतः मानव के प्रति उनकी संवेदना 'लाजो' तथा 'मृगतृष्णा' उपन्यासों में परिलक्षित होती है। 'लाजो' उपन्यास सर्वत्र मानवीय त्रासदी और करुणा का जीवंत ग्रंथ प्रतीत होता है। नारी वर्ग के प्रति विशेष सहानुभूति लाजो, सावित्री तथा ॠतु आदि पात्रों के माध्यम से सामने आती है। राजनीति का अंग होने के कारण 'लाजो' जैसी कृति के माध्यम से शांता कुमार ने न केवल देश की सीमाओं पर जान देने वाले शहीदों को श्रद्धांजलि अर्पित की है, अपितु इस वर्ग के प्रति अपनी सहानुभूति भी प्रकट की है।

शांता कुमार हिमाचल प्रदेश के ही नहीं, अपितु पूरे हिंदी साहित्य के ऐसे प्रथम साहित्यकार हैं, जिन्होंने सर्वप्रथम हिमाचल प्रदेश की आँचलिक भाषा या बोली को उसका अनुकूल स्थान दिलाने का प्रयास किया है। वास्तविकता यह है कि पहाड़ी भाषा भी हिंदी भाषा की अन्य बोलियों के समान ही सम्मान की अधिकारिणी है, लेकिन किसी भी साहित्यकार ने शांता कुमार से पूर्व इस तरह की पहल करने का प्रयत्न नहीं किया है। काँगड़ी लोक-बोली के निर्वाह के कारण ही 'लाजो' सरीखे उपन्यास में आँचलिकता की गहनता दिखाई पड़ती है।

महान् कथाकार चंद्रधर शर्मा गुलेरी और यशपाल ने आजादी से पूर्व हिंदी साहित्य जगत् में हिमाचल प्रदेश का नाम रोशन किया है। लेकिन ऐसे साहित्यकारों की यदि हम खोज करें, जिन्होंने आजादी के बाद हिमाचल प्रदेश को हिंदी साहित्य के क्षेत्र में उचित स्थान दिलवाया हो, तो निश्चित रूप से शांता कुमार का नाम उभरकर सामने आता है। इसमें कतई दो राय नहीं है कि गुलेरी और यशपाल विस्तृत हिंदी फलक के साहित्यकार हैं—जिन्होंने हिमाचल को नाम दिया है। किंतु हिमाचल प्रदेश के संदर्भ में उनका लेखन नास्टेलजिक था, जबकि शांता कुमार का लेखन हिमाचल प्रदेश की मिट्टी की सोंधी खुशबू में रचा-बसा है। हिमाचल प्रदेश के साहित्यकारों द्वारा हिंदी साहित्य की उत्कृष्ट सेवा करने के बावजूद जो कमी उनके सृजन में खलती थी, उसे शांता कुमार ने पूरा किया है। शांता कुमार की दृष्टि अत्यंत पैनी है। उन्होंने न केवल हिमाचली लोक-संस्कृति के सूक्ष्म-अतिसूक्ष्म पहलुओं को 'लाजो' एवं 'मृगतृष्णा' में उभारा है, बल्कि इस लोक में व्याप्त सामाजिक समस्याओं को भी सूक्ष्मता से व्यंजित किया है। हिमाचल प्रदेश

का खैरा अंचल उन पिछड़े हुए पहाड़ी इलाकों में से एक है, जहाँ के लोग पानी जैसी मूलभूत आवश्यकता के लिए भी त्रस्त हैं। देश आजाद हुआ, अपनी सरकारें बनीं, सरहदों पर मरने के लिए वीरपुत्र गाँवों ने दिए, गाँवों ने ही शहरी लोगों की भूख मिटाने के लिए अनाज उगाया, लेकिन यही गाँव आजादी के बाद निरंतर उपेक्षा का शिकार होते गए। फलतः 'लाजो' उपन्यास में 'खैरा' जैसे गाँव की समस्याओं का चित्रांकन शांता कुमार ने किया।

शांता कुमार भारतीय संस्कृति के पक्षधर हैं। इनकी यह सांस्कृतिक पक्षधरता उनके उपन्यासों में स्पष्ट दिखाई पड़ती है। 'लाजो' तथा 'मृगतृष्णा' उपन्यासों के माध्यम से शांता कुमार ने यह दर्शाने का प्रयत्न किया है कि आधुनिकता का संसर्ग पाकर आज जहाँ लोक-संस्कृति परिवर्तन के दौर से गुजर रही है, वहीं हिमाचल प्रदेश के अनेक अंचल आज भी आधुनिकता से अपरिचित हैं। यही कारण है कि आज भी यहाँ के लोग सुखी और संतुष्ट हैं। हिमाचल प्रदेश का लोक आज भी अपने रीति-रिवाजों, परंपराओं, प्रथाओं, विश्वासों को उतना ही महत्त्व देता है जितना पूर्व में देता आया है। शिक्षा के प्रसार तथा बाहरी क्षेत्रों के लोगों के यहाँ आने-जाने से हालाँकि यहाँ का लोक-जीवन प्रभावित अवश्य हुआ है, किंतु अपनी मुख्य सांस्कृतिक धारा से वह आज भी जुड़ा है। 'लाजो' और 'मृगतृष्णा' के माध्यम से शांता कुमार ने स्पष्ट कर दिया है कि बावड़ी-पूजन, रास्ते का पूजन, बड़ों के सामने घूँघट न उठाना, घरेलू चिकित्सा, देवी-देवताओं में अगाध श्रद्धा, राजपूत परिवारों का देश के लिए प्राणोत्सर्ग आदि ऐसी मान्यताएँ, परंपराएँ या रीति-रिवाज हैं, जो हिमाचली लोक-संस्कृति के शुद्ध निजी उपादान हैं तथा लोग आज भी इन पर अगाध श्रद्धा रखते हैं।

हिमाचल प्रदेश के ग्रामीण परिवेश में गहराई से उतरकर शांता कुमार ने अपने उपन्यास साहित्य में यहाँ के इस लोक-जीवन के विभिन्न अनछुए आयामों को अभिव्यक्ति प्रदान की है। 'लाजो' मात्र एक आँचलिक रचना ही नहीं है, अपितु हिमाचल के अधिकतर गाँवों का प्रतिनिधित्व करने वाली कृति है। शांता कुमार ने 'लाजो' और 'मृगतृष्णा' उपन्यासों में हिमाचल प्रदेश की लोक-संस्कृति या लोक-जीवन का संग्रह करके साहित्य की संस्कृति-संग्रहण की परंपरा को जीवंत रखा है। साथ ही हिमाचल प्रदेश के काँगड़ा तथा अन्य अंचलों के वासियों की विवशताओं, समस्याओं तथा लोक-संस्कृति का चित्रण करके पर्वतीय आँचलिकता के सहज रूप का शांता कुमार ने निर्वाह किया है।

शांता कुमार का समग्र गद्य-साहित्य उनके भोगे हुए यथार्थ से प्रस्तुत होकर

मानवीय संवेदनाओं से ओतप्रोत है। गद्य-साहित्य में लेखक की करुणा, संवेदना, मानवीयता और सहानुभूति समाज के ऐसे वर्ग को प्राप्त हुई है, जो विपन्नता से कराहता हुआ जीवनयापन कर रहा है, जो समाज में शोषित, पीड़ित एवं दलित है। कथा-साहित्य में आँचलिक परिवेश उनके लेखन की विशिष्टता है। उनके गद्य साहित्य में शिल्प एवं कला-विधान का निखरा हुआ रूप देखा जा सकता है तथा भावों में प्रौढ़ता दर्शनीय है। कथा-साहित्य का वर्ण्य-विषय, पात्र और चरित्र-चित्रण, वातावरण, विचारधारा एवं भाषा-शैली सशक्त एवं प्रभावकारी हैं। नारी की ज्वलंत समस्याओं और आंतरिक रिक्तता का यथार्थ उद्‌घाटन उनके कथा-साहित्य की विशेषता है। उनके उपन्यासों में हिमाचल प्रदेश की आँचलिक भाषा तथा वहाँ के लोक-जीवन की अभिव्यक्ति का अनूठा प्रयोग दिखाई देता है। उपन्यासों में मौलिकता, मानव-मनोविज्ञान तथा आँचलिकता की गहनता स्पष्ट झलकती है।

शांता कुमार : राजनीतिज्ञ एवं साहित्यकार : समग्र मूल्यांकन

शांता कुमार के अनुसार—"साहित्यकार जब राजनीति करेगा, तो वह परिष्कृत ही होगी। साहित्यकार और कवि सत्य की खोज करता है और जो सत्य कहने की हिम्मत करता है, वही रचनाकार है। हमारे साहित्य में तो भगवान् को भी कवि कहा गया है। सत्य वही कह सकता है, जो निडर हो, और निडर वही हो सकता है जो पूरी तरह से अलिप्त हो। मुझे अपने पूरे राजनीतिक जीवन में बहुत-सी कठिनाइयों, परेशानियों से निकलना पड़ा। धर्मसंकट के कई पड़ाव आए। करने और झुकने की कई स्थितियाँ आईं। मुझे प्रसन्नता है कि मैं हर मोड़ पर अपने आदर्शों पर अडिग रहा। तब मुझे सबसे अधिक प्रेरणा गीता के संदेश से और मेरे अंदर के साहित्यकार से मिली। राजनीति में लोग राजनीति ही करते हैं और साहित्य, कला, अध्यात्म आदि से जिनका कोई संपर्क नहीं है, उनकी राजनीति तो बिलकुल ही छल-कपट और स्वार्थ से भरी है। जहाँ-जहाँ राजनीति में साहित्य, कला, अध्यात्म का पुट है, वहाँ राजनीति परिष्कृत है, संवेदनशील है।"

शांता कुमार राजनीतिक लेखक हैं। वे सफल साहित्यकार होने के साथ-साथ सफल राजनीतिज्ञ भी हैं। अतः साहित्यकार के संवेदनशील हृदय के साथ-साथ राजनीतिज्ञ का सुधारवादी हृदय भी उनके सीने में धड़कता है। राजनीतिज्ञ होने के नाते शांता कुमार ने राजनीति के विभिन्न आयामों को साहित्य की परिधि में सामाजिक संदर्भों से जोड़ा है। ऐसे बिरले ही साहित्यकार होते हैं, जो राजनीति

के क्षेत्र में भी अपनी छवि बना पाए हों या ऐसे राजनीतिज्ञ भी कम ही होते हैं, जो सफल साहित्यकार भी हों। लेकिन शांता कुमार बहुमुखी प्रतिभा के धनी हैं। शांता कुमार की यह बहुमुखी प्रतिभा मात्र उनके व्यक्तित्व में ही नहीं है, अपितु साहित्य के क्षेत्र में भी है।

शांता कुमार उन राजनीतिज्ञों में से नहीं हैं, जिनको गद्‌दी का मोह राजनीति से जोड़े रखता है और उन साहित्यकारों में से नहीं हैं, जो उम्र-भर साहित्य की किसी एक विधा से जुड़े रहते हैं। शांता कुमार ऐसे साहित्यकार हैं, जिनका लेखन वैविध्यपूर्ण और बहुआयामी है। उपन्यास, कहानी, कविता, निबंध, जीवनी, संस्मरण आदि साहित्यिक विधाओं में उन्होंने साहित्य-सृजन किया है। लेकिन सर्वाधिक सफलता उनको उपन्यास-लेखन में हासिल हुई है। शांता कुमार का समग्र साहित्य भोगे या करीब से देखे हुए यथार्थ से प्रसूत है। शांता कुमार ने स्वयं जेल-जीवन को भोगा है और एक कैदी का जीवन जीया है। यही कारण है कि 'लाजो', 'मृगतृष्णा', 'कैदी' और 'मन के मीत' सभी उपन्यासों के मुख्य पात्र जेल के अनुभवों से अवश्य दो-चार हुए हैं। शांता कुमार की भोगी हुई जिंदगी का उनके उपर्युक्त उपन्यासों पर यह प्रभाव दिखाई पड़ता है।

शांता कुमार का गद्य साहित्य ही नहीं, पद्य साहित्य भी मानवीय संवेदनाओं से ओतप्रोत है। स्वानुभूति और व्यापक राष्ट्रीयता के आयामों को शांता कुमार ने अपने काव्य का प्रतिपाद्य बनाया है। उनकी कविताओं में करुणा, संवेदना, मानवीयता, सहानुभूति, राष्ट्र-प्रेम, देशभक्ति की भावना आदि के स्वर सुनाई देते हैं।

शांता कुमार का संपूर्ण साहित्य भाव, कथ्य तथा शिल्प की दृष्टियों से अत्यंत प्रौढ़ है। स्पष्टता, सरलता, आकर्षण तथा शब्दों की लयात्मकता इनकी भाषा की विशेषता है। मुहावरों तथा सूक्तियों आदि के प्रयोग से भाषा में विशेष माधुर्य आया है।

अपने सृजन को शांता कुमार साहित्य के किसी वाद या धारा से प्रभावित नहीं मानते हैं, किंतु प्रगतिवाद का प्रभाव उनकी कविताओं तथा कथा-साहित्य में स्पष्ट झलकता है। प्रेम की अभिव्यंजना शांता कुमार के कथा-साहित्य का मूल भाव है, अतः मूलतः ये रोमानी लेखक हैं।

वैयक्तिक जीवन, राजनीति आदि क्षेत्रों में शांता कुमार संघर्षों से जूझते रहे हैं। वास्तव में उन्होंने जीवन के प्रत्येक क्षेत्र में बहुत अधिक संघर्ष किया है, कष्टों को झेला है, अन्याय के खिलाफ आवाज बुलंद की है। यही कारण है कि उनकी रचनाओं के पात्रों में (अपवादों को छोड़कर) अन्याय के विरुद्ध और संघर्ष से

डटकर सामना करने की अदम्य इच्छाशक्ति दिखाई देती है। यह शांता कुमार की दृढ़ इच्छाशक्ति ही है।

शांता कुमार की हर विधा में रचित कृतियाँ मौलिक एवं अद्वितीय हैं। प्राय: सभी साहित्यकार अपने परिवेश और परिस्थितियों से प्रेरणा लेते हैं। शांता कुमार भी निरंतर अपने जीवन की घटनाओं और अनुभवों से अनुस्यूत होकर ही सृजन की ओर उन्मुख हुए हैं। यही कारण है कि वे लोकप्रिय लेखक हैं। मौलिकता, सहजता, कौतूहल, ऐतिहासिकता, अंतर्मन संलाप आदि मुख्य प्रवृत्तियाँ उनके गद्य-लेखन में उभरकर सामने आती हैं।

शांता कुमार बेशक एक सफल राजनीतिज्ञ हैं, लेकिन स्वयं को वे साहित्यकार ही अधिक मानते आए हैं। वर्तमान में राजनीतिक व्यस्तताओं का वे जिंदगी के लिए शुभ संकेत नहीं मानते हैं। वे राजनीतिक व्यस्तताओं के बावजूद आज भी निरंतर लेखनरत हैं। साक्षात्कार के दौरान उन्होंने अपने नवीन उपन्यास 'वृन्दा' के बारे में जानकारी दी है।

हिमाचल प्रदेश की सांस्कृतिक विशिष्टताएँ

भारतीय संस्कृति और इतिहास में हिमालय पर्वत का विशिष्ट स्थान एवं योगदान है। वेदों में वर्णित हिमाच्छादित और गगनचुंबी शिखरों वाला 'हिमवत' वैदिक मनीषियों के लिए प्रेरणास्रोत रहा है। श्रीकृष्ण ने गीता में कहा है—'स्थावराणां हिमालय:' अर्थात् मैं स्थावरों में हिमालय हूँ। स्थावर शब्द का यहाँ अर्थ स्थिरता कम और पांडित्य-भाव संभवत: अधिक है। 'कुमारसंभव' में महाकवि कालिदास ने हिमालय का जैसा वर्णन किया है, अन्यत्र दुर्लभ है। 'देवतात्माहिमालय' भारत की उत्तर दिशा में अवस्थित है। विंध्याचल, मन्दराचल, सुमेरु आदि पर्वतों के इस देश में महादेव के ससुराल-स्थल हिमालय को शैलाधिपति कहा जाता है। मुहम्मद इकबाल ने लिखा है—

पर्वत है सबसे ऊँचा हमसाया आसमाँ का।
वह संतरी हमारा, वह पासवां हमारा ।।

युगों से अपलक भारत की चौकसी कर रही हिमालय की दूर-दूर तक फैली शाखाएँ और इन शाखाओं से प्रवाहित होने वाली गंगा, यमुना, सिंधु, ब्रह्मपुत्र जैसी सदानीरा नदियाँ भारत को अमृतरूपी जलधारा प्रदान कर रही हैं। कल्पना करें, यदि हिमालय नहीं होता तो भारत देश की क्या दशा होती? आर्य-संस्कृति कभी

विकसित होती? भारत में जिस प्रकार हिमालय का एकात्म हुआ है, विश्व में ऐसा कौन-सा देश है जिसके साथ हिमालय की तरह का पर्वत एकात्म हुआ है? प्राचीन भारतीय काव्य, पुराण, आख्यान सभी हिमालय से प्रसूत हैं।

वेदों, पुराणों तथा अन्य ग्रंथों में अनेक मनीषियों और कवियों ने प्राचीन काल से ही हिमालय की महिमा का गुणगान किया है। धरतीरूपी गाय माँ का यह प्रिय बछड़ा, अमूल्य रत्नों एवं जड़ी-बूटियों का यह घर, शाश्वत हिम से आच्छादित सदैव पवित्र-शुभ्र, सिद्ध यज्ञ और साधुओं का तपोवन हिमालय—पर्वतों का राजा है। महाकवि भैरवी ने हिमालय का वर्णन करते हुए लिखा है, 'श्रुति, सम, सत्य और मुक्ति ज्ञान का उद्गम स्थल हिमालय, उन प्राणियों के लाभार्थ जो ब्रह्म की पवित्रतम और महानतम स्थिति प्राप्त कर, जन्म-मरण और वृद्धावस्था से मुक्ति चाहते हैं, अज्ञान रूपी अँधेरा हटा देता है।'

यह भगवान् शिव की तपोभूमि है, जहाँ बैठकर व्यास ने पवित्र ग्रंथों की रचना की और जिसका सुंदर वर्णन महाभारत के आदि-पर्व में मिलता है। अपने शरीर को योगाभ्यास से पवित्र कर, हिमालय के पवित्र स्थल पर पर्वत की एक पुण्य गुफा में दर्भासन पर व्यास विराजमान हैं। ऐसे ही असंख्य उदाहरण प्राचीन साहित्य में यत्र-तत्र-सर्वत्र मिलते हैं। इसलिए इसे देवी-देवताओं और ऋषि-मुनियों की देवभूमि या तपोभूमि कहा जाता है।

महाभारत के 'अनुशासन-पर्व' में लिखा है कि शरीर के कुछ अंग जिस प्रकार अन्य अंगों की अपेक्षा अधिक पवित्र होते हैं, इसी प्रकार धरती पर कुछ स्थल अन्य की अपेक्षा अधिक पवित्र होते हैं। कुछ अपनी स्थिति के कारण, अन्य स्वर्गिक जलवायु के कारण और कुछ देव-पुरुषों के संपर्क के कारण अधिक पवित्र बन जाते हैं। लेकिन गिरिराज हिमालय इन सभी कारणों से भारत का पुण्य-स्थल है।

हिमाचल प्रदेश जो हिमालय पर्वत की शिवालिक पर्वतमाला के आँचल में फैला हुआ है, अनंत काल से अन्य पहाड़ी क्षेत्रों के साथ-साथ भारतीय मूल संस्कृति का पोषक रहा है। हजारों वर्ष पूर्व हिमाचल की ऊँची घाटियों और घने जंगलों में वेदव्यास, विश्वामित्र, अगस्त्य, कपिल, देवठसिद्ध आदि तपस्वी ऋषियों ने इस भूखंड को पावन किया है। हिमाचल प्रदेश की पहाड़ियों में जमदग्नि अपना आश्रम बनाकर निवास करते थे। इसी कारण रेणुका झील के समीप पहाड़ी का नाम 'जामू रा टिब्बा' अर्थात् जमदग्नि का पर्वत-शिखर पड़ा। ईसवी पूर्व स्वयं महात्मा बुद्ध इन पहाड़ी क्षेत्रों में अपना अमर संदेश सुनाने आए थे। हाटकोटी,

ज्वालामुखी, काँगड़ा, मनाली, नगर, रिवाल्सर आदि स्थानों पर इसके अवशेष मिलते हैं। महर्षि वेदव्यास ने अपना तपस्या काल कुल्लू और बिलासपुर में शतद्रु नदी के तट पर स्थित व्यास गुफा में व्यतीत किया था। शांति और मुक्ति की खोज में अनेक तपस्वी सिद्ध पुरुष और जिज्ञासु घने जंगलों और पहाड़ों में तपस्या करना श्रेयस्कर समझते थे। सुंदर मनाली घाटी और विशिष्ट कुंड मनु और विशिष्ट ऋषियों के नाम से ही जाने जाते हैं। कुल्लू के मलाना गाँव में आज भी जमलू (जमदग्नि) की पूजा होती है।

श्रीकृष्ण के पौत्र अनिरुद्ध का विवाह हिमालय-सुंदरी ऊषा से हुआ था, जो भूतेश्वर सम्राट बाणासुर की पुत्री थी। कहा जाता है कि अनिरुद्ध के विवाह के अवसर पर स्वयं भगवान् श्रीकृष्ण शौणितपुर (सराहन) पधारे थे। आज भी रामपुर बुशहर के राजवंश अनिरुद्ध को अपना पूर्वज मानते हैं तथा देवी ऊषा की स्थानीय लोग देवी रूप में उपासना करते हैं। कहने का अभिप्राय यह है कि अनेक महापुरुषों के दिव्य चरणों से यह भूमि सदा के लिए पवित्र हो गई है।

हिमाचली संस्कृति अति प्राचीन है। इसी संस्कृति में भारतीय इतिहास का पुराना चेहरा छिपा हुआ है। हिमाचल की घाटियों और वादियों में आदि भृगु ने पहली बार अग्नि देवता को साक्षात् रूप में आकाश से पृथ्वी पर उतारा। यहीं मनु से मानव का जन्म हुआ। सप्तऋषियों ने इसी हिमाचल के आँचल में तप किया। सप्तसिंधु की अनेक नदियों ने यहीं जन्म लिया है। वस्तुतः हिमाचल की संस्कृति और इतिहास भारत की आदिम सभ्यता का इतिहास है। विष्णु-पुराण, महाभारत, वृहत्-संहिता आदि संस्कृत ग्रंथों में यहाँ के गौरवमयी अतीत का वर्णन बिखरा पड़ा है।

समष्टि रूप से कहें तो हिमाचल प्रदेश के लंबे इतिहास को एक साथ देख पाना असंभव है। विशिष्ट बात यह है कि हिमाचल प्रदेश ही भारत का वह हिस्सा है, जहाँ बौद्ध धर्म अपने जन्म से लेकर चला आ रहा है। महात्मा बुद्ध यहाँ स्वयं आए, अशोक ने स्मारक बनवाए, महायानियों और हीनयानियों ने विहार स्थापित किए। शकों-कुषाणों ने इस प्रदेश में बड़े-बड़े मंदिर स्थापित किए, शिव की पूजा-अर्चना के लिए अनेक आग्राहार ब्राह्मणों को दिए। जब देश महमूद गजनवी के प्रहारों को सह रहा था, तो काँगड़ा ने ब्रजेश्वरी की मूर्ति का खंडित मर्मांतक आघात सहा।

ऐतिहासिक स्रोतों से हिमाचल प्रदेश से संबंधित जो सामग्री उपलब्ध होती है, उसके आधार पर कहा जा सकता है कि यह पहाड़ी क्षेत्र आदि मानव की

विचरण-स्थली रहा है। भूगर्भ अनुसंधानकर्ताओं का मानना है कि मानव जाति का आविर्भाव शिवालिक क्षेत्र में हिमयुग समाप्ति के उपरांत शिला-निर्माण के समय हुआ है। भारत के उत्तरी क्षेत्र में स्थित शिवालिक की पहाड़ियाँ हिमाचल प्रदेश में हैं। इन्हीं पहाड़ियों के आँचल में स्थित सोलन क्षेत्र के नालागढ़ स्थान में रंगीन पत्थरों के औजार मिले हैं। जिला काँगड़ा में व्यास तथा बानगंगा की तलहटियों में गोल पत्थर के औजार, पत्थर की कुल्हाड़ी और लकड़ी काटने के पत्थर के औजार मिले हैं। 1971 में पुरातत्त्व विभाग की खुदाई के फलस्वरूप बिलासपुर के निकट भी आदिमानव के अवशेष प्राप्त हुए हैं। इन सब प्रकार के उपलब्ध अवशेषों में अधिकतर उत्तर पाषाणकालीन कुठार, चक्रमक की कुरतनों के औजार आदि हैं। इन खोजों से स्पष्ट होता है कि पाषाण-युग के बाद उत्तर भारत में ताम्र-युग शुरू हुआ, जिसके स्पष्ट प्रमाण मोहनजोदड़ो, हड़प्पा और रोपड़ की खोजों में भी उपलब्ध होते हैं। जो भी हो, लेकिन इन खोजों से हिमाचल प्रदेश की प्राचीनतम संस्कृति पर काफी प्रकाश पड़ा है।

प्रागैतिहासिक काल में समूचा पर्वतीय हिमालय क्षेत्र एक सशक्त संस्कृति इकाई रहा है। वैदिक काल में हिमाचल स्थित राज्यों को 'वैराज्य' कहा गया है। पाणिनिकाल (300 ई॰ पू॰) में हिमाचल दो भागों में विभक्त था—एक त्रिगर्त गणसंघ और दूसरा कुणिंद गणसंघ। त्रिगर्त रावी, व्यास और सतलुज घाटियों के लिए प्रयुक्त होता रहा है। वर्तमान में इसे काँगड़ा नाम से जाना जाता है। त्रिगर्त का उल्लेख महाभारत और पाणिनि की 'अष्टाध्यायी' में मिलता है। त्रिगर्त संघ के अंतर्गत छह गणों (राज्यों) का उल्लेख मिलता है। इतिहासकारों का मानना है कि त्रिगर्त संघ अत्यंत शक्तिशाली था और सिकंदर की सेनाओं ने उसकी शक्ति का लोहा मानकर व्यास नदी पार करने से इंकार कर दिया था। काँगड़ा या नगरकोट का किला अभेद्य माना जाता था। महमूद तुगलक के राजाश्रित किबछाछ ने लिखा है कि यह इतना सुदृढ़ था कि सिकंदर और दारा भी इसे विजित नहीं कर सके।

कुणिंद वर्तमान शिमला और नालागढ़ के राज्यों का संघ क्षेत्र था। टालमी ने इसे एक विस्तृत पर्वतीय क्षेत्र बताया है। महाभारत में उल्लेख आया है कि कुलिंद लोग शलदा नदी के निकट रहते थे। प्राप्त विवरणों से प्रतीत होता है कि यह पर्वतीय क्षेत्र महाभारत काल से राजपूत काल तक कुनिंदों के अधीनस्थ रहा और बाद में कुलिंद क्षत्रियों में ही विलय हो गए।

ह्वेनसांग के यात्रा-विवरण से उपलब्ध जानकारी के अनुसार सम्राट अशोक ने काँगड़ा तथा कुल्लू में बुद्ध भगवान् की स्मृति में स्तूप बनवाए थे। डॉ॰ लालता

प्रसाद पाण्डेय का मानना है कि संभवतः महात्मा बुद्ध भी इस क्षेत्र में आए थे। वास्तव में मौर्यकाल तक हिमाचल प्रदेश में अनेक बौद्ध तीर्थस्थान विकसित हो चुके थे। मौर्योत्तर काल में हिमाचल प्रदेश एक राजनीतिक इकाई के रूप में अधिक दिन नहीं चल सका। ईसा पूर्व इन्हीं शताब्दियों में हिमाचल के किन्नौर, सिरमौर और शिमला क्षेत्रों में अर्द्धगणराज्य की स्थापना हुई, जिसे इतिहासकार कुनिंदों का गणराज्य मानते हैं।

महाभारतकार (व्यास), वराहमिहिर एवं पाणिनि ने इसका उल्लेख किया है कि कुनिंदों के बाद इस क्षेत्र में औदम्बरों के राज्य का विस्तार हुआ। ईसवी की प्रथम शताब्दी में शक्तिशाली कुषाणों के लगातार आक्रमणों से औदम्बरों की शक्ति क्षीण हो गई, अतः कुषाणों ने अपना शासन शिमला, सिरमौर और काँगड़ा तक फैला दिया। कुषाणों के पतन के बाद हिमाचल में क्षेत्रीय राज्यों की शुरुआत हुई, परंतु गुप्त साम्राज्य के समय समुद्रगुप्त जैसे शक्तिशाली शासक की अधीनता इन क्षेत्रीय राजाओं ने स्वीकार कर ली। गुप्तों के बाद इस क्षेत्र पर हूण भी रहे, परंतु अधिक देर तक वे भी पैर नहीं जमा सके। इसी समय काँगड़ा तथा कुल्लू पर हर्षवर्धन का आधिपत्य रहा।

सातवीं शताब्दी के बाद भारत के अन्य क्षेत्रों की तरह हिमाचल में भी क्षेत्रीय राज्यों का विकास हुआ। इनमें चंबा, कुल्लू, काँगड़ा, रामपुर बुशहर, नालागढ़, जुब्बल, बिलासपुर, कोटखाई, कुमारसेन, मंडी, सुकेत, सिरमौर, बघाट आदि प्रमुख राज्य थे। इस प्रकार के छोटे-छोटे राज्यों में विभक्त हो जाने के परिणामस्वरूप दसवीं शताब्दी तक हिमाचल की राजनीतिक एकता छिन्न-भिन्न हो गई।

1001 ई० में महमूद गजनवी के भारत पर आक्रमण से इन पहाड़ी राज्यों में भी उथल-पुथल शुरू हुई। 1009 में उसने काँगड़ा के प्रसिद्ध दुर्ग और मंदिर पर आक्रमण किया। क्षेत्रीय राजाओं की आपसी फूट के चलते गजनवी ने अनेक पहाड़ी क्षेत्रों को अपने अधिकार में ले लिया। इस मुस्लिम आक्रमण का प्रभाव इस क्षेत्र के लोक-जीवन पर भी पड़ा। अंग्रेजों के आगमन के बाद सिक्ख सेना और गोरखाओं के साथ पहाड़ी राजाओं की आपसी फूट के कारण अनेक युद्ध हुए और ये युद्ध तब तक चलते रहे, जब तक अंग्रेजों ने पूरी तरह से इस क्षेत्र में अपना अधिकार नहीं कर लिया।

ग्यारहवीं शताब्दी के बाद मुसलमानों, अंग्रेजों, मुगलों, फ्रांसीसियों और पुर्तगालियों ने भारत के अनेक भागों में अपनी सत्ता का विस्तार करने के अनेक प्रयत्न किए। इसी के तहत 1365 ई० में फिरोजशाह तुगलक ने नगरकोट (काँगड़ा)

पर आक्रमण किया। इस आक्रमण के दौरान उसने काँगड़ा और ज्वालामुखी के मंदिरों को लूटा और 300 के लगभग संस्कृत की पुस्तकें अपने साथ ले गया, जिनका उसने फारसी में अनुवाद करवाया। 1398-99 में तैमूर ने सिरमौर राज्य को लूटा और काँगड़ा पर आक्रमण की तैयारी करने लगा, परंतु काँगड़ा के राजा की शक्तिशाली सेना के डर से उसने आक्रमण नहीं किया। अकबर इन पहाड़ी राज्यों को अपने अधिकार में लेना चाहता था, परंतु उसे सफलता नहीं मिली। 1620 ई० में जहाँगीर ने काँगड़ा को अपने अधीन कर लिया।

औरंगजेब की मृत्यु के बाद मुगल साम्राज्य का पतन हो गया। इसी समय काँगड़ा के राजा संसारचंद्र ने शक्तिशाली राजा के रूप में ख्याति अर्जित की। 1775 से लेकर 1786 तक मंडी, सुकेत, कहलूर और चंबा पर उसने अपना परचम फहराया।

1845 में सिक्खों के साथ युद्ध में लाहौल-स्पीति अंग्रेजों को मिला, जिसे अंग्रेजों ने 1847 में काँगड़ा का भाग बनाया। शेष पहाड़ी राज्यों में आपसी फूट के कारण भयानक उथल-पुथल मची। फलत: ये पहाड़ी राज्य और अधिक छोटी रियासतों में बँटते चले गए। छोटी रियासतें होने के कारण अंग्रेजों को इन रियासतों को अपने आधिपत्य में लेने में कोई कठिनाई नहीं हुई।

स्वतंत्रता-आंदोलन में भी इस क्षेत्र का उल्लेखनीय योगदान है। काँगड़ा में पहाड़ी गाँधी बाबा कांशीराम, बिलासपुर में दौलतराम, सांख्यान और सदाराम, शिमला क्षेत्र में पदमदेव सत्यदेव बुशहरी, भागमल, सिरमौर में बस्तीराम पहाड़ी, चेतसिंह वर्मा, सूरतसिंह आदि के नेतृत्व में कामरेड रामचंद्र और ठाकुर पंचमचंद्र ने मिलकर स्वतंत्रता-आंदोलन में प्राण फूँके। राष्ट्रीय स्वतंत्रता-आंदोलन में हिमाचल प्रदेश की जनता ने सक्रिय योगदान दिया। हिमाचल प्रदेश की 31 छोटी-बड़ी रियासतों में भी स्वतंत्रता के लिए आंदोलन तेज हुआ और एक व्यवस्थित रूप से स्वतंत्रता-आंदोलन ने जोर पकड़ लिया। फलत: 15 अगस्त, 1947 के दिन भारत की स्वतंत्रता के साथ हिमाचल प्रदेश भी आजाद हुआ। 31 रियासतों के विलय के परिणामस्वरूप 15 अप्रैल, 1948 को हिमाचल प्रदेश की राजनीतिक इकाई के रूप में स्थापना हुई।

1965 में पंजाब के पुनर्गठन के फलस्वरूप पंजाब के सभी पहाड़ी क्षेत्र काँगड़ा, कुल्लू, लाहौल स्फीति, शिमला और होशियारपुर से ऊना तहसील और अंबाला से नालागढ़ तहसील हिमाचल प्रदेश में मिला दिए गए। जनवरी, 1971 तक हिमाचल प्रदेश केंद्रशासित प्रदेश बना रहा। 25 जनवरी, 1971 के दिन भारत

के अन्य राज्यों की भाँति हिमाचल प्रदेश को भी संपूर्ण राज्य का दर्जा प्राप्त हुआ। वर्तमान में हिमाचल प्रदेश पूरी तरह पूर्ण राज्य है तथा इसमें 68 विधानसभा और चार लोकसभा क्षेत्र हैं। हिमाचल प्रदेश का क्षेत्रफल 55,658 वर्ग किलोमीटर है। प्रशासनिक सुविधा के लिए इसे 12 जिलों में विभक्त किया गया है। ये जिले हैं— चंबा, मंडी, कुल्लू, बिलासपुर, सोलन, शिमला, ऊना, हमीरपुर, काँगड़ा, किन्नौर, लाहौल-स्पीति और सिरमौर।

हिमाचल प्रदेश के उपर्युक्त संक्षिप्त ऐतिहासिक अध्ययन से स्पष्ट है कि हिमाचली संस्कृति वास्तव में ही भारतीय संस्कृति की उद्गम-स्थली रही है। आज भी पहाड़ी संस्कृति में भारतीय संस्कृति की मौलिकता और उसका आदि रूप अक्षुण्ण है। इस अर्थ में यह भारतीय संस्कृति की जननी भी है।

हिमालय की पर्वतमालाओं के आँचल में फैला हुआ हिमाचल प्रदेश अनंत काल से भारतीय संस्कृति का पोषक रहा है। हजारों वर्ष पूर्व हिमाचल की ऊँची घाटियों में तथा घने जंगलों में अनेक मनीषियों ने तप किया है। विश्वमित्र, वेदव्यास, अगस्त्य, वशिष्ठ, शुकदेव, कपिल, पराशर, देवठसिद्ध तथा जमदग्नि और उनके पुत्र परशुराम ने इस भू-भाग को पवित्र किया है तथा इन मनीषियों की इस भू-भाग में उपस्थिति के अवशेष हाटकोटि, निर्मंड, काँगड़ा, मलाना, मनाली, नगर (कुल्लू), रिवाल्सर और ज्वालामुखी आदि स्थानों में विद्यमान हैं।

कहते हैं, महर्षि वेदव्यास ने अपनी तपस्या का कुछ काल कुल्लू और बिलासपुर में शतद्रु नदी के तट पर स्थित व्यास गुफा में व्यतीत किया। कुल्लू का विशिष्ट कुंड महर्षि वशिष्ठ और मनाली घाटी मनु के नामों से प्रसिद्ध हैं। कुल्लू के मलाना ग्राम में अब भी जमदग्नि की पूजा होती है। श्रीकृष्ण के पौत्र अनिरुद्ध के विवाह पर श्रीकृष्ण का शोणितपुर सराहन आगमन और देवी ऊषा का अनिरुद्ध से विवाह ही वह कारण हैं जो किन्नौर और रामपुर बुशहर के लोग स्वयं को कृष्ण का वंशज मानते हैं। प्रसिद्ध बौद्ध आध्यात्मिक भिक्षु पद्मसंभव ने इन्हीं पहाड़ों में सिद्धि-प्राप्ति के लिए अपना बहुत समय मंडीमती (मंडी) के मानसरोवर-रिवाल्सर में बिताया। आज भी यह स्थल बौद्धों का प्रमुख तीर्थ समझा जाता है। स्वामी शंकराचार्य ने भी अपने हिमालय-भ्रमण के दिनों में यहाँ पर कई प्राचीन मंदिरों और मठों का पुनरुद्धार एवं निर्माण कराकर भारतीय संस्कृति का यश फैलाया।

जनश्रुति है कि एक बार सिक्खों के प्रथम गुरु नानक जी भी घूमते हुए रामपुर बुशहर तक पहुँचे और दसवें गुरु गोविंदसिंह जी ने भी अपना बहुत-सा समय गोविंदसागर के आसपास रिवाल्सर, नैनादेवी और यमुना किनारे पाँवटा साहिब में बिताकर तपस्या की और शत्रुओं से भी जूझते रहे। ऐसे महापुरुषों के

दिव्य चरणों से यह भूमि सदा के लिए पवित्र हो गई। वस्तुतः हिमाचल प्रदेश की संस्कृति और इतिहास भारत की आदिम सभ्यता का इतिहास है। विष्णुपुराण, महाभारत, वृहत् संहिता आदि संस्कृत ग्रंथों में यहाँ के गौरवमयी अतीत का वर्णन बिखरा पड़ा है।

वास्तव में हिमाचल की भूमि देवी-देवताओं विशेष की भूमि है, अतः पौराणिक और आधुनिक अर्थों में हिमाचल प्रदेश को देवभूमि कहने में कोई अतिशयोक्ति नहीं है।

महज संस्कृति में ही नहीं, अपितु चित्रकला, मूर्तिकला, लोक-गीतों और लोक-नृत्यों में भी हिमाचल प्रदेश को विशेष ख्याति प्राप्त हुई है। हिमाचल प्रदेश के मेले, लोक-त्योहार, लोक-विश्वास, लोक-नृत्य, लोक-गीत और लोक-गाथाएँ देशभर में प्रसिद्ध हैं। हिमाचल प्रदेश के जनजीवन पर यहाँ की लोक-संस्कृति की गहरी छाप है। यहाँ के लोक-नृत्य, लोक-गीत, लोक-साहित्य, लोक-कला, और लोक-परंपराओं पर इसकी छाप देखी जा सकती है।

हिमाचली मानव ने बहुत लंबा सफर तय किया है। वह कहीं ठहरा, कहीं सुस्ताया और अगले पड़ाव की ओर बढ़ गया। थका-माँदा वह चलता गया, बिना रुके, बिना थके। बढ़ता गया, चढ़ता गया, पसीने से लथपथ, हाँफता-काँपता। इस तरह चलते-ठहरते, चढ़ते-उतरते वह एक पड़ाव के बाद दूसरे पड़ाव पर आता गया और नए पड़ाव की ओर नित्य प्रति बढ़ता ही गया—और इन अनेक पड़ावों में कुछ साथ रहा तो वह थी—संस्कृति। संस्कृति की जीवनधारा सदानीरा की तरह बहती रही। अनेक विदेशी शासकों ने यहाँ की लोक-संस्कृति को खंडित-मंडित करना चाहा, परंतु इस अनूठी संस्कृति को वे कुचल नहीं सके। संस्कृति की अजस्रधारा आज भी तीव्र गति से प्रवहमान है। हिमाचल प्रदेश के जनजीवन पर यहाँ की लोक-संस्कृति की गहरी छाप है। हिमाचल प्रदेश के मेले, लोक-त्योहार, लोक-विश्वास, लोक-नृत्य, लोक-गीत, लोक-कलाएँ, लोक-गाथाएँ देशभर में प्रसिद्ध हैं। दशहरा हो या मिंजर का मेला, मंडी की शिवरात्रि हो या जात्र या फिर रेणुका का लवी मेला लाखों की संख्या में लोग देशभर से इन्हें देखने आते हैं। चामुंडादेवी, ब्रजेश्वरीदेवी, ज्वालादेवी, नैनादेवी, चिंतपुरनीदेवी आज भी लोक-आस्थाओं के साक्षात् प्रतीक हैं। यहाँ का लोक-साहित्य भी लोक-सांस्कृतिक उपादानों से परिपूर्ण है। हिमाचल प्रदेश की पहाड़ी संस्कृति की श्रेष्ठ उपलब्धियों को उभारने और उससे जीवनदायिनी शक्ति के तत्त्व लेकर आगे बढ़ने तथा उसके पिछड़ेपन को दूर करने का भार आज की पीढ़ी के कंधों पर है।

मूल, संदर्भ एवं सहायक ग्रंथ सूची

मूल ग्रंथ सूची

1. लाजो, शांता कुमार
2. मृगतृष्णा, शांता कुमार
3. दीवार के उस पार, शांता कुमार
4. शांता कुमार : समग्र साहित्य (तीन खंड), सं॰ रामकुमार भ्रमर

संदर्भ ग्रंथ सूची

1. शांता कुमार : व्यक्तित्व एवं कृतित्व, डॉ॰ सुषमा विज
2. शांता कुमार के उपन्यासों का सामाजिक एवं राजनीतिक विश्लेषण, डॉ॰ रामअवतार अग्निहोत्री
3. भारतीय संस्कृति और हिमाचल प्रदेश, पद्मचंद्र काश्यप
4. हिमाचल के यायावर, डॉ॰ श्याम सिंह शशि
5. हिमाचल की लोक-संस्कृति, हरिराम जसटा
6. साहित्य का समाजशास्त्रीय अध्ययन : कथा संदर्भ, डॉ॰ कश्मीरीलाल
7. हिमाचल प्रदेश के लोक-नृत्य, हरिराम जसटा
8. पर्वतों की गूँज, हरिराम जसटा
9. हिमाचली संस्कृति का इतिहास, पद्मचंद्र काश्यप
10. काँगड़ा के लोकगीत : साहित्यिक विश्लेषण एवं मूल्यांकन, डॉ॰ गौतम शर्मा 'व्यथित'
11. हिमाचल के साथ-साथ, जगन सिंह
12. समाजशास्त्र, एम॰ एल॰ गुप्ता, डी॰ डी॰ शर्मा
13. मानवीय संस्कृति का रचनात्मक आयाम, प्रो॰ रघुवंश

14. साहित्य और संस्कृति, देवेंद्रमुनि शास्त्री
15. साहित्य सौंदर्य और संस्कृति, डॉ॰ रतन कुमार पाण्डेय
16. कौरवी प्रदेश की लोक-संस्कृति, डॉ॰ कविता त्यागी
17. भारतीय संस्कृति के आधार, श्री अरविंद
18. हिंदी उपन्यास : एक अंतर्यात्रा, डॉ॰ रामदरश मिश्र
19. आधुनिक परिवेश और नवलेखन, शिवप्रसाद सिंह
20. आधुनिक हिंदी गद्य साहित्य, डॉ॰ हरदयाल
21. काँगड़ा, एंम॰ एस॰ रंधावा

अन्य भाषाओं के ग्रंथ

1. द वंडरलैंड हिमाचल प्रदेश (अंग्रेजी), जगमोहन वलोखरा

शब्दकोश

1. प्रामाणिक हिंदी कोश, रामचंद्र वर्मा
2. कॉम्पेक्ट हिंदी शब्दकोश, सं॰ आबिद रिजवी
3. साहनी पर्स डिक्शनरी, सं॰ सत्यभूषण साहनी, विनीत साहनी, प्रेमबिहारी शर्मा
4. हिंदी राष्ट्रभाषा कोश, सं॰ श्रीवास्तव एवं चतुर्वेदी
5. मानक हिंदी कोश, रामचंद्र वर्मा
6. एन्साइक्लोपीडिया ऑफ ब्रिटानिका, वाल्यूम—5

सहायक ग्रंथ सूची

1. भारत दर्शन माला—6 हिमाचल प्रदेश
2. अदर फेश ऑफ इंडिया (अंग्रेजी), एम॰ वी॰ कॉमथ
3. काँगड़े दी संस्कृति कनै लोक-जीवन (पहाड़ी), खुशीराम शास्त्री
4. हिंदी के प्रमुख आँचलिक उपन्यास और भारतीय जन-जीवन (शोध प्रबंध, अप्रकाशित), कु॰ आशा बिल्लोरे
5. साहित्यिक निबंध, गणपतिचंद्र गुप्त
6. आँचलिक हिंदी कहानी, डॉ॰ चंद्रेश्वर कर्ण
7. लोक-जीवन का निरूपण, रामचंद्र बोड़ा
8. उपन्यास तत्त्व एवं स्वरूप, डॉ॰ नारायण अग्निहोत्री

9. साहित्य विधाएँ, डॉ॰ शशि सहगल
10. हिंदी के आँचलिक उपन्यास और उनकी शिल्प विधि, डॉ॰ आदर्श सक्सेना
11. आधुनिक साहित्य की प्रवृत्तियाँ, नामवर सिंह
12. आधुनिकता और हिंदी साहित्य, डॉ॰ इंद्रनाथ मदान
13. हिंदी साहित्य : बीसवीं शताब्दी, नंददुलारे वाजपेयी
14. हिमाचल के हिंदी साहित्य का इतिहास, डॉ॰ फुल्ल
15. हिमाचल गौरव, हरिराम जसटा
16. आज का हिंदी उपन्यास, डॉ॰ हेमराज कौशिक
17. आधुनिक उपन्यासों में नारी, डॉ॰ सावित्री

मुझे लिखने के लिए समय चुराना पड़ा है

कुलदीप सिंह से बातचीत

यह साक्षात्कार शोधार्थी (कुलदीप सिंह) द्वारा शांता कुमार के निवासस्थान यामिनी, पालमपुर (हिमाचल प्रदेश) में 24 अक्तूबर, 2003 को लिया गया।

प्रश्न—आपकी पसंदीदा कृति का क्या नाम है?

उत्तर—कामायनी, कुरुक्षेत्र, बाणभट्ट की आत्मकथा तथा के॰ एम॰ मुंशी के उपन्यास।

प्रश्न—जीवित साहित्यकारों में आपके प्रमुख पसंदीदा साहित्यकार कौन हैं?

उत्तर—आज का साहित्य सिनेमा से प्रभावित है। जो कुछ भी लिखा जा रहा है, वह स्तरीय नहीं है। राजनीतिक और सार्वजनिक व्यस्तताओं के कारण आज के साहित्य को पढ़ने का विशेष अवसर नहीं मिल पाता।

प्रश्न—हिंदी साहित्य में आप स्वयं को कहाँ पाते हैं?

उत्तर—साधारण पाठक और लेखक पाता हूँ। मैंने जो लिखा है, वह राजनीतिक व्यस्तताओं, चुनावी व्यस्तताओं, सार्वजनिक व्यस्तताओं में लिखा है। कभी-कभी लगता है, मैंने क्यों लिखा तथा कैसे लिखा? मैंने तेरह रचनाएँ लिखी हैं, परंतु मुझे लगता है, मैंने लिखा नहीं है, लिखने का प्रयत्न किया है।

प्रश्न—आप अपने लेखन को किसी धारा या वाद से प्रभावित मानते हैं?

उत्तर—बिलकुल नहीं।

प्रश्न—आप अपने जीवन की किस महत्त्वपूर्ण घटना का प्रभाव अपने सृजन में मानते हैं?

उत्तर—मैं प्रारंभ से संवेदनशील रहा हूँ। जीवन की कोई घटना जब मन को

चुभी है, मर्म को भेद गई या मन की संवेदनाओं को गहरे तक छू गई है, वही प्रेरणा बन गई। जब मैं वकालत करता था, उस समय लाजो (उपन्यास) की घटना घटी। मैंने वह मुकदमा लड़ा था। एक तहसीलदार ने सैनिक विधवा से आर्थिक सहायता के एवज में जबरदस्ती करनी चाही। तो ये सब घटनाएँ जब आसपास घटती थीं तो मन में बहुत पीड़ा होती थी, एक टीस-सी उठती थी।

प्रश्न—इन दिनों आप कुछ लिख रहे हैं?

उत्तर—हाँ, एक अधूरा उपन्यास है। बहुत दिनों से शुरू किया है। व्यस्तताओं के कारण लिख नहीं पा रहा हूँ। परंतु अब सोचा है, जल्दी ही पूरा करूँगा। इस उपन्यास का विषय भी बहुत हटकर है। पर्यावरण पर आधारित है। आँचलिक परिवेश है। हिमाचल प्रदेश के जंगलों का जो कत्लेआम हुआ है, भूस्खलन हुए हैं, बादल फट रहे हैं, यह सब मनुष्य द्वारा प्रकृति से छेड़छाड़ के कारण हुआ है। इस उपन्यास का विषय पर्यावरण पर आधारित है। मैंने इस उपन्यास का नामकरण भी कर लिया है—'वृंदा'।

प्रश्न—आपको दंपती साहित्यकार होने का गौरव प्राप्त है। अपने और संतोष जी (धर्मपत्नी) के लेखन में आप कोई सामंजस्य पाते हैं?

उत्तर—शैलजा बचपन से लिखती हैं। शादी के बाद स्वाभाविक है, हमने एक-दूसरे की रुचियों को समझा और ये रुचियाँ हमारे लिए सहायक हुई हैं। मुझे तो लिखने के लिए समय चुराना पड़ा है। मैंने समय की चोरी की है—कभी राजनीति से, कभी पब्लिक से, तब लिखा है। लेकिन मेरी पत्नी का साहित्य में अध्ययन अधिक है। अतः उन्होंने मुझे प्रेरणा दी है।

प्रश्न—एक मध्यमवर्गीय परिवार से मुख्यमंत्री और कैबिनेट मंत्री पद तक की यात्रा में आपके लेखकीय व्यक्तित्व ने कोई भूमिका निभाई है?

उत्तर—निश्चित रूप से निभाई है। मैं राजनीति की भीड़ से अलग रहा हूँ। भीड़ में चलना मुझे आता नहीं है। बनी-बनाई राहों पर भी मैं नहीं चला हूँ। इस वजह से मैंने जिंदगी में बहुत कुछ खोया भी है। बहुत बड़ी कीमत चुकाई है। मैंने राजनीति के लिए जो कुछ किया है, इसके लिए मुझे मेरे लेखक ने प्रेरित किया है। गलत कुछ किया नहीं। जो ठीक समझा, वही किया। इसके पीछे कीमतें भी चुकाईं।

प्रश्न—आप एक सफल साहित्यकार और सफल राजनीतिज्ञ के रूप में स्थापित हो चुके हैं, इसमें कोई दो राय नहीं है। जिंदगी के इस मुकाम पर पहुँचकर आपको कैसा लगता है?

उत्तर—मुझे बहुत अच्छा लगता है। कई बार राजनीतिक चर्चाओं में मैं बताता

हूँ कि मैं लेखक भी हूँ तो मुझे बहुत अच्छा लगता है। मैं बहुत संतुष्ट और सुखी हूँ। मुझे लगता है, मैं इस संसार का सबसे खुश व्यक्ति हूँ। मैं अभावग्रस्त नहीं, बल्कि भावग्रस्त रहा। जब वाजपेयी जी को मैंने मंत्री-पद का त्यागपत्र सौंपा तो साथ में उन्हें एक आभार-पत्र भी दिया, जिसमें मैंने लिखा था कि मैं तो इतना भी समर्थ नहीं हूँ कि दो व्यक्तियों को अपने घर पर भोजन करवा सकूँ। अत: मैं आपका आभारी हूँ, जो आपने मुझे खाद्य आपूर्ति विभाग सौंपा, जिस कारण मैंने लाखों लोगों को अनाज बाँटकर पुण्य कमाया। जब वाजपेयी जी ने इसे पढ़ा तो वहाँ उनके निवास का वातावरण भर्रा-सा आया।

प्रश्न—क्या कभी आपका लेखक राजनीति में और राजनेता लेखक के रास्ते में आए हैं ?

उत्तर—साधक के रूप में, बाधक के रूप में नहीं। मैंने इनको बाधा बनने नहीं दिया।

प्रश्न—आप स्वयं को लेखक ज्यादा मानते हैं और राजनीतिज्ञ कम, फिर क्या कारण है कि काफी समय से आपकी कोई रचना प्रकाश में नहीं आई ? कहीं राजनेता लेखक पर हावी तो नहीं हो रहा है ?

उत्तर—हावी तो नहीं हुआ है, लेकिन सार्वजनिक व्यस्तता के कारण लिख नहीं पाया हूँ, जिसकी मुझे पीड़ा रही है। अब उस पीड़ा को कम करने के लिए प्रयत्नरत हूँ।

प्रश्न—आपने उपन्यास, कहानी, कविता, संस्मरण आदि विविध साहित्यिक विधाओं में सृजन किया है, लेकिन नाटक या एकांकी नहीं लिखा, इसका कोई कारण ?

उत्तर—बचपन में शायद कभी एक-दो नाटक लिखे थे। वे प्रकाशित नहीं हुए। जो मैंने भोगा, नजदीक से देखा या जो स्वयं को अंदर तक हिला गया है, वही मैंने लिखा है। मैंने कभी योजनाबद्ध नहीं लिखा, इसलिए"। 'राजनीति की शतरंज' की पाण्डुलिपि बहुत दिनों तक मेरे पास पड़ी रही। मित्रों ने भी कहा कि जेल के संस्मरण अगर छप गए तो बहुत गड़बड़ हो जाएगी और जीवनी तो जिंदगी के आखिरी मुकाम पर लिखी जाती है। लेकिन मैंने सोचा कि जो मैंने भोगा है, सहा है, वह यथार्थ है, और यही मैंने लिखा भी। फिर मैं डरूँ क्यों? अंतत: 'राजनीति की शतरंज' छप गई और उसका खूब बवाल भी मचा, जिसको मैं आज तक सह भी रहा हूँ। तो कहने का मतलब यह है कि जो मुझे मर्म तक छू गया है, वही मैंने लिखा है।

प्रश्न—रचना-प्रक्रिया के दौरान आप किस मानसिक स्थिति से गुजरते हैं?

उत्तर—कोशिश करता हूँ कि पात्रों के साथ रहूँ, ताकि अभिव्यक्ति यथार्थ प्रतीत हो। जो लिखा है, वह निकट से देखा है, भोगा है या घटा है। इसलिए कोई मानसिक तनाव नहीं आता है।

प्रश्न—आपने अपने लेखन की प्रेरणा संतोष जी को माना है, लेकिन आपकी हिसार जेल में लिखित कविताएँ उस समय की हैं, जब आप अविवाहित थे, तो उन कविताओं के लिखने की प्रेरणा आपको कहाँ से मिली?

उत्तर—संवेदनशील होने के कारण मेरी अनुभूति तीव्र रही है। उस समय जो परिस्थितियाँ थीं, मन में देशभक्ति का जज्बा था और जेल के अनुभव—इन सबकी वजह से स्वतः या आंतरिक प्रेरणा से ही उन कविताओं का सृजन हुआ।

प्रश्न—आपकी राय में साहित्य-सृजन की अंतिम परिणति क्या होनी चाहिए?

उत्तर—जो लिखा जाए, ऐसा लगे कि उसका कोई उद्देश्य है। जिस उद्देश्य के लिए लिखा जाए, पाठक उसको स्वीकार कर ले। पाठक समझ जाए कि जो लिखा गया है वह क्यों लिखा गया है। वह निरुद्देश्य न हो।

प्रश्न—आपके विचार में आज के हिंदी लेखक के सामने क्या चुनौतियाँ हैं?

उत्तर—आज के हिंदी लेखक के सामने सबसे बड़ी चुनौती हिंदी में स्तरीय साहित्य-लेखन की है, क्योंकि हिंदी में इस समय स्तरीय साहित्य-लेखन का अभाव खल रहा है। साथ ही हिंदी लेखक को सरकार के साथ मिलकर हिंदी को उचित स्थान दिलाने की चुनौती भी है। मुझे एक बात समझ नहीं आती है कि पहले हिंदी में तमाम उच्चकोटि के ग्रंथ लिखे गए हैं, लेकिन आज हिंदी का इतना व्यापक प्रभाव होने पर भी स्तरीय नहीं लिखा जा रहा है। हिंदी लेखक को इस चुनौती को स्वीकारना होगा।

प्रश्न—एक समय था जब भारतीय शास्त्रीय संगीत पर पाश्चात्य संगीत का खतरा मँडरा रहा था तथा वास्तविकता अब सामने है। इसी तरह आज हिंदी पर भी अंग्रेजी के बढ़ते प्रभाव का खतरा मँडरा रहा है। आपको क्या लगता है कि अंग्रेजी के प्रभाव से हिंदी लेखन को दिशा मिलेगी? विशेषकर ऐसे समय में जब भारतीय अंग्रेजी लेखकों की पश्चिम में माँग बढ़ रही है।

उत्तर—हिंदी के लिए आज निश्चित ही संकट है। भारत में अंग्रेजी का बोलबाला

बढ़ रहा है। हिंदी के लिए हीनभावना बनी हुई है और लगातार हिंदी की उपेक्षा हो रही है। लेकिन हिंदी का अपना एक विशाल पाठक वर्ग है, लेखक वर्ग है। अतः सरलता से हिंदी धूमिल नहीं हो सकती। हाँ, अंग्रेजी ने संघर्ष अवश्य पैदा कर दिया है। इसलिए आज संघर्ष की आवश्यकता है। ऐसे में सरकार को भी सहयोग देना चाहिए। सफल प्रयास करने होंगे।

प्रश्न—हिंदी फिल्मों की भाँति आज के साहित्य में यथार्थ के नाम पर अश्लीलता बढ़ती जा रही है, विशेषकर उत्तर आधुनिकतावादी साहित्य में। इस विषय में अपने विचार व्यक्त कीजिए।

उत्तर—जीवन में सब कुछ है। समग्र जीवन का स्वीकार भारतीय संस्कृति का मूल रहा है। हमने सब कुछ स्वीकारा है। जगत् मिथ्या है और ब्रह्म सत्य है, यह वास्तविकता नहीं है। मनुष्य है तो जगत् है और मनुष्य में कामवासना, भोग, भक्ति, कला आदि सब जीवन का हिस्सा हैं। इसलिए वास्तविकता कृष्ण है। मैं तो अपना आदर्श पुरुष श्रीकृष्ण को मानता हूँ, जिन्होंने समग्र जीवन को स्वीकारा है। बुराई को मिटाया, पाप का नाश किया, प्रेम भी किया, रासलीला भी की। वीर थे, योद्धा भी थे, न्यायवादी थे और नीतिवान भी थे। तो यह सब जीवन है और यह सब जिंदगी में होना चाहिए, किंतु मर्यादा में। आज यथार्थ के नाम पर मर्यादा का उल्लंघन हो रहा है। मर्यादा को बनाए रखना जरूरी है, तभी 'सत्यं शिवं सुन्दरं' का सामंजस्य बना रह पाएगा।

प्रश्न—दो-चार चर्चित महिला साहित्यकारों के अतिरिक्त नए चेहरे सामने नहीं आ रहे हैं, आप इसके पीछे क्या कारण मानते हैं?

उत्तर—पुरुष प्रधान समाज रहा है, इसलिए महिलाएँ आगे नहीं आई हैं। अब धीरे-धीरे आ रही हैं। निकट भविष्य में और भी आएँगी।

प्रश्न—आप अपनी ओर से कुछ कहना चाहेंगे?

उत्तर—नहीं।

□□